U0177795

国家出版基金项目
NATIONAL PUBLICATION FOUNDATION

石墨烯基传感器件

“十三五”国家重点
出版物出版规划项目

孙立涛 万树 编著

战略前沿新材料
——石墨烯出版工程
丛书总主编 刘忠范

Graphene Based Sensors

GRAPHENE

13

華東理工大學出版社
EAST CHINA UNIVERSITY OF SCIENCE AND TECHNOLOGY PRESS
·上海·

上海高校服务国家重大战略出版工程资助项目

图书在版编目(CIP)数据

石墨烯基传感器件/孙立涛,万树编著.—上海:华东理工大学出版社,2020.5

战略前沿新材料——石墨烯出版工程/刘忠范总主编

ISBN 978 - 7 - 5628 - 5995 - 6

Ⅰ.①石… Ⅱ.①孙…②万… Ⅲ.①石墨—纳米材料—应用—传感器—研究 Ⅳ.①TP212

中国版本图书馆 CIP 数据核字(2020)第 045749 号

内容提要

本书主要介绍石墨烯基传感器件的基本概念、分类、原理、器件的特性,分析了现阶段存在的问题,并对未来的发展趋势做了展望;系统性地介绍了各类石墨烯基传感器的制造工艺、特性参数、传感原理以及具体应用等。本书分为 9 章,内容包括石墨烯基传感器的基本概述、石墨烯基气体传感器、石墨烯基湿度传感器、石墨烯基离子传感器、石墨烯基光电探测器、石墨烯基力敏传感器、石墨烯基温度传感器、石墨烯基磁传感器、石墨烯基生物传感器。

本书可供石墨烯基传感器相关专业的学生、教师、科研人员学习参考,同时可为广大石墨烯基传感器领域的相关从业人员提供参考信息和可靠依据。

项目统筹 / 周永斌　马夫娇
责任编辑 / 赵子艳
装帧设计 / 周伟伟
出版发行 / 华东理工大学出版社有限公司
地址:上海市梅陇路 130 号,200237
电话:021 - 64250306
网址:www.ecustpress.cn
邮箱:zongbianban@ecustpress.cn
印　　刷 / 上海雅昌艺术印刷有限公司
开　　本 / 710 mm×1000 mm　1 /16
印　　张 / 20.5
字　　数 / 343 千字
版　　次 / 2020 年 5 月第 1 版
印　　次 / 2020 年 5 月第 1 次
定　　价 / 238.00 元

战略前沿新材料 —— 石墨烯出版工程

丛书编委会

总序　一

2004年，英国曼彻斯特大学物理学家安德烈·海姆（Andre Geim）和康斯坦丁·诺沃肖洛夫（Konstantin Novoselov）用透明胶带剥离法成功地从石墨中剥离出石墨烯，并表征了它的性质。仅过了六年，这两位师徒科学家就因“研究二维材料石墨烯的开创性实验”荣摘2010年诺贝尔物理学奖，这在诺贝尔授奖史上是比较迅速的。他们向世界展示了量子物理学的奇妙，他们的研究成果不仅引发了一场电子材料革命，而且还将极大地促进汽车、飞机和航天工业等的发展。

从零维的富勒烯、一维的碳纳米管，到二维的石墨烯及三维的石墨和金刚石，石墨烯的发现使碳材料家族变得更趋完整。作为一种新型二维纳米碳材料，石墨烯自诞生之日起就备受瞩目，并迅速吸引了世界范围内的广泛关注，激发了广大科研人员的研究兴趣。被誉为“新材料之王”的石墨烯，是目前已知最薄、最坚硬、导电性和导热性最好的材料，其优异性能一方面激发人们的研究热情，另一方面也掀起了应用开发和产业化的浪潮。石墨烯在复合材料、储能、导电油墨、智能涂料、可穿戴设备、新能源汽车、橡胶和大健康产业等方面有着广泛的应用前景。在当前新一轮产业升级和科技革命大背景下，新材料产业必将成为未来高新技术产业发展的基石和先导，从而对全球经济、科技、环境等各个领域的发展产生深刻影响。中国是石墨资源大国，也是石墨烯研究和应用开发最活跃的国家，已成为全球石墨烯行业发展最强有力的推动力量，在全球石墨烯市场上占据主导地位。

作为21世纪的战略性前沿新材料，石墨烯在中国经过十余年的发展，无论在科学研究还是产业化方面都取得了可喜的成绩，但与此同时也面临一些瓶颈和挑战。如何实现石墨烯的可控、宏量制备，如何开发石墨烯的功能和拓展其应用领域，是我国石墨烯产业发展面临的共性问题和关键科学问题。在这一形势背景下，为了推动我国石墨烯新材料的理论基础研究和产业应用水平提升到一个新的高度，完善石墨烯产业发展体系及在多领域实现规模化应用，促进我国石墨烯科学技术领域研究体系建设、学科发展及专业人才队伍建设和人才培养，一套大部头的精品力作诞生了。北京石墨烯研究院院长、北京大学教授刘忠范院士领衔策划了这套“战略前沿新材料——石墨烯出版工程”，共22分册，从石墨烯的基本性质与表征技术、石墨烯的制备技术和计量标准、石墨烯的分类应用、石墨烯的发展现状报告和石墨烯科普知识等五大部分系统梳理石墨烯全产业链知识。丛书内容设置点面结合、布局合理，编写思路清晰、重点明确，以期探索石墨烯基础研究新高地、追踪石墨烯行业发展、反映石墨烯领域重大创新、展现石墨烯领域自主知识产权成果，为我国战略前沿新材料重大规划提供决策参考。

参与这套丛书策划及编写工作的专家、学者来自国内二十余所高校、科研院所及相关企业，他们站在国家高度和学术前沿，以严谨的治学精神对石墨烯研究成果进行整理、归纳、总结，以出版时代精品作为目标。丛书展示给读者完善的科学理论、精准的文献数据、丰富的实验案例，对石墨烯基础理论研究和产业技术升级具有重要指导意义，并引导广大科技工作者进一步探索、研究，突破更多石墨烯专业技术难题。相信，这套丛书必将成为石墨烯出版领域的标杆。

尤其让我感到欣慰和感激的是，这套丛书被列入“十三五”国家重点出版物出版规划，并得到了国家出版基金的大力支持，我要向参与丛书编写工作的所有同仁和华东理工大学出版社表示感谢，正是有了你们在各自专业领域中的倾情奉献和互相配合，才使得这套高水准的学术专著能够顺利出版问世。

最后，作为这套丛书的编委会顾问成员，我在此积极向广大读者推荐这套丛书。

中国科学院院士

刘云圻

2020 年 4 月于中国科学院化学研究所

总序　二

"战略前沿新材料——石墨烯出版工程"：一套集石墨烯之大成的丛书

2010 年 10 月 5 日，我在宝岛台湾参加海峡两岸新型碳材料研讨会并作了"石墨烯的制备与应用探索"的大会邀请报告，数小时之后就收到了对每一位从事石墨烯研究与开发的工作者来说都十分激动的消息：2010 年度的诺贝尔物理学奖授予英国曼彻斯特大学的 Andre Geim 和 Konstantin Novoselov 教授，以表彰他们在石墨烯领域的开创性实验研究。

碳元素应该是人类已知的最神奇的元素了，我们每个人时时刻刻都离不开它：我们用的燃料全是含碳的物质，吃的多为碳水化合物，呼出的是二氧化碳。不仅如此，在自然界中纯碳主要以两种形式存在：石墨和金刚石，石墨成就了中国书法，而金刚石则是美好爱情与幸福婚姻的象征。自 20 世纪 80 年代初以来，碳一次又一次给人类带来惊喜：80 年代伊始，科学家们采用化学气相沉积方法在温和的条件下生长出金刚石单晶与薄膜；1985 年，英国萨塞克斯大学的 Kroto 与美国莱斯大学的 Smalley 和 Curl 合作，发现了具有完美结构的富勒烯，并于 1996 年获得了诺贝尔化学奖；1991 年，日本 NEC 公司的 Iijima 观察到由碳组成的管状纳米结构并正式提出了碳纳米管的概念，大大推动了纳米科技的发展，并于 2008 年获得了卡弗里纳米科学奖；2004 年，Geim 与当时他的博士研究生 Novoselov 等人采用粘胶带剥离石墨的方法获得了石墨烯材料，迅速激发了科学界的研究热情。事实上，人类对石墨烯结构并不陌生，石墨烯是由单层碳原子构成的二维蜂窝状结构，是构成其他维数形式碳材料的基本单元，因此关于石墨烯结构的工作可追溯到 20 世纪 40 年代的理论研究。1947 年，Wallace 首次计算了石墨烯的电子结构，并且发现其具有奇特的线性色散关系。自此，石墨烯作为理论模型，被广泛用于描述碳材料的结构与性能，但人们尚未把石墨烯本身也作为一种材料来进行研究与开发。

石墨烯材料甫一出现即备受各领域人士关注，迅速成为新材料、凝聚态物理等领域的“高富帅”，并超过了碳家族里已很活跃的两个明星材料——富勒烯和碳纳米管，这主要归因于以下三大理由。一是石墨烯的制备方法相对而言非常简单。Geim 等人采用了一种简单、有效的机械剥离方法，用粘胶带撕裂即可从石墨晶体中分离出高质量的多层甚至单层石墨烯。随后科学家们采用类似原理发明了“自上而下”的剥离方法制备石墨烯及其衍生物，如氧化石墨烯；或采用类似制备碳纳米管的化学气相沉积方法“自下而上”生长出单层及多层石墨烯。二是石墨烯具有许多独特、优异的物理、化学性质，如无质量的狄拉克费米子、量子霍尔效应、双极性电场效应、极高的载流子浓度和迁移率、亚微米尺度的弹道输运特性，以及超大比表面积，极高的热导率、透光率、弹性模量和强度。最后，特别是由于石墨烯具有上述众多优异的性质，使它有潜力在信息、能源、航空、航天、可穿戴电子、智慧健康等许多领域获得重要应用，包括但不限于用于新型动力电池、高效散热膜、透明触摸屏、超灵敏传感器、智能玻璃、低损耗光纤、高频晶体管、防弹衣、轻质高强航空航天材料、可穿戴设备，等等。

因其最为简单和完美的二维晶体、无质量的费米子特性、优异的性能和广阔的应用前景，石墨烯给学术界和工业界带来了极大的想象空间，有可能催生许多技术领域的突破。世界主要国家均高度重视发展石墨烯，众多高校、科研机构和公司致力于石墨烯的基础研究及应用开发，期待取得重大的科学突破和市场价值。中国更是不甘人后，是世界上石墨烯研究和应用开发最为活跃的国家，拥有一支非常庞大的石墨烯研究与开发队伍，位居世界第一，没有之一。有关统计数据显示，无论是正式发表的石墨烯相关学术论文的数量、中国申请和授权的石墨烯相关专利的数量，还是中国拥有的从事石墨烯相关的企业数量以及石墨烯产品的规模与种类，都远远超过其他任何一个国家。然而，尽管石墨烯的研究与开发已十六载，我们仍然面临着一系列重要挑战，特别是高质量石墨烯的可控规模制备与不可替代应用的开拓。

十六年来，全世界许多国家在石墨烯领域投入了巨大的人力、物力、财力进行研究、开发和产业化，在制备技术、物性调控、结构构建、应用开拓、分析检测、标准制定等诸多方面都取得了长足的进步，形成了丰富的知识宝库。虽有一些有关石墨烯的中文书籍陆续问世，但尚无人对这一知识宝库进行全面、系统的总结、分析并结集出版，以指导我国石墨烯研究与应用的可持续发展。为此，我国石墨烯研究领域的主要开拓者及我国石墨烯发展的重要推动者、北京大学教授、北京石墨烯研究院创院院长刘忠范院士亲自策划并担任总主编，主持编撰“战略前沿新材料——石墨烯出版工程”这套丛书，实为幸事。该丛书由石墨烯的基本性质与表征技术、石墨烯的制备技术和计量标准、石墨烯的分类应用、石墨烯的发展现状报告、石墨烯科普知识等五大部分共22分册构成，由刘忠范院士、张锦院士等一批在石墨烯研究、应用开发、检测与标准、平台建设、产业发展等方面的知名专家执笔撰写，对石墨烯进行了360°的全面检视，不仅很好地总结了石墨烯领域的国内外最新研究进展，包括作者们多年辛勤耕耘的研究积累与心得，系统介绍了石墨烯这一新材料的产业化现状与发展前景，而且还包括了全球石墨烯产业报告和中国石墨烯产业报告。特别是为了更好地让公众对石墨烯有正确的认识和理解，刘忠范院士还率先垂范，亲自撰写了《有问必答：石墨烯的魅力》这一科普分册，可谓匠心独具、运思良苦，成为该丛书的一大特色。我对他们在百忙之中能够完成这一巨制甚为敬佩，并相信他们的贡献必将对中国乃至世界石墨烯领域的发展起到重要推动作用。

刘忠范院士一直强调"制备决定石墨烯的未来",我在此也呼应一下:"石墨烯的未来源于应用"。我衷心期望这套丛书能帮助我们发明、发展出高质量石墨烯的制备技术,帮助我们开拓出石墨烯的"杀手锏"应用领域,经过政产学研用的通力合作,使石墨烯这一结构最为简单但性能最为优异的碳家族的最新成员成为支撑人类发展的神奇材料。

中国科学院院士

成会明,2020 年 4 月于深圳

清华大学,清华-伯克利深圳学院,深圳

中国科学院金属研究所,沈阳材料科学国家研究中心,沈阳

丛书前言

石墨烯是碳的同素异形体大家族的又一个传奇，也是当今横跨学术界和产业界的超级明星，几乎到了家喻户晓、妇孺皆知的程度。当然，石墨烯是当之无愧的。作为由单层碳原子构成的蜂窝状二维原子晶体材料，石墨烯拥有无与伦比的特性。理论上讲，它是导电性和导热性最好的材料，也是理想的轻质高强材料。正因如此，一经问世便吸引了全球范围的关注。石墨烯有可能创造一个全新的产业，石墨烯产业将成为未来全球高科技产业竞争的高地，这一点已经成为国内外学术界和产业界的共识。

石墨烯的历史并不长。从2004年10月22日，安德烈・海姆和他的弟子康斯坦丁・诺沃肖洛夫在美国 *Science* 期刊上发表第一篇石墨烯热点文章至今，只有十六个年头。需要指出的是，关于石墨烯的前期研究积淀很多，时间跨度近六十年。因此不能简单地讲，石墨烯是2004年发现的、发现者是安德烈・海姆和康斯坦丁・诺沃肖洛夫。但是，两位科学家对“石墨烯热”的开创性贡献是毋庸置疑的，他们首次成功地研究了真正的“石墨烯材料”的独特性质，而且用的是简单的透明胶带剥离法。这种获取石墨烯的实验方法使得更多的科学家有机会开展相关研究，从而引发了持续至今的石墨烯研究热潮。2010年10月5日，两位拓荒者荣获诺贝尔物理学奖，距离其发表的第一篇石墨烯论文仅仅六年时间。“构成地球上所有已知生命基础的碳元素，又一次惊动了世界”，瑞典皇家科学院当年发表的诺贝尔奖新闻稿如是说。

从科学家手中的实验样品，到走进百姓生活的石墨烯商品，石墨烯新材料产业的前进步伐无疑是史上最快的。欧洲是石墨烯新材料的发祥地，欧洲人也希望成为石墨烯新材料产业的领跑者。一个重要的举措是启动“欧盟石墨烯旗舰计划”，从 2013 年起，每年投资一亿欧元，连续十年，通过科学家、工程师和企业家的接力合作，加速石墨烯新材料的产业化进程。英国曼彻斯特大学是石墨烯新材料呱呱坠地的场所，也是世界上最早成立石墨烯专门研究机构的地方。2015 年 3 月，英国国家石墨烯研究院(NGI)在曼彻斯特大学启航；2018 年 12 月，曼彻斯特大学又成立了石墨烯工程创新中心(GEIC)。动作频频，基础与应用并举，矢志充当石墨烯产业的领头羊角色。当然，石墨烯新材料产业的竞争是激烈的，美国和日本不甘其后，韩国和新加坡也是志在必得。据不完全统计，全世界已有 179 个国家或地区加入了石墨烯研究和产业竞争之列。

中国的石墨烯研究起步很早，基本上与世界同步。全国拥有理工科院系的高等院校，绝大多数都或多或少地开展着石墨烯研究。作为科技创新的国家队，中国科学院所辖遍及全国的科研院所也是如此。凭借着全球最大规模的石墨烯研究队伍及其旺盛的创新活力，从 2011 年起，中国学者贡献的石墨烯相关学术论文总数就高居全球榜首，且呈遥遥领先之势。截至 2020 年 3 月，来自中国大陆的石墨烯论文总数为 101 913 篇，全球占比达到 33.2%。需要强调的是，这种领先不仅仅体现在统计数字上，其中不乏创新性和引领性的成果，超洁净石墨烯、超级石墨烯玻璃、烯碳光纤就是典型的例子。

中国对石墨烯产业的关注完全与世界同步，行动上甚至更为迅速。统计数据显示，早在 2010 年，正式工商注册的开展石墨烯相关业务的企业就高达 1 778 家。截至 2020 年 2 月，这个数字跃升到 12 090 家。对石墨烯高新技术产业来说，知识产权的争夺自然是十分激烈的。进入 21 世纪以来，知识产权问题受到国人前所未有的重视，这一点在石墨烯新材料领域得到了充分的体现。截至2018年底，全球石墨烯相关的专利申请总数为69 315件，其中来自中国大陆的专利高达47 397件，占比68.4%，可谓是独占鳌头。因此，从统计数据上看，中国的石墨烯研究与产业化进程无疑是引领世界的。当然，不可否认的是，统计数字只能反映一部分现实，也会掩盖一些重要的“真实”，当然这一点不仅仅限于石墨烯新材料领域。

中国的“石墨烯热”已经持续了近十年，甚至到了狂热的程度，这是全球其他国家和地区少见的。尤其在前几年的“石墨烯淘金热”巅峰时期，全国各地争相建设“石墨烯产业园”“石墨烯小镇”“石墨烯产业创新中心”，甚至在乡镇上都建起了石墨烯研究院，可谓是“烯流滚滚”，真有点像当年的“大炼钢铁运动”。客观地讲，中国的石墨烯产业推进速度是全球最快的，既有的产业大军规模也是全球最大的，甚至吸引了包括两位石墨烯诺贝尔奖得主在内的众多来自海外的“淘金者”。同样不可否认的是，中国的石墨烯产业发展也存在着一些不健康的因素，一哄而上，遍地开花，导致大量的简单重复建设和低水平竞争。以石墨烯材料生产为例，2018年粉体材料年产能达到5 100吨，CVD薄膜年产能达到650万平方米，比其他国家和地区的总和还多，实际上已经出现了产能过剩问题。2017年1月30日，笔者接受澎湃新闻采访时，明确表达了对中国石墨烯产业发展现状的担忧，随后很快得到习近平总书记的高度关注和批示。有关部门根据习总书记的指示，做了全国范围的石墨烯产业发展现状普查。三年后的现在，应该说情况有所改变，随着人们对石墨烯新材料的认识不断深入，以及从实验室到市场的产业化实践，中国的“石墨烯热”有所降温，人们也渐趋冷静下来。

这套大部头的石墨烯丛书就是在这样一个背景下诞生的。从2004年至今，已经有了近十六年的历史沉淀。无论是石墨烯的基础研究，还是石墨烯材料的产业化实践，人们都有了更多的一手材料，更有可能对石墨烯材料有一个全方位的、科学的、理性的认识。总结历史，是为了更好地走向未来。对于新兴的石墨烯产业来说，这套丛书出版的意义也是不言而喻的。事实上，国内外已经出版了数十部石墨烯相关书籍，其中不乏经典性著作。本丛书的定位有所不同，希望能够全面总结石墨烯相关的知识积累，反映石墨烯领域的国内外最新研究进展，展示石墨烯新材料的产业化现状与发展前景，尤其希望能够充分体现国人对石墨烯领域的贡献。本丛书从策划到完成前后花了近五年时间，堪称马拉松工程，如果没有华东理工大学出版社项目团队的创意、执着和巨大的耐心，这套丛书的问世是不可想象的。他们的不达目的决不罢休的坚持感动了笔者，让笔者承担起了这项光荣而艰巨的任务。而这种执着的精神也贯穿整个丛书编写的始终，融入每位作者的写作行动中，把好质量关，做出精品，留下精品。

本丛书共包括22分册，执笔作者20余位，都是石墨烯领域的权威人物、一线专家或从事石墨烯标准计量工作和产业分析的专家。因此，可以从源头上保障丛书的专业性和权威性。丛书分五大部分，囊括了从石墨烯的基本性质和表征技术，到石墨烯材料的制备方法及其在不同领域的应用，以及石墨烯产品的计量检测标准等全方位的知识总结。同时，两份最新的产业研究报告详细阐述了世界各国的石墨烯产业发展现状和未来发展趋势。除此之外，丛书还为广大石墨烯迷们提供了一份科普读物《有问必答：石墨烯的魅力》，针对广泛征集到的石墨烯相关问题答疑解惑，去伪求真。各分册具体内容和执笔分工如下：01分册，石墨烯的结构与基本性质（刘开辉）；02分册，石墨烯表征技术（张锦）；03分册，石墨烯材料的拉曼光谱研究（谭平恒）；04分册，石墨烯制备技术（彭海琳）；05分册，石墨烯的化学气相沉积生长方法（刘忠范）；06分册，粉体石墨烯材料的制备方法（李永峰）；07分册，石墨烯的质量技术基础：计量（任玲玲）；08分册，石墨烯电化学储能技术（杨全红）；09分册，石墨烯超级电容器（阮殿波）；10分册，石墨烯微电子与光电子器件（陈弘达）；11分册，石墨烯透明导电薄膜与柔性光电器件（史浩飞）；12分册，石墨烯膜材料与环保应用（朱宏伟）；13分册，石墨烯基传感器件（孙立涛）；14分册，石墨烯宏观材料及其应用(高超);15 分册,石墨烯复合材料(杨程);16 分册,石墨烯生物技术(段小洁);17 分册,石墨烯化学与组装技术(曲良体);18 分册,功能化石墨烯及其复合材料(智林杰);19 分册,石墨烯粉体材料:从基础研究到工业应用(侯士峰);20 分册,全球石墨烯产业研究报告(李义春);21 分册,中国石墨烯产业研究报告(周静);22 分册,有问必答:石墨烯的魅力(刘忠范)。

本丛书的内容涵盖石墨烯新材料的方方面面,每个分册也相对独立,具有很强的系统性、知识性、专业性和即时性,凝聚着各位作者的研究心得、智慧和心血,供不同需求的广大读者参考使用。希望丛书的出版对中国的石墨烯研究和中国石墨烯产业的健康发展有所助益。借此丛书成稿付梓之际,对各位作者的辛勤付出表示真诚的感谢。同时,对华东理工大学出版社自始至终的全力投入表示崇高的敬意和诚挚的谢意。由于时间、水平等因素所限,丛书难免存在诸多不足,恳请广大读者批评指正。

刘忠范

2020 年 3 月于墨园

前 言

传感技术是研究传感器的材料、结构、性能和应用的综合性技术，是涉及物理、数学、材料、化学等多学科的前沿技术。在信息化革命的浪潮中，特别是物联网技术蓬勃发展的当下，传感技术作为信息技术中的关键组成部分，越来越被产业界、科技界以及国防工业界所重视。传感技术在信息技术中的地位至关重要，如果不依靠传感技术对被测物体进行精确可靠的测量，即便信息处理和传输技术再高超也没有任何意义。

传感器往往被比喻成人的感官，例如光传感器之于视觉、气体传感器之于嗅觉、化学传感器之于味觉、压力应变传感器之于触觉和声传感器之于听觉等。随着传感技术的不断发展，现在的传感器已经可以用于极端温度、极端气压、强磁场等各种人类无法适应的严苛环境，其测量精度、测量范围等也都远远超过人体感官本身。因此，传感器能够提供丰富的人体感官无法获得的信息，可以被认为是人体感官的延伸。

作为一项高度学科交叉与融合的技术，传感技术的发展往往因为材料、物理、化学、生物、信息等各个学科的发展而发生革命性的变化。近十年来，新兴材料石墨烯由于其极高的杨氏模量（约 1 TPa）、超大的比表面积（2 630 $m^2 \cdot g^{-1}$）、超高的热导率（约 5 300 $W \cdot m^{-1} \cdot K^{-1}$）以及室温下超大的电子迁移率（15 000 $cm^2 \cdot V^{-1} \cdot s^{-1}$）等优点，在国内外的传感器研究领域掀起了一股热潮，并取得了诸如单分子检测等一系列具有颠覆性技术的成果，带动传感器制造领域以及相关应用领域的快速发展。

在石墨烯基传感器的研究领域中，我国与国外先进水平差距不大，甚至有些方面还走在国际前列。但是，目前这一领域的发展依然面临下列几个问题：(1) 用于传感器研究的石墨烯材料的稳定性和可控性有待进一步提高；(2) 传感机理的研究有待进一步深入；(3) 制造工艺的标准化程度有待进一步完善。

为了适时地总结近年来石墨烯基传感器的发展经验和教训，给广大石墨烯基传感器领域的相关从业人员提供更多有价值的参考信息和可靠依据，我们通过广泛调研国内外的研究成果，结合自身长期在石墨烯基传感器领域中教学、科研、产业化的实际经历，在华东理工大学出版社的支持下，编写了《石墨烯基传感器件》这本书。本书共分 9 章。第 1 章主要介绍了石墨烯基传感器件的基本概念、分类、原理、器件的特性，分析了现阶段存在的问题，并对未来发展趋势做了展望。在随后的章节中系统性地介绍了各类石墨烯基传感器，包括化学量传感器(第 2～4 章)、物理量传感器(第 5～8 章)和生物量传感器(第 9 章)。内容主要包括相关传感器件的制造工艺、特性参数、传感原理以及具体应用等。本书注重系统性、逻辑性、可读性，力求做到深度与广度的平衡，深入浅出地为读者介绍国内外行业发展的新动态、新技术、新概念等，注重理论与实践的结合，体现学术水平和应用价值。

东南大学电子科学与工程学院孙立涛教授对本书的编写进行了全面指导，万树博士负责统筹编写工作，毕恒昌、尹奎波、徐涛、黄海舟、朱志鸿、万昊、刘荟、吴楠负责各章节资料的收集、整理、校阅、修改等。十分感谢黄庆安教授、任天令教授、朱宏伟教授等在本书编写过程中给予的支持和帮助。

本书的撰稿人员虽然长期处于石墨烯基传感器科研生产的第一线，但是科技发展一日千里，书中的纰漏和不足之处在所难免。另外，书中有些理论和观点还有待时间的考验。不妥之处，恳请专家和读者批评指正！

希望本书能为广大读者带来帮助，为我国石墨烯基传感器领域的发展尽绵薄之力。

孙立涛
2019 年 6 月于南京

目 录

第1章

石墨烯基传感器的基本概述

本章将主要论述传感器的基本概念、传感特性，以及石墨烯材料在传感器领域中的意义、发展历程；综述石墨烯基传感器基本分类，并介绍石墨烯基传感器国内外的研究现状。

1.1 传感器和传感技术

1.1.1 传感器

传感器是指能够感应外部激励并以一定规律转换成可输出响应信号的器件或装置。一般而言，传感器由敏感元件和转换元件两部分组成，如图 1-1 所示，其中敏感元件是指直接接触并响应外部激励的部分，包括敏感材料、元件结构等；转换元件则是将敏感元件感受响应到的外部激励转换成方便传输或者测量的信号的部分，例如信号放大电路和补偿电路。最简单的传感器可以只由敏感元件（同时也充当转换元件）组成，例如热电阻，在感应温度的同时，直接输出电学信号（电阻值的变化）。

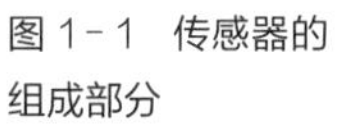
图 1-1 传感器的组成部分

1.1.2 传感技术

传感技术是研究传感器的材料、结构、性能和应用的综合性技术，是涉及物理、数学、材料、化学等多学科的前沿技术。在信息化革命的浪潮中，特别是在物联网(Internet of Things, IOT)技术蓬勃发展的当下，传感技术作为信息技术中的关键组成部分，越来越受到产业界、科技界以及国防工业的重视。信息处理技术(计算机技术)、信息传输技术(通信技术)以及信息采集技术(传感技术)是信息时代的三驾马车，而在这之中，以传感技术为核心的信息采集技术处于基石地位，因为如果不依靠传感技术对被测物体和相应的物理量进行精确可靠的测量，即便信息处理和传输的技术再高超也没有任何意义。

1.1.3 传感器和传感技术的意义

传感器往往被比喻成人的感官，例如光传感器、气体传感器、化学传感器、压力/应变传感器以及声传感器可以分别类比于视觉、嗅觉、味觉、触觉以及听觉。得益于传感技术的不断发展，人们利用传感器已经能够检测到原子尺度(10^{-12} m)的微粒，并能够对 10^{-15} T 磁感应强度、10^{-13} A 电流强度等微小物理量进行高精度的测量。更有甚者，人们利用传感器可以在巨大的时间和空间跨度下进行观测，还可以承受诸如极端温度、极端气压、强磁场等各种测量条件。无论是测量精度、测量范围，还是对测量条件的适应性，传感器都远远超过人体自然感官本身。因此，传感器能够提供人体感官无法获得的丰富的信息。传感器可以被认为是人体感官的延伸。

在工业自动化时代的背景下，传感器和传感技术是核心科技。而这一核心技术同时也体现了国家科研水平的深度和广度。一些概念性的传感原理、传感器件的出现往往会带来新的研究方向和应用领域，以及新的研究热点和经济增长点，推动科技和经济的发展。与之对应，一些以新基础理论为感应原理的传感器的问世，也从侧面体现着国家的基础科研实力、成果转化能力以及总体的工业水平。总之，传感技术的发展与国家的整体科研水平、工业水平、创新能力息息相关。

作为一项高度交叉且开放的技术，传感器和传感技术的发展往往受到新技术、新材料引入的影响而发生革命性的变化。传感器由传统硅材料转变为功能化材料，将颠覆现有的设计和工艺流程，为传感技术带来结构性的变革和进步。其中，近十年来，新兴碳材料石墨烯在国内外的传感器研究领域掀起了一股热潮，并取得了诸如单分子检测等颠覆性的成果。石墨烯有着高比表面积、高电子迁移率、高热导率、无间隔的光谱吸收特性以及易于结构功能化修饰的特性，使其在传感器应用中具有很大的潜力。石墨烯在传感器的结构中既可以充当敏感元件，即利用自身的特性直接与待测物发生作用引起自身电学性能改变，例如气体传感器、离子传感器等，也可以充当转换元件，这种形式常见于石墨烯复合物传感器，例如在光探测中，石墨烯在与半导体纳米颗粒的复合结构中起到了传导光生载流子的作用。这些特性使得石墨烯在传感器结构设计中具有很大的灵活性。

1.2　石墨烯以及石墨烯在传感器中的意义

1.2.1　石墨烯

关于石墨烯的相关理论研究最早可以追溯到1947年，加拿大理论物理学家P. R. Wallace提出了石墨烯的理论模型，该模型的建立标志着石墨电学性能理论研究的开始。然而，当时的主流科学家认为石墨烯这样的单原子层的二维结构会因为自身的热扰动而不能在自然界中稳定存在。其实，近100年来，石墨烯在客观上是存在的，只是没有引起人们的关注而已。我们在使用铅笔的过程中，笔芯中的石墨与纸张发生摩擦（本质上是一种剥离现象），就会按一定概率产生石墨烯。人类最早借助仪器观测到石墨烯结构是在1948年，Ruess和Vogt使用透射电子显微镜（Transmission Electron Microscope，TEM）观察到了少数层的石墨。随着科学技术的进步,观测仪器的性能也得到进一步的提升,1962年,德国科学家 Boehm 等利用更先进的 TEM 观察到了更加清晰的少数层石墨的电镜照片,如图 1－2 所示。随后,1986 年,Boehm 首次引入“石墨烯”这一概念来表述单层石墨结构。到了 20 世纪 70 年代,又有科学家报道了通过加热碳化硅可以在金属铂(Pt)表面上观察原子级别厚度的石墨薄膜。这些观察结果表明了少数层石墨结构确实是可以稳定存在的,同时也引起了越来越多的科学家对少数层石墨结构的关注。20 世纪 90 年代,研究者已经开始有意识地剥离出更薄的石墨片层。例如,1999 年,Lu 等通过剥离高定向热解石墨(Highly Oriented Pyrolytic Graphite, HOPG)得到了少数层的石墨片层,并预言研究者通过这种机械剥离的方法可以得到一层或几层的碳原子薄膜。2004 年,Geim 和 Novoselov 等利用撕胶带法(即机械剥离法)对高定向热解石墨进行剥离得到了单层的石墨烯结构,再将单层石墨烯转移到了 SiO_2/Si 衬底上,并对石墨烯片层进行了电学测试,发现这种材料在室温下具有非常高的电子迁移率(2×10^5 $cm^2\cdot V^{-1}\cdot s^{-1}$)。该特性远超目前传统的硅基半导体材料,这两位科学家也因为“对于二维材料石墨烯的开创性实验”被授予 2010 年的诺贝尔物理学奖,并由此在世界范围内掀起了一股石墨烯及新兴二维材料的研究热潮。

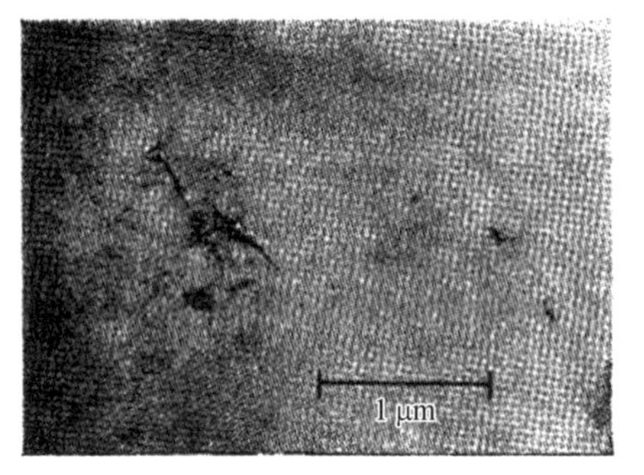

图 1－2 石墨烯的早期透射电镜照片

1.2.2 石墨烯的制备方法

大批量、低成本地生产高质量的石墨烯材料是制造高性能石墨烯基传感器的基础。目前来看,大量已报道的石墨烯制备方法可以大致分为两大类。一类方法被称为自顶而下(Top－down)方法,这类方法的共性是将块体石墨烯分解成层状石墨烯材料。这类方法包括机械剥离法、化学氧化还原法、液相剥离法和电化学剥离法等。另一类方法称为自底而上（Bottom-up）方法，这类方法的共性是使用含有碳元素的前驱物质，例如甲烷、苯环结构的聚合物，合成出石墨烯结构。这类方法包括外延生长法、化学气相沉积（Chemical Vapor Deposition，CVD）生长法等。每种方法都有各自的特点和相应的适用领域，具体介绍如下。

（1）机械剥离法

这种方法是通过 A. K. Geim 和 K. Novoselov 获得 2010 年诺贝尔物理学奖而被人们所了解的。其实这种方法很早就已经在扫描隧道显微镜（Scanning Tunneling Microscope，STM）的样品制备过程中被研究人员所使用了，所以这种方法又被称作 Scotch 胶带法或者是撕胶带法。其操作流程是将胶带粘到高定向热解石墨的表面上，通过胶带与表面石墨烯的范德瓦尔斯力将单层石墨层从块状石墨中剥离出来。

机械剥离法能够获得高品质的单层或者少数层的本征石墨烯（Intrinsic Graphene）。使用光学显微镜就可以分辨出石墨烯层数，石墨烯层与层之间的交叠会导致衬度的变化。此外，使用原子力显微镜（Atomic Force Microscope，AFM）、拉曼光谱（Raman Spectroscopy）以及透射电子显微镜等材料表征手段也可以分辨出石墨烯的层数。这种方法制备的石墨烯具有极佳的电学、热学、光学以及机械性能。目前能够获得高性能的石墨烯基传感器都是基于机械剥离法制造出来的。在学术研究领域，这种方法具有重大的意义。然而，这种方法也存在一些问题，比如机械剥离法对于石墨烯的尺寸、形状的控制能力较差。另外，这种方法的产量和成本也不能满足大规模生产的需求。

（2）化学氧化还原法

为了解决规模生产石墨烯材料的问题，化学氧化还原法开始走入人们的视线。氧化石墨（Graphite Oxide）是通过对天然石墨的氧化在石墨中修饰官能团并插层制备而成的。这种方法已经有 100 多年的历史，最早在1859年，Brodie第一次报道了氧化石墨制备的工作，他采用在发烟硝酸中加入$KClO_3$对石墨进行氧化的方法获得了结构式为$C_{2.19}H_{0.8}O_{1.0}$的物质。然而这种物质实际上并不是由单一分子组成而是混合物。40年后，Staudenmaier改进了Brodie的工作，进一步缩短了反应所需要的时间。到了1958年，Hummers和Offeman改进了氧化石墨的制备方法，以$KMnO_4$为氧化剂，同时在浓硫酸的环境中对石墨进行氧化，将反应时间再次缩短。现在的氧化石墨制备方法大多是在这三种方法的基础上进行改进的，其中，考虑到反应时间以及实验的安全性，基于Hummers等的改进型氧化石墨制备方法更为常见。氧化石墨可以很轻易地通过超声分散或者经过长时间的机械搅拌得到单层的氧化石墨烯。氧化石墨烯是石墨烯的重要衍生物，氧化石墨烯的结构中包含了大量的含氧官能团，例如羟基、羧基和环氧基等。这些含氧官能团的存在会使得氧化石墨的层间距增至6～12 Å(1 Å = 0.1 nm)，大于石墨的层间距(约3.4 Å)，同时这些含氧官能团也提供了大量的活性位点，方便了与其他化学物质反应并形成复合结构，例如合成只对特定生物大分子或者离子敏感的传感器。加热或者强还原剂的引入会使得氧化石墨烯修复π型共轭结构，变成还原氧化石墨烯。目前，在工业上，吨级别的氧化石墨烯和还原氧化石墨烯就是通过氧化还原反应制备而成的。然而，还原氧化石墨烯的品质受限于还原过程中产生的缺陷和官能团的残留。因此，还原氧化石墨烯的电导率和载流子迁移率无法与机械剥离法制备出的高品质本征石墨烯相比较。

(3) 液相剥离法

液相剥离法是利用溶液对石墨进行直接剥离。一般会在溶液中添加有机溶剂、表面活性剂、盐以及一些轻金属离子(例如Li离子)。利用这些溶液中的物质对石墨进行插层，在外力的作用下，例如超声、搅拌以及通电等，将石墨烯剥离出来。这种方法能生产出较化学氧化还原法更高品质的石墨烯片层和石墨烯纳米带，然而，这种方法的产量低于化学氧化还原法。

(4) 外延生长法

外延生长法是通过对 SiC 进行加热，从而在表面生长出石墨烯层。这种方法能够获得高品质的石墨烯。为了获得单层石墨烯，外延生长法往往需要高温（大于 1 000℃）和高真空条件。在 Si 升华之后，剩下的碳原子就会重新排列形成石墨结构。这种方法的优点是可以直接在绝缘衬底上生长高品质的石墨烯，这对于圆片级的加工生产很有益处。多种石墨烯电子器件可以不需要转移过程，而在圆片上直接进行制造。但是，这种方法也有一定的局限性。与 CVD 生长法不同，SiC 衬底的去除非常困难，这也限制了将外延生长石墨烯转移到一些特定的衬底上的灵活性，进而限制了这种方法的应用范围。

(5) CVD 生长法

CVD 技术被引入石墨烯生长领域中其实并不算太新。早在 20 世纪 70 年代，Blakely 和他的研究小组开展了利用 CVD 技术在 Ni(111)晶面上生长“单层或者双层石墨”用以研究热学性质。在 CVD 生长石墨烯的过程中，一般使用 CH_4 作为碳源，通过金属催化剂在金属的表面上沉积并形成大面积的薄膜，石墨烯的生长质量与反应的温度（800～1 000℃）和真空度相关。CVD 生长的石墨烯可以通过化学刻蚀除掉衬底金属，使用聚甲基丙烯酸甲酯（Polymethyl Methacrylate，PMMA）或者聚二甲基硅氧烷（Polydimethylsiloxane，PDMS）作为中间载体，可以很方便地将制得的石墨烯转移到目标衬底上。目前，已报道的可以生长石墨烯的金属包括 Cu、Co、Pt、Ru、Ni 等，其中，Cu 和 Ni 最为常用。与 Ni 相比，在 Cu 表面可以生长出更高比例的单层石墨烯以及更大的晶粒。经过这些年的发展，利用 CVD 生长法已经可以获得从十几个微米到英寸①尺度的石墨烯单晶。此外，CVD 生长法还可以在石墨烯生长过程中人为地引入其他杂质，例如氮元素或者硼元素，对石墨烯进行掺杂，有利于石墨烯晶体管的制造。CVD 生长的石墨烯还

① 1 英寸(in)=0.025 4 米(m)。

可以通过微加工工艺(氧离子等刻蚀)来图形化,有利于石墨烯集成化电子电路的制造。

1.2.3 石墨烯应用于传感器领域中的优势

石墨烯具有很多优良的性能,包括高的杨氏模量(约 1 TPa)、大的比表面积(2 630 $m^2 \cdot g^{-1}$)、优良的热传导特性(约 5 300 $W \cdot m^{-1} \cdot K^{-1}$)、室温下具有超高的电子迁移率等。表 1-1 比较了石墨烯与常见的半导体材料、导体材料以及绝缘体材料的性能。相较于这些传统的材料,石墨烯在力学、热学、电学、光学等特性上展现了极大的优势,这就使得石墨烯在相关传感器的应用中有着很大的潜力。例如,具有大比表面积以及高电子迁移率可以更好地吸附气体分子、生物分子以及液体中的离子等,从而提升气体、离子传感器的性能;在光学上,石墨烯无间隔的光谱吸收特性使得石墨烯可以作为广谱光电探测器的敏感材料,目前已经报道了石墨烯基的新型传感器,其探测范围可以覆盖可见光波段到中红外光波段,这种传感器同时兼具广的光谱探测范围和高的光响应。另外,石墨烯还具有稳定的物理化学性质以及良好的室温导电性,能够克服传统金属氧化物半导体材料的缺点,为开发新型高性能传感器提供了新的途径。

表 1-1 石墨烯与传统敏感材料的材料特性比较

分类	名称	热学性质		力学性质	电学性质			光学性质		
半导体		热膨胀系数 /($\times 10^{-6}$/K)	热导率 /($W \cdot m^{-1} \cdot K^{-1}$)	杨氏模量/GPa	载流子迁移率/($cm^2 \cdot V^{-1} \cdot s^{-1}$)	电导率/(S/m)	禁带宽度/(eV, 300 K)	直接/间接带隙	最大光吸收波长/μm	折射率
	SiC (闪锌矿)	2.9	200	330	510(电子) 15~21(空穴)	—	2.2	间接	0.56	2.48 (0.6 μm)
	SiC (纤锌矿)	2.9	490	—	480(电子) 50(空穴)	—	2.86	间接	0.43	2.648 (0.59 μm)

续 表

分类	名称	热学性质		力学性质	电学性质			光学性质		
		热膨胀系数/($\times10^{-6}$/K)	热导率/($W\cdot m^{-1}\cdot K^{-1}$)	杨氏模量/GPa	载流子迁移率/($cm^2\cdot V^{-1}\cdot s^{-1}$)	电导率/(S/m)	禁带宽度/(eV, 300 K)	直接/间接带隙	最大光吸收波长/μm	折射率
半导体	InSb	5.37	180	—	5.25×10^5(电子) 3×10^4(空穴)	—	1.8	直接	6.89	5.13 (0.689 μm)
	ZnO	6.5	200	350	200(电子)	—	3.4	直接	0.36	2.2 (0.59 μm)
	Si	2.59	156	190	1 450(电子) 500(空穴)	—	1.12	间接	1.107	3.42 (5.0 μm)
	Ge	5.5	65	9.18(110) 6.99(100) 5.8(111)	3 800(电子) 1 800(空穴)	—	0.66	间接	1.88	4.02 (4.87 μm)
	GaAs	5.75	45.5	8.3	8 000(电子) 400(空穴)	—	1.424	直接	0.87	4.03 (0.546 μm)
	PbS	—	3	—	700(电子) 600(空穴)	—	0.41	直接	3.02	4.19 (6 μm)
	InAs	4.52	26	—	2×10^4～3.3×10^4(电子) 100～450(空穴)	—	0.354	直接	3.76	4.56 (0.517 μm)
导体	Pt	9.0	72	16.8	—	0.9×10^7	—	—	0.22	4.5 (0.59 μm)
	Cu	17.6	401	100～130	—	5.9×10^7	—	—	0.27	1.10 (0.59 μm)
	Fe	12.0	80	206	—	1×10^7	—	—	0.28	1.51 (0.59 μm)
	Ni	13.0	90	210	—	0.2×10^7	—	—	0.27	1.98 (0.59 μm)
绝缘体	PVDF(聚偏二氟乙烯)	120	0.13	2	—	—	—	—	—	1.42 (0.59 μm)
	SiO_2	0.55	7.6	73	—	—	—	—	—	1.46 (0.59 μm)

续 表

分类	名称	热学性质		力学性质	电学性质			光学性质		
		热膨胀系数/($\times 10^{-6}$/K)	热导率/(W·m^{-1}·K^{-1})	杨氏模量/GPa	载流子迁移率/(cm^2·V^{-1}·s^{-1})	电导率/(S/m)	禁带宽度/(eV, 300 K)	直接/间接带隙	最大光吸收波长/μm	折射率
绝缘体	PTFE(聚四氟乙烯)	100～120	0.24～0.27	0.39	—	—	—	—	—	1.30～1.40(0.59 μm)
	石墨烯	−9	5 300	1 000	20 000(电子)	10^8	0	—	—	—

注：数据来源于 Wikipedia。

使用石墨烯为敏感材料的传感器件理论上有着超高的灵敏度和信噪比，这是由石墨烯独特的结构特点所决定的。首先，石墨烯中碳原子都完全暴露，使碳原子与待测目标的接触面积达到最大；石墨烯中每个碳原子都是表面原子，使单位体积内的接触面积可以足够大。其次，石墨烯在室温下具有优良的导电性和很低的热噪声，很少量的额外电子的引入就会导致石墨烯电导发生显著的改变。2007 年，曼彻斯特大学的 Novoselov 研究小组首次用石墨烯制造了单分子检测气体传感器，利用霍尔效应实现了单个 NO_2 和 NH_3 气体分子的检测，这一发现革命性地将传感器的检测分辨率推进到了单分子尺度。Novoselov 的工作让许多科学家认识到石墨烯在传感器领域里的应用潜力。在这之后，很多课题组对石墨烯传感器做了更深入的研究，对石墨烯的传感机理有了更全面更深入的认识，创造出了以石墨烯为核心敏感材料的各类传感器。

1.3 国内外石墨烯基传感器的研究和发展概况

本节主要探讨国内外石墨烯基传感器的发展现状。

1.3.1 国内石墨烯基传感器的发展概况

目前在国内，石墨烯基传感器的主要研究机构是高校和研究所。我国在石墨烯基传感器领域的研究与国外几乎同时起步。一些企业在石墨烯基传感器方面也有一些相应的研发、合作计划。例如华为这样的高新企业也将注意力投向了石墨烯和石墨烯基传感器的预研上。习近平主席在2015年访问英国期间，与曼彻斯特大学国家石墨烯研究院签订了多项合作协议，同时石墨烯和石墨烯器件在我国"十三五"规划中也成为新材料研发的重点。在我国各级地方政府的大力扶持下，江苏常州、山东青岛、四川成都、重庆等地已经建成或预备建设石墨烯高新产业园，大量石墨烯相关的高新企业如雨后春笋般涌现出来，极大地促进了我国石墨烯以及石墨烯基传感器的发展。同时，我国石墨烯基传感器产业的市场规模也将逐步扩大，根据中投顾问产业研究中心的预测，2020年，我国的石墨烯基传感器产业规模有望达到25亿元人民币（图1-3）。

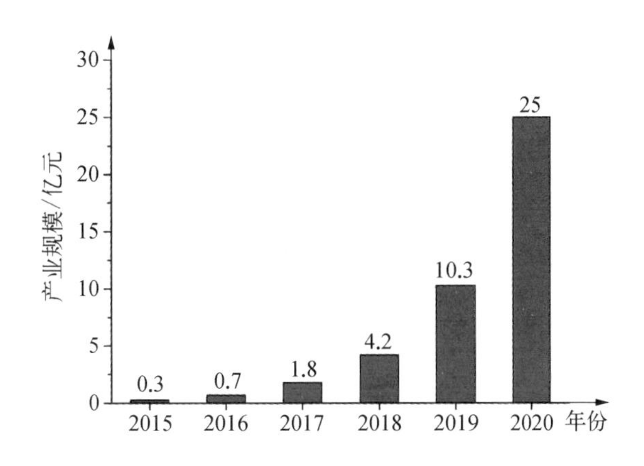

图1-3 国内石墨烯基传感器的产业规模预计（数据来自中投顾问产业研究中心）

国内石墨烯基传感器的研究水平与国际研究水平基本平齐。国内各高校以及研究所每年均在国际高水平学术期刊上发表大量相关论文，同时这些高校和科研院所在国内也拥有大多数的石墨烯基传感器的专利，且有些高校和科研院所的研究在传感器领域中处于国际先进水平。北京大学、清华大学、东南大学、中国科学院半导体研究所等高校和科研院所在石墨烯基可穿戴传感器、光传感器、生物传感器、气体/湿度传感器件的搭建和机理解释方面积累了相当多的科研成果。目前，国内石墨烯基传感器的研究依旧火热，并已经逐步开始向产业化方向前进。

1.3.2 国外石墨烯基传感器的发展概况

石墨烯基传感器的研究同样得到了各国政府的广泛关注，美国的国防高级研究计划局（Defense Advanced Research Projects Agency, DARPA）、国家科学基金会（National Science Foundation, NSF），欧盟“未来新兴技术”“石墨烯旗舰计划”“地平线2020”等均投入了大量的经费支持石墨烯基传感器的研发，并且已经取得了若干成果。比如DARPA资助的石墨烯柔性传感器件可以应用于脑部监测（图1-4）。科技界的公司例如韩国三星、LG，美国IBM等也对相关领域进行了大量投入。

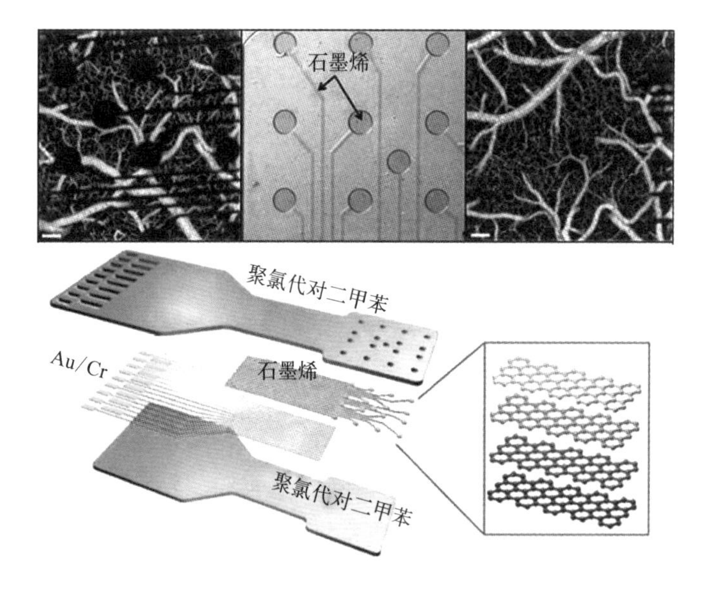

图1-4 脑部植入式石墨烯柔性传感器的结构图

（1）气体传感器

在实现单个气体分子检测的研究基础上，研究者随后通过对石墨烯进行表面修饰使气体传感器获得了更高的灵敏度。例如，Flower等使用氧化还原法制备的石墨烯制造出的气体传感器对NO_2、NH_3以及2,4-二硝基甲苯(DNT)均展现了良好的气敏特性。此外,他们还分析出这三种气体的探测机理：NO_2是一种 p 型杂质,吸附过程类似于 p 型杂质的掺杂,电子从石墨烯向 NO_2转移,使得石墨烯中空穴浓度增大,从而造成电阻显著下降;NH_3是一种 n 型杂质,吸附过程类似于 n 型杂质的掺杂,其给出的电子与石墨烯导带中的空穴发生复合,从而使石墨烯的电阻增大;DNT 的传感原理与 NO_2相似。

受到单个气体分子检测的启发,研究者们开始对石墨烯用于气体传感领域进行了深入的研究。与人的嗅觉接受神经的作用机理相似,气体分子吸附在石墨烯表面,本质是诱导石墨烯表面的电荷重新分布。目前,气体分子与石墨烯之间的作用类型可以分成三种：吸附气体导致电子重新分配,进而引起石墨烯电导的改变,如 H_2O;作为电荷的供体,在被石墨烯表面吸附的同时为石墨烯提供电子或空穴,从而改变石墨烯中的载流子浓度,如 NO_2;气体分子在被吸附的同时与石墨烯结构反应形成共价键。在石墨烯的制造过程中,不可避免吸收了空气中的水分子,因此,石墨烯总是显示为 p 型。石墨烯的电阻会随着吸入分子种类的改变而改变,当检测气体是电子受体时(如 NO_2),电阻减小;当检测气体是电子供体(如 NH_3)时,电阻增大。目前,还有很多课题组致力于总结归纳气体传感的具体物理过程并建立了石墨烯与不同气体分子之间的相互作用模型。2009 年,科学界开始广泛接受 Wehling 等提出的观点。当被吸附的分子或者原子的电子轨道结构为开壳结构,如 NO_2 或碱金属原子,吸附在石墨烯表面时将会产生直接的电荷转移,除非与石墨烯形成共价键(如 C—H、C—F、C—OH),否则这些吸附物在室温下与石墨烯之间的束缚力较弱并且会相对运动。而当被吸附的分子或者原子的电子轨道结构为闭壳结构时,如 H_2O 和 NH_3,吸附这样的分子或者原子并不能直接改变石墨烯的能带结构,而是通过影响石墨烯内电荷的分布以及衬底对石墨烯能带的影响,H_2O 被吸附后是作为受主杂质,尤其是吸附在石墨烯与衬底材料之间的 H_2O 会使基底的杂质能带转移到石墨烯的费米能级附近,导致石墨烯的间接掺杂。在充分分析石墨烯与气体分子之间的作用机理后，目前对气体传感器性能的改进工作主要集中在优化传感器的结构以及对敏感材料的表面调制这两个方面。

（2）生物传感器

受石墨烯基气体传感器研究的启发，表面修饰的石墨烯片层结构在生物传感器领域也有着重要的应用前景。氧化石墨烯的边缘和表面带有多种含氧基团，这些含氧基团的存在使其较石墨烯具有更好的水溶性，这对生物体系是非常重要的。以DNA分子检测来说，目前已报道的氧化石墨烯基传感器能够区分多种DNA分子结构，包括单链DNA、双链DNA以及茎-环结构等。由于其独特的六元环结构，石墨烯和氧化石墨烯对带有裸露的环状结构的化合物具有强烈的吸附能力。DNA中的碱基包含六元环结构，石墨烯会与裸露的碱基发生强烈的π-π相互作用，从而吸附DNA。对于相同碱基数量的单链DNA和双链DNA，石墨烯能够稳定吸附单链DNA，而对双链DNA的吸附能力则较弱。正是基于石墨烯对不同结构的DNA的吸附能力有所区别，研究者们构建了一系列以DNA连接的石墨烯基荧光共振能量转移（Fluorescence Resonance Energy Transfer，FRET）传感器，这种传感器有着非常高的灵敏度以及很好的选择吸附能力。

（3）力敏传感器

石墨烯力学性能的测量是在2008年。Lee等使用原子力显微镜对单层石墨烯的杨氏模量和断裂强度进行了测量，并将结果发表于《科学》杂志。他们分别测量出石墨烯的杨氏模量约1 TPa①、三阶弹性刚度约-2 TPa、断裂强度约130 GPa②。石墨烯的力学性能研究证明了石墨烯是一种比较“刚”的材料，即要使石墨烯发生形变就需要比较强的力。

与硅、锗化硅和锗等传统半导体类似，外力引起的应变同样会使石墨烯的电学性质发生改变。理论研究证明应变的引入会使石墨烯的狄拉克

① 1 TPa=10^{12} Pa。
② 1 GPa=10^{9} Pa。

点发生偏移，从而改变石墨烯的电学性能。在实验方面，Fu 等于 2011 年对单层 CVD 生长的石墨烯在单轴向应变作用下的电学性能做了系统的研究。结果表明通过逐渐增加单轴向应变，石墨烯的电导会相应地发生改变。当承受的应变在 4.5%以下时，石墨烯的电导变化是可以重复的，这种程度的应变属于弹性形变。当应变超过 5%时，拉伸过的石墨烯片层的电导将不再恢复，这一范围的应变属于塑性形变。实验数据表明在承受应变时，单层石墨烯的电阻变化非常显著，展示了良好的应变灵敏度。然而，单层石墨烯应变电阻的测量范围只有不到 5%，同时石墨烯本身的刚度比较大，这意味着发生应变所需要的应力比较大，这些性质会局限单层石墨烯的应用范围，特别是对于人体健康监测和交互方面的柔性可穿戴领域，人体皮肤的应变范围在 0～40%，大部分的可穿戴设备为了与人体皮肤获得良好的接触从而获得可靠的测试数据，往往需要与皮肤具有同等级别的拉伸性能。同时考虑到单层石墨烯高昂的制造成本，在已报道的关于石墨烯的力敏传感器中，真正使用单层石墨烯的相对较少。大部分研究者往往采用石墨烯片层堆叠的形式来制造传感器，通过结构调制，这些传感器都具有极佳的灵敏度。有报道称，采用石墨烯网状结构能制造出有着高达 1×10^6 的灵敏度的应变传感器。这种传感器展现出来的测量范围和灵敏度相较于单层石墨烯均有很大的提高。因此，应用于应变和压力领域的石墨烯基力敏传感器大多采用片层堆叠的形式。

（4）光电探测器

光电探测器也是石墨烯的一大重要应用领域。2009 年，自 Xia 等利用机械剥离的石墨烯制备出第一个石墨烯基光电探测器后，石墨烯基光电探测器的研究逐渐兴起，科学家们也分别制备了不同波段的石墨烯基光电探测器。相较于常见的硅、砷化镓等无机半导体材料，石墨烯由于具有无间隔的能量色散的特性，使得基于石墨烯的光电器件具有更宽的响应带宽。另外，这些硅基器件大多需要复杂的制造工艺，因此制造成本较高。而石墨烯基光电器件可以通过比较经济的方法，例如打印、印刷等，制造出性能优于商用器件的石墨烯基光电探测器。另一个优势则是石墨烯基光电探测器更易于集成在柔性穿戴、可折叠系统中，这可以大大增加光电探测器的便携性，扩大光电探测器的使用范围。

一般来说，光电探测器根据原理的不同可以分成两大类。第一类是光子(或者光量子)探测器，其基本原理就是上文介绍的光电导效应。光子探测器能够将大部分入射光直接转化为光电流，由于入射光光子被吸收，这种工作方式会使得探测器本身的电学特性发生改变(载流子浓度的改变)。第二类则是光热探测器，这类探测器是将入射光的光能转化为自身的热能，通过使探测器的温度升高来改变电学性能(类似于温度传感器中的热辐射仪)，将光能的信息与探测器电学性能的变化量建立函数关系。石墨烯基材料作为这两类探测器的感应元件都有相关的报道，这些报道中大多都以石墨烯场效应晶体管(Graphene Field Effect Transistor, GFET)为探测元件，场效应晶体管这种器件形式也是石墨烯基光电探测器的主要类型。后面的内容我们将主要围绕这种器件类型进行介绍。

由于石墨烯拥有宽的吸收谱和高载流子迁移率，石墨烯基光电探测器可以被用来探测包括太赫兹、红外、可见光以及紫外波段的光信号。已报道的光电探测器都具有优良的性能，例如基于石墨烯晶体管的光电探测器具有超快的响应速度，有着高达 16 GHz① 的带宽(硅基光电探测器一般为几百兆赫②)，在理想情况下更是能达到 500 GHz。石墨烯还可以与其他光敏纳米材料进行复合，从而共同增强器件的性能，例如通过与 PbS 量子点(Quantum Dots, QDs)复合的石墨烯晶体管能够在红外波段范围内拥有高达 10^7 A·W^{-1}的响应度(也可以称为增益)，远高于硅基红外探测器。高响应度是 PbS 量子点和石墨烯共同作用的结果，PbS 量子点有很高的光吸收率，而石墨烯则为产生的光电子提供了一个快速的通道传递到外部电路，而这种协同作用均比单独使用某一材料的光电探测器的响应度高几个数量级。宽吸收谱带宽、高载流子迁移率以及与其他

① 1 GHz=10^9 Hz。

② 1 兆赫(MHz)=10^6 赫兹(Hz)。

光电纳米材料良好的复合能力使得石墨烯基光电探测器在众多领域中有着很大的应用潜力。

使用石墨烯作为敏感材料的传感器类型还有很多,本书的后续章节将继续介绍。

综上所述,国外高校和研究机构也研发了很多石墨烯基传感器的原型以及新应用领域。例如,曼彻斯特大学的气体单分子传感器、高灵敏度的石墨烯晶体管压力传感器等都是相关传感领域的开辟性的创新或者在传感器性能指标上是行业的标杆;韩国成均馆大学在石墨烯人工电子皮肤领域取得了很多突破,引领着行业发展的潮流。

与国外的研究工作相比,我国在石墨烯基传感器的研究起步几乎与欧美国家同步。从图 1-5 的数据统计图中可以看出,从 2008 年开始,我国科研单位发表的 SCI 数量逐年增加,经过十年的努力,国内单位所发表的文章在石墨烯基传感器领域内所占比例已经从 2008 年的不到 7%发展到了 2017 年的接近 40%,在行业内的话语权正在逐步增强。虽然我国在石墨烯基传感器领域里积累了大量创新成果,但是这些创新大多是集成式的创新。在未来,我国的研究者更要着眼于原始的、概念性的创新,才能够真正实现从跟跑到并跑再到领跑的跨越,才能够真正做到引领行业的发展。

图 1-5 目前已发表的石墨烯基传感器 SCI 文章的数量

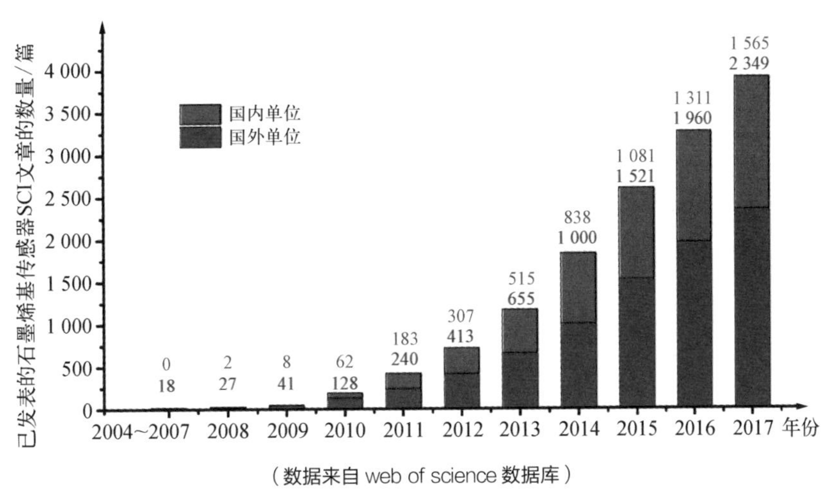

(数据来自 web of science 数据库)

1.4 石墨烯基传感器的分类

为了满足不同领域的感应需求，研究者往往通过表面改性调制工艺，进行不同的组装技术，制造出相应的传感器件。目前，传感器的分类并没有统一的标准，不同感应原理、检测对象、制造工艺的石墨烯基传感器五花八门、层出不穷。本书依据业界约定俗成的原则对传感器进行分类。

1.4.1 能量传递形式

依据传感器在检测过程中对外界能量的需求，传感器可以分为无源传感器和有源传感器。

1. 无源传感器

无源传感器是按照能量转化原理将被测的非电量转换为电学参量输出的传感器，也可以称作参量传感器。敏感元件没有能量转换功能，通过自身电学参量(如电阻、电容等)随着外界激励而改变。例如，石墨烯基电阻式传感器和石墨烯基电容式传感器等都属于无源传感器。

2. 有源传感器

有源传感器是按照能量转化原理将被测的非电量转换为电能输出的传感器，也可以称作换能器。与无源传感器不同，有源传感器的特点是敏感元件能够将外界非电量直接转化为电信号，例如石墨烯基光电探测器，便是将光能直接转换成电能。

1.4.2 敏感材料类型

根据敏感材料的不同类型，也可以将传感器分为纯石墨烯基传感器和改性石墨烯基传感器。这两类传感器可以统称为石墨烯基传感器。

1. 纯石墨烯基传感器

纯石墨烯基传感器是指单纯依靠石墨烯本身作为敏感材料的传感器。这类传感器充分利用了石墨烯大的比表面积、高电导率等特点来对气体、力等外界激励做出响应。

2. 改性石墨烯基传感器

改性石墨烯基传感器是指传感器的敏感材料不是单纯的石墨烯，而是通过表面调制或者与其他敏感材料复合的传感器。这种方法是弥补石墨烯材料在特定传感领域的缺陷、提高器件整体性能的常见技术。

（1）氧化石墨烯

氧化石墨烯是一种通过表面调制的石墨烯衍生物，通过化学方法对石墨烯材料表面进行原子或者化学官能团的修饰，从而调整石墨烯感应材料的特性来满足传感需求。例如，通过 Hummers 法将大量含氧官能团引入石墨烯表面，使得石墨烯被调制成氧化石墨烯，由疏水性变成了亲水性，这种转变将大大提高石墨烯对水分子的吸附能力，从而极大地提高湿度感应的灵敏度。

此外还有氢化石墨烯、氟化石墨烯等改性的石墨烯结构。但是，目前还没有这些材料应用在传感器领域中的文献报道，所以这里不再详细介绍。

（2）石墨烯复合物

石墨烯复合物是指通过利用物理或者化学方法与其他敏感材料进行复合，调制传感器的性能。根据复合物质的不同又可以细分为以下四类。

① 石墨烯-碳材料复合。石墨烯-碳材料复合传感器是指石墨烯与其

他的碳材料复合的传感器。典型的是石墨烯与碳纳米管复合的应变传感器。石墨烯片层与碳纳米管共同形成的导电网络将会比单纯的石墨烯片层具有更好的导电性能。

② 石墨烯-金属纳米颗粒/纳米线复合。石墨烯-金属纳米颗粒/纳米线复合传感器是指石墨烯与金属纳米颗粒/纳米线复合而成的传感器。通常可以通过水热反应将金属纳米颗粒/纳米线负载到石墨烯平面里。一般来说，引入金属纳米颗粒/纳米线将改善传感材料的电学性能，同时对于某些化学传感器而言，引入具有催化活性的金属纳米颗粒/纳米线（例如铂）也可以提高传感器的灵敏度。

③ 石墨烯-金属氧化物纳米颗粒/纳米线复合。石墨烯-金属氧化物纳米颗粒/纳米线复合传感器是指石墨烯与半导体性质的金属氧化物纳米颗粒/纳米线复合而成的传感器。制备方法一般与石墨烯-金属纳米颗粒/纳米线复合材料类似。同样地，金属氧化物纳米颗粒/纳米线的引入也会提高传感器的性能。例如，对于石墨烯基气体传感器来说，加入金属氧化物纳米颗粒/纳米线会大大提高对目标气体的选择性吸附能力。

④ 石墨烯-有机聚合物复合。石墨烯-有机聚合物复合传感器是指石墨烯与有机聚合物进行复合的传感器。柔性可穿戴是传感器发展的重要方向，也是研究热点之一。通过与柔性聚合物材料的复合，可大大改善器件的机械性能，满足可穿戴设备可拉伸、可弯折的要求。

综上所述，石墨烯由于其优良的传感性能以及可以与其他感应材料复合的能力，极大地扩展了石墨烯材料在传感领域的应用范围。国内外研究者以石墨烯材料为基础创造性地制造出了具有不同原理、不同作用的传感器件，充分发挥了石墨烯基材料的性能，显著推动了传感器领域的发展。

1.4.3 被检测参数的类型

近年来，在学术研究领域中，不同目标检测物的石墨烯基传感器被大量报道。被检测参量大致可分为物理参量、化学参量以及生物参量三大范畴。具体分类如表 1－2 所示。

表 1－2 不同检测参量的石墨烯基传感器

物理参量类	力传感器	压力传感器
		应变传感器
	热传感器	温度传感器
	磁传感器	磁场强度传感器
		磁通量传感器
	光传感器	红外传感器
		紫外传感器
		可见光传感器
化学参量类	气体传感器	气体成分传感器
		气体浓度传感器
	湿度传感器	露点传感器
		水分传感器
	离子传感器	pH 传感器
		离子成分传感器
		离子浓度传感器
生物参量类	生化参量传感器	生化参量传感器
	生理参量传感器	生理参量传感器

1. 测量物理参量类的传感器

(1) 力传感器

力传感器敏感元件的特性参数随着所受外力的改变而明显且有规律地变化。典型的力传感器有石墨烯基压力电阻式传感器、氧化石墨烯压力电容式传感器、石墨烯基应变传感器等。

(2) 温度(热)传感器

温度(热)传感器敏感元件的特性参数随着外界温度的变化而明显且有规律地变化。典型的温度(热)传感器则为石墨烯基热电阻传感器。

(3) 磁传感器

磁传感器是通过使用表面调制和与其他磁性材料复合而成的石墨烯基磁性材料,其特性参数随所受外界磁场变化而明显且有规律地变化。

常见的磁传感器有石墨烯基霍尔传感器、石墨烯基磁阻传感器等。

（4）光传感器

光传感器敏感元件的特性参数随外界光照辐射改变而明显且有规律地变化。常见机理是石墨烯在被外界光激励后，会产生额外的光生载流子，从而导致电阻产生变化。常见的光传感器有石墨烯基光电阻传感器、石墨烯基光电流传感器、石墨烯基光敏三极管传感器等。

2. 测量化学参量类的传感器

（1）气体传感器

气体传感器敏感元件的特性参数随着外界气体的种类和浓度的改变而明显且有规律地变化。气体分子被吸附在石墨烯上，会改变局部载流子的分布，从而使得石墨烯的电学性能发生改变。常见的气体传感器有石墨烯基电阻式气体传感器、石墨烯基三极管式气体传感器等。

（2）湿度传感器

湿度传感器敏感元件的特性参数随着外界湿度的改变而明显且有规律地变化。这样的敏感元件一般也被称作湿敏元件。传感原理与气体传感器类似，湿度传感器可以看成是一种特殊的气体传感器。常见的湿度传感器有氧化石墨烯基电容式湿度传感器、石墨烯基复合湿度传感器等。

（3）离子传感器

离子传感器敏感元件的特性参数随着气体或者液体中离子的浓度和种类的改变而发生明显而有规律的变化。常见的离子传感器有石墨烯基复合电极离子传感器等。此外，检测目标为溶液的氢离子（H^+）或者氢氧根离子（OH^-）的传感器被称为 pH 传感器。

3. 测量生物参量类的传感器

测量生物参量类的传感器敏感元件的特征参数随着目标被测生物质材料的种类和浓度的改变而发生明显且有规律的变化。根据具体检测生物参量的不同，又可以分成石墨烯基生理参量传感器和石墨烯基生化参量传感器。

石墨烯在上述的传感应用领域里对灵敏度、响应时间等传感器性能参数的提高都起到了很大的作用。我们将在后续章节对石墨烯在这些传感应用领域的研究现状进行介绍。

1.5 石墨烯基传感器的性能参数

与传统传感器一样，石墨烯基传感器的传感特性是指输入量和输出量之间的数学对应关系。通常来说，传感器的特性分成两类：静态特性和动态特性。静态特性与动态特性的区别在于输入量是否随着时间的变化而变化。静态特性是指输入量不会随着时间的改变而改变，表示传感器在稳定状态下输入量和输出量之间的关系；动态特性则是指输入量随着时间的改变而改变，表示传感器对随时间变化的输入量的响应特性。输入量和输出量之间的关系可以用微分方程来描述，当微分方程中的一阶及高阶项的系数为零时，便可以得到静态特性。所以传感器的静态特性是动态特性的特例。

1.5.1 静态特性

最理想的传感器的输入输出关系要满足唯一的一一对应关系，最好是呈线性关系。但是，输入输出特性往往会因本身存在的迟滞、蠕变、摩擦等因素以及各种外部影响而不会完全符合所要求的线性关系。传感器的静态特性的主要指标包括线性度、灵敏度、重复性、稳定性、分辨率、漂移（温度漂移和时间漂移）以及迟滞等。

1. 线性度

传感器的特性曲线与某一人为规定的直线之间的一致程度称为线性

度。对于理想情况下，即不考虑迟滞、蠕变和漂移等效应的传感器，静态的输入输出特性可以用式(1-1)来描述。

$$y=\sum_{i=0}^{n-1} a_i x^i \tag{1-1}$$

式中，$i \leqslant n-1$，i 是整数；x 是输入量；y 是输出量；a_0，a_1，…，a_{n-1} 是常系数。通过式(1-1)可知，传感器的静态特性一般由线性项(a_0+a_1x)和 x 的高次非线性项决定。当 $a_0 \neq 0$ 时，则表示传感器在没有输入的情况下仍然有输出，通常这个不为零的输出量被称为零点漂移，简称零漂。

下面分析式(1-1)的四种情况。

① 理想情况下，a_0，a_2，a_3，…，a_{n-1} 全部为零，那么式(1-1)可以简化为 $y=a_1x$，进行简单的数学变换可以得到式(1-2)。

$$\frac{y}{x}=a_1=k \tag{1-2}$$

函数图像是过零点的直线，k 是直线的斜率，如图 1-6(a)所示。在这种情况下，式(1-2)中的 k 即为传感器测量系数的灵敏度。

② 当输入量 x 只含有奇数次项时，则式(1-1)可改写成式(1-3)。

$$y=\sum_{i=1}^{n} a_{2i-1} x^{2i-1} \tag{1-3}$$

式中，$1 \leqslant i \leqslant n$，$i$ 是正整数。在这种情况下，输入量和输出量的函数关系满足奇函数的定义，即 $f(-x)=-f(x)$，该函数图像是关于坐标原点的中心对称图像，如图 1-6(b)所示。由函数关系式及对应的图像可以看出，在原点附近一定范围内，输入输出特性曲线可以近似看作是线性的。

③ 当输入量 x 只含有偶数次项时，在不考虑零漂的情况下，式(1-1)可以变换为式(1-4)。

$$y=\sum_{i=1}^{n} a_{2i} x^{2i} \tag{1-4}$$

式中，$1 \leqslant i \leqslant n$，$i$ 是正整数。在这种情况下，输入量和输出量的函数关系满足偶函数的定义，即 $f(x)=f(-x)$，该函数图像是关于坐标轴的轴

图 1-6 传感器的输入输出特性曲线

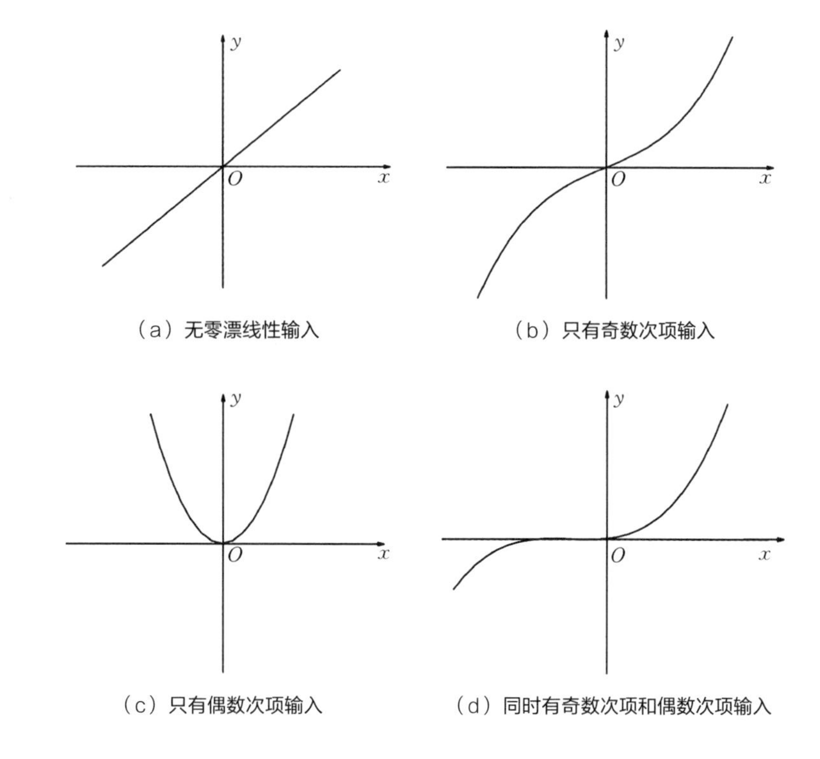

对称图像,如图 1-6(c)所示。

④ 一般情况下,输入量和输出量之间的函数关系式既包含奇数次项又包含偶数次项,函数图像如图 1-6(d)所示。

从图 1-6 中的曲线可以看出,传感器在实际使用过程中,如果非线性项影响很小(高次非线性的系数很小或输入量很小),可以使用切线或者割线来表示实际曲线中的某一段,使得传感器的输入输出特性近似线性,这一处理过程称为传感器输入输出特性的线性化。对于传感器来说,一般而言,输入量不是线性输入的,通常含有高次非线性量,我们习惯采用非线性误差来表征输入输出特性的线性偏离度。传感器的非线性误差定义为传感器的输入输出特性曲线与规定的拟合曲线的最大偏差和传感器满量程输出量的百分比,即

$$\delta_{线性}=\pm\frac{\Delta Y_{max}}{y_{FS}}\times 100\% \tag{1-5}$$

式中，$\delta_{线性}$ 表示传感器输入输出特性的非线性误差；ΔY_{max} 表示实际输入输出特性曲线与拟合曲线的最大偏差；y_{FS} 表示传感器的满量程输出量。ΔY_{max} 的大小与规定拟合曲线的拟合方式有关，所以数值的大小受到曲线拟合方式的影响。曲线拟合一般采用端点线性法、独立线性法以及最小二乘法等。

① 端点线性法。端点线性法是指将输入输出特性曲线的起、止两个端点连接起来作为拟合曲线的方法，这样的拟合曲线称为端点直线。端点直线与特性曲线的最大正反偏差称为端点非线性误差。这种方法的优点是操作简单、使用广泛；缺点是精度比较低。

② 独立线性法。独立线性法是在端点线性法的基础上进行改进的，以最佳直线作为参考线。最佳直线的作法是先作两条与端点直线平行且与特征曲线相切的极限直线，这两条直线包含所有的数据点，再在这两条直线间取等距离的直线。这种方法比端点线性法更加精确。

③ 最小二乘法。使用最小二乘法作为参考依据。拟合的直线是一条输出量偏差平方和最小的直线。假设有 n 个数据点，考虑第 i 个数据点的情况，设第 i 个数据点与拟合曲线之间的偏差为

$$\delta_i = y_i - (a + b x_i) \tag{1-6}$$

根据最小二乘法拟合的原则，要求偏差的平方和为最小，即

$$\sum_{i=1}^{n} \delta_i^2 = \sum_{i=1}^{n} y_i^2 - 2\sum_{i=1}^{n} y_i(a + b x_i) + \sum_{i=1}^{n} (a + b x_i)^2 \tag{1-7}$$

再进一步，可以得到

$$\begin{aligned}\sum_{i=1}^{n} \delta_i^2 = \sum_{i=1}^{n} y_i^2 + n a^2 - 2a\sum_{i=1}^{n} y_i + b^2 \sum_{i=1}^{n} x_i^2 \\ - 2b\sum_{i=1}^{n} x_i y_i + 2ab\sum_{i=1}^{n} x_i\end{aligned} \tag{1-8}$$

要使 $\sum_{i=1}^{n} \delta_i^2$ 最小，可以通过将 $\sum_{i=1}^{n} \delta_i^2$ 分别对 a 和 b 求偏微分，可先对 a 求偏微分，并令 $\frac{\partial}{\partial a}\left(\sum_{i=1}^{n} \delta_i^2\right) = 0$，得

$$2na-2\sum_{i=1}^{n} y_i+2b\sum_{i=1}^{n} x_i=0 \tag{1-9}$$

同理，对 b 求偏微分，并令 $\frac{\partial}{\partial b}\left(\sum_{i=1}^{n} \delta_i^2\right)=0$，得

$$2b\sum_{i=1}^{n} x_i^2-2\sum_{i=1}^{n} x_i y_i+2a\sum_{i=1}^{n} x_i=0 \tag{1-10}$$

联立式(1-9)和式(1-10)，可以解出 a 和 b：

$$\begin{cases} a=\dfrac{\left(\sum_{i=1}^{n} x_i\right)\left(\sum_{i=1}^{n} x_i y_i\right)-\left(\sum_{i=1}^{n} x_i^2\right)\left(\sum_{i=1}^{n} y_i\right)}{\left(\sum_{i=1}^{n} x_i\right)^2-n\sum_{i=1}^{n} x_i^2} \\ b=\dfrac{\left(\sum_{i=1}^{n} x_i\right)\left(\sum_{i=1}^{n} y_i\right)-n\left(\sum_{i=1}^{n} x_i y_i\right)}{\left(\sum_{i=1}^{n} x_i\right)^2-n\sum_{i=1}^{n} x_i^2} \end{cases} \tag{1-11}$$

由式(1-11)求得的 a 和 b 组成的曲线 $y=a+bx$ 即为最小二乘法拟合曲线，一般通过计算机进行数值计算，这种方法的拟合精度高于之前的两种拟合方法。

2. 灵敏度

灵敏度是衡量传感器性能的重要指标。它的定义是传感器输出增量与输入增量之间的比值。对于输入输出特性是线性关系的传感器来说，灵敏度就是输入输出特性曲线的斜率，即

$$k=\frac{\Delta y}{\Delta x} \tag{1-12}$$

对于输入输出特性曲线近似线性的传感器来说，通常使用拟合曲线的斜率来近似表示灵敏度。而对于传感器输入输出特性曲线非线性特别明显的情况，可以采用分段拟合曲线的斜率或者使用数据采样点切线的斜率 $\frac{\mathrm{d}y}{\mathrm{d}x}$ 来表示一小段输入量的灵敏度。由于外界和传感器自身的因素，灵敏度会发生改变，从而产生灵敏度误差，灵敏度误差用相对误差的形式表示，即

$$\delta = \pm \frac{\Delta k}{k} \times 100\% \quad (1-13)$$

3. 迴滞

迴滞特性是用来形容传感器输入输出的正向行程曲线(从起点到终点)和反向行程曲线(从终点到起点)不一致的程度。对于力学压力传感器来说,迴滞特性在物理上的意义是指传感器在受压力后储存或者释放应变能量的能力,迴滞越大,在图像上正反曲线包络的面积越大,所储存的能量就越大,反之,则能量越小。在实际操作中,通常使用同一负载下最大输出量差值来表示。

4. 重复性

传感器的重复性是传感器输入量按同一方向连续多次变化时所得输入输出特性曲线不一致的程度。重复性误差属于随机误差,是指在排除引起系统误差的因素后,测量结果仍然会有误差,误差的变化是无规律的随机变化,服从统计规律,例如高斯分布、均匀分布等。

5. 稳定性

随着使用时间的增加,传感器的特性会发生改变。传感器即便是在同样的环境里,对同一输入量的输出也会发生改变。引起这一变化的主要原因是传感器的结构、敏感材料随时间发生老化而产生的失效。在连续使用的过程中,即使输入量保持不变,输出量也常常会发生一定程度的偏离,这种现象称为漂移。前文所讨论的零点漂移就是漂移现象在没有输入时的特例。

稳定性是传感器的重要指标,它涉及传感器的制造工艺、材料、结构、封装等多种因素,优良的稳定性是传感器发挥自身性能的必要条件。

(1) 时间零漂

时间零漂通常是指在规定时间内,在没有输入且环境不变的情况下,输出量的变化。对于有源传感器,在标准电压下零输入的变化情况称为零点时间漂移。

(2) 温度漂移

零点温漂:在规定的输入量下,环境温度每变化1℃时,零点输出量的变化。

灵敏度温漂:在规定的输入量下,环境温度每变化1℃时,灵敏度的变化。

6. 分辨率

分辨率是指传感器能够监测到的最小输入增量。分辨率可以分为绝对分辨率(检测到的最小输入增量)和相对分辨率(检测到的最小输入增量与传感器满量程的百分比)。特别地,传感器在输入零点附近的分辨率称为传感器的阈值。

1.5.2 动态特性

与上述静态特性不同,传感器的动态特性是指输入量随时间变化的响应特性。在实际测量中,传感器是在动态条件下进行测量的。只要输入量是关于时间的函数,那么输出量也是关于时间的函数,输入量和输出量的关系就不能仅仅用静态特性来表示,而要用动态特性来描述。在传感器的设计过程中,要根据输入量的动态特性要求来选择合适的结构、材料等,调整传感器的参数;在传感器的使用过程中,也要根据输入量的动态特性来选择相应的使用方法和条件,与此同时,在使用过程中也要对传感器的动态误差进行合理的估计。总而言之,传感器的动态特性是一项非常重要的特性,与传感器本身的设计、性能、机理、结构等要素息息相关,值得深入研究和讨论。

根据类型的不同,动态输入信号可以大致分为规律性信号和随机性信号,具体分类见表1-3。

表 1-3 不同的动态输入信号

规律性信号	周期性信号	正弦周期信号
		复杂周期信号
	非周期性信号	阶跃信号
		线性信号
		其他瞬态信号
随机性信号	平稳随机性信号	多态历经过程信号
		非多态历经过程信号
	非平稳随机性信号	非平稳随机性信号

在研究动态特性时，通常只能依据规律性的信号来考虑传感器的动态响应。对于正弦信号输入，可以通过数学方法对输出量进行求解。对于有着复杂周期的输入信号，可以将其进行傅里叶变换，用正弦周期信号来表示，从而分解成各次谐波。而对于阶跃信号，也可以通过信号处理方法来进行输出量求解，其他瞬态信号也可以用阶跃信号来近似表示。所以，传感器的一般标准动态输入信号只有三种：正弦周期信号、阶跃信号和线性信号，其中以前两种最为常见。

1. 数学模型

在研究传感器动态特性时，为了简化数学处理过程，不考虑传感器的非线性和随机变化等因素的影响，通常使用常系数线性微分方程来描述输入量 x 与输出量 y 之间的关系，将传感器的数学模型简化成一个集中参数系统。对于任何一个传感器线性系统，下面的微分方程均可以成立

$$a_{n-1}\frac{\mathrm{d}^{n-1}y}{\mathrm{d}t^{n-1}}+\cdots+a_1\frac{\mathrm{d}y}{\mathrm{d}t}+a_0y=b_{i-1}\frac{\mathrm{d}^{i-1}x}{\mathrm{d}t^{i-1}}+\cdots+b_1\frac{\mathrm{d}x}{\mathrm{d}t}+b_0x \tag{1-14}$$

式中，x 表示传感器的输入量；y 表示传感器的输出量；t 表示时间。其中，x 和 y 均为时间的函数，可以表示为 $x(t)$ 和 $y(t)$。如果输入量与输出量有相同的量纲，则系数 a_0，a_1，…，a_{n-1} 和 b_0，b_1，…，b_{i-1} 均为结构常数，这些结构常数由传感器本身的物理特性决定。通常，为了简化数据

处理，除 $b_1 \neq 0$ 外，输入量 x 其他阶数的系数均可以取零，则式(1－14)可以简化为

$$a_{n-1}\frac{\mathrm{d}^{n-1}y}{\mathrm{d}t^{n-1}}+\cdots+a_1\frac{\mathrm{d}y}{\mathrm{d}t}+a_0y=b_0x \tag{1-15}$$

根据传感器不同的物理模型，采用不同阶数的常微分方程来描述输入输出之间的关系。

2. 传递函数

所谓传递函数是用数学形式来表征传感器系统本身的信号传输、转换的特性，与对系统进行激励的初始信号无关。通常来说，两个具有相似传输特性但又有完全不同物理意义的系统，是可以用同一个传递函数进行表示的。传递函数是用来描述线性常系数系统输入输出信号的一种函数，传递函数能够表达系统的动态特征。对于满足式(1－14)线性系统的激励输入信号 $x(t)$ 和响应输出信号 $y(t)$，为了方便之后的数学变换，这里将微分运算进行算符化，用算子 D 来替代微分 $\frac{\mathrm{d}}{\mathrm{d}t}$，式(1－14)可以被改写成下面的形式：

$$(a_{n-1}D^{n-1}+\cdots+a_1D+a_0)y=(b_{i-1}D^{i-1}+\cdots+b_1D+b_0)x \tag{1-16}$$

运用拉普拉斯变换将式(1－16)转变为输出量和输入量之比的形式。假设传感器系统原来处于静止状态，其初始量为零，式(1－16)的拉普拉斯变换式为

$$(a_{n-1}s^{n-1}+\cdots+a_1s+a_0)y(s)=(b_{i-1}s^{i-1}+\cdots+b_1s+b_0)x(s) \tag{1-17}$$

式中，s 为拉普拉斯变换的复数自变量，$s=\sigma+j\omega$，实部 σ 为收敛因子，与信号的振幅相关，ω 为角频率，与信号的相位相关，$j=\sqrt{-1}$。系统的传

递函数 $T(s)$ 可以写成

$$T(s)=\frac{y(s)}{x(s)}=\frac{a_{n-1}s^{n-1}+\cdots+a_1s+a_0}{b_{i-1}s^{i-1}+\cdots+b_1s+b_0} \tag{1-18}$$

式中，$x(s)$、$y(s)$ 分别表示传感器信号输入量和输出量的拉普拉斯变换式。

3. 频率响应特性

这里用一个正弦信号的例子来阐述传感器的频率响应特性。当输入信号是一个标准正弦波信号 $x(t)=A\sin\omega t$ 时，由于传感器在信号突然输入时会存在瞬态响应，最开始输出的信号会有一定失真，随着时间的增加，瞬态效应逐渐消失并开始出现正常的输出信号。设输出信号为 $y(t)=B\sin(\omega t+\varphi)$，由于输入输出信号都是正弦波信号，可以将输入输出信号改写成复数形式 $Ae^{j\omega t}$ 和 $Be^{j(\omega t+\varphi)}$，则传递函数 $T(j\omega)$（这个例子里面是实部 $\sigma=0$ 的特殊情况）可以写成

$$T(j\omega)=\frac{Be^{j(\omega t+\varphi)}}{Ae^{j\omega t}}=\frac{B}{A}e^{j\varphi} \tag{1-19}$$

从式(1-19)可以看出，相应频率的传递函数是一个复数，有振幅和相位两个部分，振幅值为输出信号与输入信号幅值之比 $\frac{B}{A}$，相位角 φ 是输出信号与输入信号相位的差值。一般传感器的输出信号都会有滞后，所以 φ 是负值。

4. 时间响应特性

(1) 非欠阻尼传感器阶跃变化的响应特性

非欠阻尼传感器对外界阶跃变化物理量的响应特性一般用响应时间、上升时间和时间常数这三个物理量来描述。

① 响应时间。响应时间指输出量上升到最终值的 95% 所需要的时间。

② 上升时间。上升时间通常规定为从最终值的10%上升到最终值的90%所需要的时间。也有规定为从最终值的5%上升到最终值的90%所需要的时间。

③ 时间常数。时间常数是指输出量从零上升到最终值的 $1-e^{-1}$（约为最终值的63.2%）所需要的时间，用 τ 来表示。

阻尼是传感器能量消耗的特性，这一特性与传感器的固有频率一起决定了频率响应的上限以及传感器的瞬态响应特性。

（2）欠阻尼传感器阶跃变化的响应特性

欠阻尼系统在到达最终稳定值之前，会产生超调量，即在稳定值上下波动。而过阻尼系统不会产生超调量，临界阻尼系统处于过阻尼和欠阻尼系统两者之间。一般用阻尼比来描述阻尼谐振的实际阻值与产生的临界阻尼的比值。临界阻尼的阻尼比为1，过阻尼的阻尼比大于1，而欠阻尼的阻尼比则小于1。

1.6 石墨烯基传感器的发展趋势

传感器技术是一门多学科交叉结合的综合性、边缘性技术。传感器种类繁多、机理复杂，并且随着新材料、新工艺的引入，以及变幻莫测的市场需求，石墨烯基传感器以及传感器技术将会受到各方因素的制约和挑战。随着近年来各国政府的重视，以及物联网技术的兴起，为传感器技术带来了新的发展机遇。本节将从以下几个方面来阐述石墨烯基传感器技术的发展趋势。

1.6.1 敏感材料的发展趋势

在传感器以及传感器技术中，敏感材料有着极其重要的地位，往往决定着传感器的类型、传感机理以及传感器的性能。敏感材料是一种信息材料，能够感受外界激励，并转化和传输信号。通过与不同性能、不同种类的材料复合，石墨烯基敏感材料被应用在多种传感领域。总的来说，敏感材料的发展趋势要满足高功能、高可靠性和低成本的要求。

1. 智能材料

智能材料是指能够感知外界力、电、光、磁、热以及化学物质刺激等外界环境并产生驱动效应的一类重要的功能材料。通过与不同材料（如聚合物等）的复合，石墨烯基智能材料在电化学刺激、气体分子（水分子）、生物分子、电刺激、力以及热刺激下均能被激励并产生相应的变化。这些智能材料的出现极大地扩展了传感器的应用领域，并激发出了一些概念性的传感机理。

2. 电子信息材料

电子信息材料是指在微电子、光电子以及各种元器件的基础产品中所用到的材料。传统的电子信息材料主要是以单晶硅为代表的半导体微电子材料。随着石墨烯在半导体领域中的进一步发展，未来的石墨烯基电子信息材料将向着小尺寸、高均一性、高完整性、高可靠性、多功能化以及集成化的方向发展。

3. 生物传感材料

通过与高特异性的生物分子以及单链 DNA 和 RNA 等核酸类大分子的复合，制造出具有高度特异性的生物传感器也是未来的发展趋势。

1.6.2 传感器技术的发展趋势

1. 系统化

相比目前注重单一石墨烯基传感器件的具体性能，以后的发展趋势是不再单独将传感器作为单一器件考虑，而是依据信息理论从系统的角度出发，强调传感器发展过程中的系统性和协同性。将传感器当作信息识别和信息处理的第一步，并与后继的信息处理技术、信息传输技术以及计算机技术协同发展、有机结合。所谓智能传感器网络正是这种发展趋势的产物。

2. 微型化

与微电子领域的发展趋势一致，传感器本身的体积也是越小越好。所谓微型化是指传感器的特征尺寸从毫米级别缩小到微米级别，再到纳米级别。传感器的微型化不仅仅是特征尺寸的缩小，本质上是一种新机理、新结构和新功能的高科技技术，这项技术对制造、封装工艺提出了更高的要求，而且随着尺寸的进一步缩小，器件的表面效应越来越明显，这将会给设计者带来新的挑战。

3. 无源化

传感器涉及将非电量转化为电量，往往离不开外部供电。随着传感器的应用越来越广泛，特别是野外战场这些远离电网的地方，如果需要使传感器正常工作就需要使用电池或者太阳能电板。因此，低功耗，甚至是无功耗的无源传感器成为研究热点，无源化将大大提高器件寿命，同时也能够节省能源。

4. 智能化

传感器的智能化也是未来发展的一大趋势。不同于传统输出单个模拟信号的传感器，智能传感器将具有数据存储、数据处理、判断、自我诊断等功能，通过自身微处理器的处理，将外界激励信号转化为数字信号，并具有控制功能。

5. 新型化

传感器的新型化是指采用新的感应原理、新技术、新型感应材料来制造器件。石墨烯基敏感材料将会为传感器的制造带来很多新的方法和技术。

6. 网络化

为了满足物联网的发展需求，传感器的网络化也是一项重要的发展目标。传感器在现场实现 TCP/IP 协议[①]，使现场测到的数据能够登录到网络，在网络上实时发布并实现信息共享，并入网络的每一个传感器都是一个数据节点。目前，已经发展了“有线网络传感器”和“无线网络传感器”两个门类。

1.7 本章小结

本章概述了石墨烯基传感器以及传感器技术的基本概念，阐述了石墨烯的发展历史以及石墨烯在传感器及传感器技术领域中的优势，同时描述了器件与传感特性有关的数学公式，并综述了近年来国内外在石墨烯基传感器领域的主要发展以及对未来传感器及传感器技术的发展进行了展望。在后续章节中，我们会对不同类型、不同应用领域的石墨烯基传感器做进一步的介绍。

① TCP/IP 协议是不同的通信协议的大集合。

第2章

石墨烯基气体传感器

2.1 石墨烯基气敏元件及传感器的基本概念

2.1.1 气体传感器的定义

气体传感器是一种集成气体敏感材料的器件。其基本原理是通过敏感材料对气体分子的吸附，从而改变敏感材料的电学特性，并最终获得气体浓度与材料特性参数之间的函数关系。

2.1.2 气体传感器的分类

气体传感器根据不同的角度可以有多种分类方法。根据器件不同的工作原理可以大致分成电类参数与非电类参数两种类型。电类参数类型主要是利用气体分子吸附在石墨烯表面后，局部载流子的分布改变，从而引起电参数（如电阻）的变化。非电类参数传感器主要是质量敏感传感器，例如利用声表面波（Surface Acoustic Wave，SAW）的原理，即利用石墨烯吸附气体分子后，会使得声表面波器件的操作频率随吸附的气体分子的数量和气体种类的改变而改变，频率的变化与吸收的气体分子的质量呈函数关系，还有一种非电类参数传感器是光学量传感器。从使用的敏感材料类型来看，又可以分成本征石墨烯基传感器和石墨烯复合物（Graphene Composite）基传感器。一般而言，为了符合用户的实际使用需求，从应用方向的角度进行分类更具有实用价值。根据气体传感器的应用场合的不同，大体可以分成：可燃性气体检测传感器，即用于检测 H_2、CO、可燃性烷烃气体等；毒性气体检测传感器，即用于检测氮氧化物（NO_x）、H_2S、SO_2、NH_3、CO 等有毒有害气体；环境参数检测传感器，如湿度传感器（第 3 章将单独介绍湿度传感器的发展）。这些被检测的气体，特别是可燃、有毒的气体，对人的生命财产安全有着重大的影响，然而人体感官对这些气体浓度的感应是模糊的，而且不准确，一旦这些气体超过了一定的浓度(表 2 - 1、表 2 - 2)，将会对身体健康和财产安全产生重大的威胁。

表 2-1 有毒有害气体的容许浓度

气体（分子式）	容许浓度/ppm
氮氧化物(NO_x)	5
硫化氢(H_2S)	10
二氧化硫(SO_2)	5
氨气(NH_3)	25
一氧化碳(CO)	50
氯气(Cl_2)	1
氰化氢(HCN)	5

注：ppm，parts per million，1 ppm 即百万分之一。

表 2-2 可燃性气体的爆炸限浓度

气体（分子式）	爆炸限浓度
氢气(H_2)	4.0%～75.6%
一氧化碳(CO)	12.5%～74.2%
甲烷(CH_4)	5%～15.0%
乙烷(C_2H_6)	3%～12.5%
乙烯(C_2H_4)	2.7%～34.0%
乙炔(C_2H_2)	1.5%～100%
丙烯(C_3H_6)	2%～11.7%
乙醇(C_2H_5OH)	3.5%～19.0%
丙酮(CH_3COCH_3)	2.5%～13.0%

2.1.3 气体传感器的特性参数

对于气体传感器而言，特性参数往往是衡量器件性能的重要指标。在实际应用中，一般需要关注以下参数。

1. 灵敏度 k

气体传感器在同一工作条件下，检测同一种气体，其电学特性(例如电阻）随气体浓度的变化而发生改变，改变的电阻与在空气中的初始电阻之间的比值即为灵敏度 k，见式(2-1)。

$$k=\frac{\Delta R}{R_{空气}}\times 100\%=\frac{R_{气体}-R_{空气}}{R_{空气}}\times 100\% \tag{2-1}$$

2. 气体选择性 S（相对灵敏度）

气体选择性 S（相对灵敏度）是指气体传感器在同一工作条件下，检测同一浓度、不同种类的气体时，电阻值的相对变化。例如，传感器对固定浓度的气体 1 对应的电阻值是 R_1，在同一工作条件下，对同一浓度的气体 2 对应的电阻值是 R_2，则气体 1 相对于气体 2 的选择性系数 S（即相对灵敏度）是两者电阻值之比，即

$$S=\frac{R_1}{R_2} \tag{2-2}$$

3. 响应时间 t_{res}

响应时间 t_{res} 是指最佳工作条件下，气体传感器接触到目标气体后，电学参数达到规定值所需要的时间。

4. 恢复时间 t_{rec}

恢复时间 t_{rec} 是指最佳工作条件下，气体传感器在脱附气体后，电学参数恢复到规定值所需要的时间。

5. 稳定性

稳定性是指传感器在不同的工作条件下，以及随着使用时间的增加，性能发生改变的特性，又可以细分成温度稳定性、湿度稳定性以及时间稳定性。

① 温度稳定性，即当环境温度改变时，气体传感器电学参数随温度变化而发生改变的特性。

② 湿度稳定性，即当环境湿度改变时，气体传感器电学参数随湿度

变化而发生改变的特性。

③ 时间稳定性，即气体传感器连续工作时，器件参数（例如灵敏度）随着时间变化的特性。

2.1.4 石墨烯基气体传感器的发展现状

作为石墨烯基气体传感器的早期工作，2007 年，曼彻斯特大学的 Novoselov 和 Geim 首次用石墨烯制造出了基于霍尔效应的单气体分子传感器。使用机械剥离出的少数层石墨烯作为敏感材料，再引入高达 1 T 的磁场，利用霍尔效应发现单个 NO_2 气体分子吸附所产生的离散电阻值改变的现象，数据如图 2-1 所示。其中，图 2-1(a)为石墨烯霍尔电阻随气体吸附和脱附的变化，蓝色曲线是吸附曲线，红色曲线是脱附曲线，绿

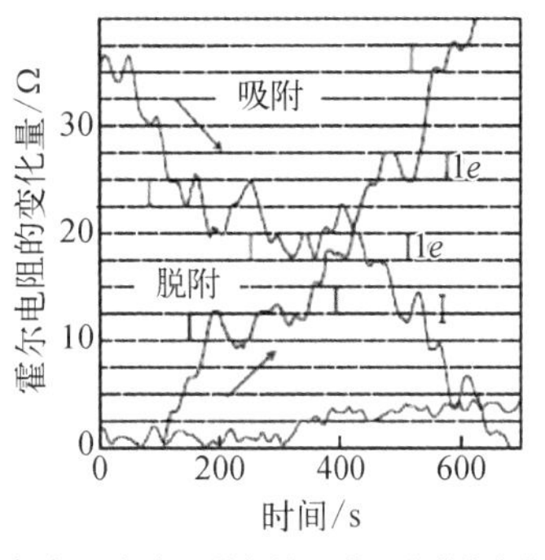

（a）霍尔电阻随气体吸附和脱附的变化

（b）不同气体离散电阻统计

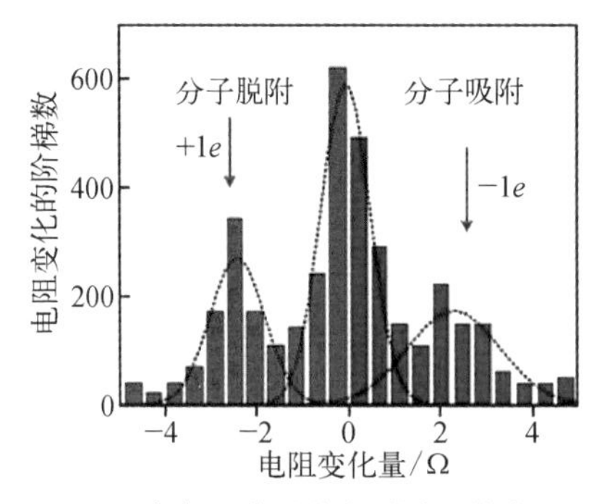

（c）吸附/脱附过程的电阻统计

图 2-1 石墨烯基气体传感器实现单气体分子的检测

色曲线是对比曲线(放置在 He 气体中,同样测试条件下测得的曲线)。图 2-1(b)、图 2-1(c)为离散电阻的统计数据,其中图 2-1(b)数据是放置在 He 气体中未与 NO_2 气体接触的器件测得的,图 2-1(c)是在缓慢的吸附/脱附过程中的离散电阻的统计数据图。

Novoselov 认为石墨烯超高的电导率和低的本征噪声是传感器在室温下对气体分子检测能够具有超高灵敏度的原因。首先,环绕分析物的碳原子完全暴露使碳原子和目标原子的接触面积达到最大。石墨烯中的每个碳原子都是表面原子,这也使得单位体积内的接触面面积尽可能地大。其次,石墨烯由于具有和金属类似的导电性和很低的热噪声,少量的额外电子会引起石墨烯电导发生显著的改变。一般而言,由于表面额外吸附物的存在(如水分子),石墨烯的半导体电学表现为 p 型,即多数载流子的类型为空穴。电子受主(Acceptor)类型的 NO_2 的吸附导致石墨烯掺杂度提升,进而增加了其导电性;与之相反,NH_3 分子作为电子施主(Donor)被吸附在石墨烯表面,减小了原来的多数载流子(空穴)的浓度,载流子浓度的减小就会导致石墨烯电导率下降。相应过程的具体能带变化如图 2-2 所示。图 2-2(a)为石墨烯表面已经吸附了杂质但是未吸附其他气体分子时的能带结构,呈现 p 型掺杂,主要的载流子是空穴;图 2-2(b)为表面吸附了电子受主类型气体(NO_2)时石墨烯能带的结构,这种情况下石墨烯引入更多的空穴,增加了石墨烯的载流子数量,从而增加了导电性;图 2-2(c)为表面吸附了电子施主类型气体(NH_3)时石墨烯能带的结构,这种情况下,会向石墨烯中引入额外的电子,这些电子与原来的空穴发生复合,降低了石墨烯的导电性。

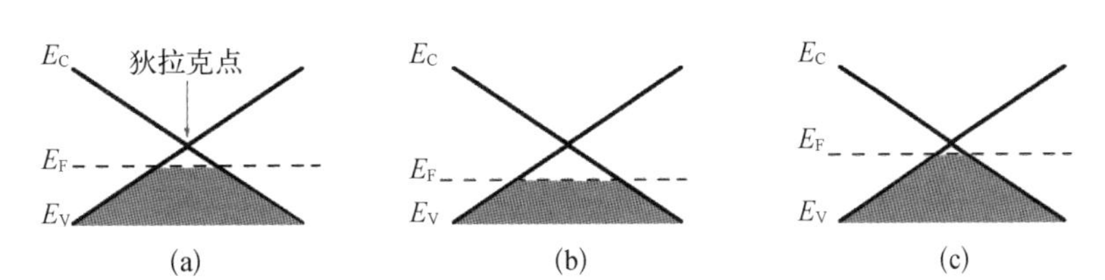

图 2-2 不同气体吸附状态下石墨烯的能带结构的变化情况示意图

(a)未吸附气体的能带结构;(b)吸附电子受主类型气体的能带结构;(c)吸附电子施主类型气体的能带结构

Novoselov 等的工作使许多科学家认识到石墨烯在气体传感方面存在巨大的应用潜力。很多课题组在 Novoselov 工作的基础上对石墨烯传感器做了更深入的研究，对石墨烯的气体传感机理有了更全面的认识，并且充分地研究了石墨烯的性质。石墨烯基气体传感器的基本原理与人类的气味和嗅觉接受神经相似，气体分子吸附在石墨烯表面，与石墨烯表面的原子发生相互作用。根据目前的研究，气体分子与石墨烯之间的作用力的模型大致可以分成三种：(1) 提供电子或空穴改变石墨烯内电子浓度，如 NO_2（电子受主）和 NH_3（电子施主）；(2) 不提供额外的载流子，通过吸附在石墨烯表面，重新分配电子使石墨烯电导发生改变，如 H_2O；(3) 形成共价键，以化学键的形式彻底改变能带结构。此外，还有很多实验研究致力于整理气体传感的物理过程，国内外很多课题组建立了石墨烯和不同气体分子间的相互作用模型。2009 年，Wehling 等给出了一个新的观点，被学术界广泛接受。一些开壳（Open Shell，在原子轨道理论中，开壳是不完全由电子填充或者在化学反应期间没有通过与其他原子或分子的化学键给予其所有价电子的价电子壳）的吸附物，如 NO_2 或碱金属原子，可以在石墨烯表面产生直接的电荷转移，除非与石墨烯形成较强的共价键（—H、—F、—OH），这种较强的共价键就不允许直接产生电荷转移，否则在室温下石墨烯对这些吸附物束缚力较弱并且会发生相对运动；而一些闭壳（Closed Shell，与开壳相反，闭壳是一种完全由电子填充的价电子壳）的吸附物，如 H_2O 和 NH_3，并没有直接改变石墨烯的能带结构，而是影响石墨烯内部电荷的分配及衬底对石墨烯的掺杂。其中，吸收的水分子是一种普遍的表面杂质，尤其是吸附于石墨烯和衬底之间的水分子，会造成衬底的杂质能级转移到石墨烯的费米能级附近，从而导致石墨烯的间接掺杂。

2011 年，Hill 等指出，要进一步提升传感性能，必须把研究重心放在石墨烯的表面修饰上。Hill 等认为高比表面积的材料会提供更多的吸附点，灵敏度会得到更大的提升，具体体现为更短的检测响应时间以及更快的检测速度。之后几年的研究重点便转移到石墨烯表面修饰。总体而言，石墨烯基气体传感器的发展，主要根据敏感材料的表面调制与复合来展开。

表面的结构缺陷会加强石墨烯对气体分子的吸附能力，从而对传感性能有积极的影响。石墨烯 CVD 长成的纳米网状薄膜，用乙醇和 CH_4 刻蚀形成边界和缺陷，在吸附气体时分别具有 6% 和 4.5% 的电阻响应（$\Delta R/R$），这种现象在未处理的石墨烯上是没有的。基于氧化石墨烯（Graphene Oxide，GO）的传感器由于化学活性缺陷点具有高比表面积的优势，有利于气体分子的吸附。基于 GO 的传感器也多用于相对湿度的检测。东南大学的孙立涛课题组使用氧化石墨烯薄膜作为湿度传感材料，制造出电容式的湿度传感器，基于 GO 的湿度传感器在 15%～95% 的相对湿度下的灵敏度高达 37 800%，是最好的商用传感器的 10 倍。此外，该传感器具有超快的响应时间（商用的 1/4）和恢复时间（商用的1/2）。

选用功能化的石墨烯可提升石墨烯基传感器的性能，包括灵敏度和选择性。具有大量含氧官能团的 GO 在化学/热还原后可用于制造气体传感器。这里，氧化官能团可以作为气体的吸附点，使气体易于吸附在 GO 的表面。此外，石墨烯表面的活性氧缺陷可以选择性地检测不同种类的气体分子。例如，有缺陷的石墨烯对氢氰酸（HCN）分子的吸附作用力相较于没有缺陷的石墨烯会更强。不同还原剂的使用，可以使还原氧化石墨烯（rGO）基气体传感器的选择性得到显著提升。例如，用对苯二胺还原的 rGO 对二甲基磷酸盐的响应是采用普通热还原的 rGO 的 4.7 倍。此外，被抗坏血酸还原的 rGO 基气体传感器对腐蚀性的 NO_2 和 Cl_2 有很高的选择性，检出限（Limit of Detection，LOD）分别可以达到 100 ppm和 500 ppb①。磺化的 rGO 和被乙二胺修饰的 rGO 相较于未修饰的 rGO 对 NO_2 的响应增加了 4～16 倍。

Chunge 发现，将石墨烯置于臭氧环境中处理可使其对 NO_2 的传感性能有全面的提升，如响应等级、响应时间、动态范围等。Chunge 认为石墨烯表面氧化官能团的最优密度可以通过控制臭氧处理时间来调控。

---

① ppb，parts per billion，1 ppb 即十亿分之一。

除了上述在石墨烯表面进行的功能化处理，还可以将石墨烯与其他敏感材料复合，比较常见的是把石墨烯与金属/金属氧化物进行复合，这样的操作可以提升传感器对不同气体的灵敏度。

2.1.5 石墨烯基气体传感器的发展趋势

近年来，随着科学技术的不断进步，特别是微纳加工技术的蓬勃发展以及石墨烯制备加工技术的进步，极大地推动了传感器的基础研究以及应用推广，也为新型传感器的研发带来了灵感。但是，随着气体传感器技术的进一步发展，特别是要满足适用于特殊应用领域的传感器的发展需求，将会对器件的制造工艺、结构以及性能提出更高的要求。本节将结合国内外的研究背景，从传感器的应用领域、器件结构、敏感材料以及传感机理四个方面来阐述石墨烯基传感器的发展趋势。

1. 应用领域

目前，气体传感器主要应用于大气污染物检测、危险爆炸物检测等领域。大量研究集中在检测氮氧化物、硫化氢、二氧化硫、一氧化碳、氢气等易燃易爆、对大气环境产生重大影响的污染物上。而检测这些气体主要需要满足高灵敏度、低气体检测下限、高气体选择性以及高稳定性等特性。由于大气污染物对环境和人体健康都有很大的威胁，易燃易爆气体对工业生产、人身财产安全构成了重大的安全隐患，国家环保部门对这些气体允许的安全限度为 10^{-9} 量级，因此传感器需要有高灵敏度以及低的检测下限。此外，传感器暴露在空气中，除了目标检测气体外，大气中往往还有别的气体存在，所以传感器也必须具有高的选择性。传感器在户外使用的实际过程中往往受到环境因素的影响，由于环境中含有颗粒、水汽，某些特殊环境例如沿海地带，还有盐雾，因此传感器要在这样的环境中保持高稳定性和可靠性，设计和制造时要加以考虑。

面向生理医疗诊断领域的应用也是石墨烯基气体传感器的一大重要

发展方向。目前,在该领域酒精含量测试仪已经被广泛使用。除了酒精,人体呼气所产生的物质包含着大量跟人体健康相关的信息。例如,糖尿病患者由于糖代谢出现紊乱,呼出的气体里丙酮含量远远高于正常人。类似的指示类气体还有肺癌患者呼气中的丁烷、哮喘病患者呼气中的一氧化碳以及尿毒症患者呼气中的氨气。通过研发相应的石墨烯基气体传感器,检测对应的气体,可以为这些患者提供一定的诊断帮助。由于这些气体在人体中的含量很低,所以需要这一类传感器有高灵敏度、低气体检测下限,此外还要具有高选择性,特别是抗湿度感应的能力,以及良好的稳定性、便携性。

随着物联网大潮的到来,传感器的无线化与网络化势必成为趋势。对于气体传感器而言,作为数据节点在现场检测并传输实时的空气状况,是大气情况检测等应用领域未来发展的必然结果。同样地,对于应用在人体健康诊断领域的气体传感器而言,无线数据传输以及长期数据存储也有着现实需求,因为这样可以有效地帮助医院等治疗机构跟踪患者的健康信息并制订个性化的诊疗方案。

2. 器件结构

传感器的器件结构是影响性能的重要因素。早期研究的石墨烯基气体传感器的结构都比较简单,制造工艺大多是非标准工艺。随着微纳加工技术的发展,特别是与微电子机械系统(Microelectrical Mechanical System, MEMS)工艺结合,集成度更高、可批量化生产、更标准化的器件制造将是未来发展的重要方向。

另一个重要的发展趋势是传感器的柔性化。为适应可穿戴电子设备的发展需求,在柔性衬底上构建气体传感器也成为一个重大课题。从目前的研究成果来看,石墨烯基敏感材料相较于其他传统材料而言,能更好地与柔性衬底兼容,为新结构的柔性气体传感器的设计提供了新思路。

3. 敏感材料

气体敏感材料(简称气敏材料)是传感器的核心组成部分。气敏材料的组成以及结构很大程度上决定着传感器的性能。随着材料科学领域的不断发展，特别是微纳材料制备技术的不断进步，石墨烯基气敏材料在表面修饰、多孔结构、复合材料等结构调控方面取得了不小的进展。石墨烯与金属、金属氧化物、有机聚合物的复合敏感材料在提高灵敏度、稳定性以及气体选择性等方面都有着很大的作用。为了获得更好的器件性能，研究者还要从调控石墨烯基材料的结构特性以及优化器件结构这两个方面着手。

4. 传感机理

传感器传感机理的研究，不仅仅是一个科学问题，更是设计出更好性能的气体传感器的重要理论基础和科学依据。气体传感器的机理分析一直是传感器研究领域的一项重大课题，由于气体与气敏材料表界面之间的相互作用是一个相当复杂的过程，涉及物理、化学、材料、电子等多学科的交叉，往往需要采用多种实验表征手段。此外，研究者还可以利用理论计算模型，如采用第一性原理来模拟计算气敏材料表面态密度与气体分子的作用机制，或者采用理论与实验结果相结合的办法，从多个方面来分析气体传感的机理。

2.2 石墨烯基气体传感器的工作原理以及制造工艺

我们已经在上一节中大致探讨了石墨烯吸附气体后引起表面载流子的变化情况，这是所有石墨烯基传感器传感原理的共同之处。但是根据实际需求，具体器件的工作原理以及制造工艺又有一些区别。本节将主要探讨目前主流的石墨烯基气体传感器，重点分析器件的工作原理以及介绍相应的制造工艺。

2.2.1 电学参量类石墨烯基气体传感器

这类传感器是指气体与敏感元件接触后，气体的成分和浓度的变化引起电学参量(电阻、电导以及电容等)的变化。一般而言,电阻型气体传感器由于制造工艺相对简单、功耗小等优点成为电学参量类传感器的重要分支。电学参量类传感器可以细分为电阻型与非电阻型。其中,石墨烯、石墨烯/金属氧化物复合材料等为电阻型气体传感器主要的敏感材料。根据制造工艺的不同,电阻型气体传感器又可以分为薄膜型和三维海绵型两种。非电阻型气体传感器主要是由石墨烯/金属、石墨烯/半导体材料构成的结型二极管以及场效应晶体管(Field Effect Transistor, FET)器件。

2.2.1.1 薄膜型石墨烯基气体传感器

薄膜型石墨烯基气体传感器制造工艺简单,器件结构不复杂,具有良好的性能。通常来说,器件由微米、纳米尺度厚度的石墨烯、石墨烯/金属氧化物复合材料薄膜和金属电极组成。以下内容将对这类传感器的结构、工作原理、制造工艺以及器件性能做详尽的介绍。

1. 薄膜型石墨烯基气体传感器的结构

典型的器件结构如图 2-3 所示,大致分为两个部分,即石墨烯基材料敏感薄膜以及电极结构,电极一般是沉积在硅衬底上的金或者银的叉指电极。器件工作时,敏感薄膜通过吸附气体进而改变载流子的浓度和分布,外界电路通过电极测量出相应的电阻变化,从而将外界气体浓度的变化与器件的电阻变化建立联系。

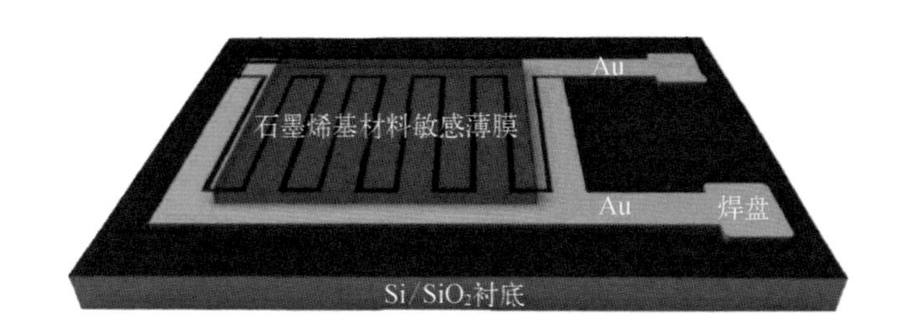

图 2-3 典型薄膜型石墨烯基气体传感器的结构

2. 薄膜型石墨烯基气体传感器的工作原理

薄膜型石墨烯基气体传感器的基本工作原理就是气体的吸附导致石墨烯能带结构发生改变进而引起导电性的改变。气体分子与石墨烯之间的相互作用便是整个器件工作原理的核心。然而在实际情况中，感应薄膜一般由多晶石墨烯构成，同时由于制备过程中产生的结构缺陷和表面杂质，气体分子的实际吸附是一个相当复杂的过程。随着理论研究与相关实验工作的深入，不同表面结构的石墨烯与气体分子作用的模型被建立起来，下面将以吸附 NO_2 分子为例，分别讨论表面空位缺陷、原子掺杂以及官能团的引入对气体吸附作用的影响。

(1) 表面空位缺陷

通过理论建模（密度泛函理论，Density Functional Theory，DFT），我们从图 2-4 中可以看到具有不同空位缺陷结构的石墨烯模型，分别是本征石墨烯，即没有缺陷的石墨烯，可以理解为 0 空位石墨烯；1 空位石墨烯，即石墨烯网络中缺失单个碳原子。

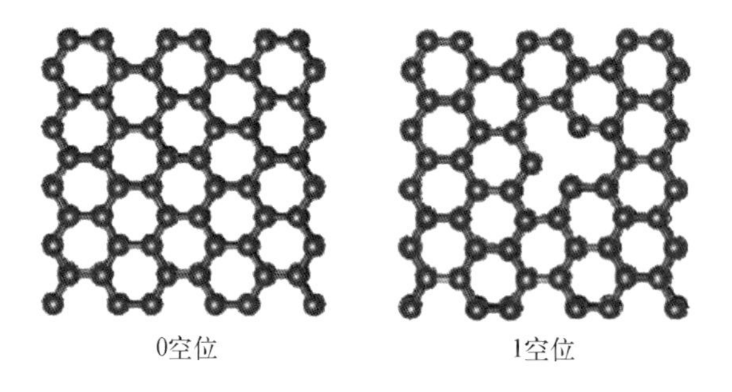

图 2-4　0 空位与 1 空位的石墨烯模型

NO_2 气体分子与这些模型发生相互作用，发生了电荷转移。结果示意图如图 2-5 所示。石墨烯结构中引入空位缺陷，整个吸附过程就发生了大大的改变。0 空位的本征石墨烯由于表面完美的晶格结构，每个面内的碳原子基本处于饱和状态，所以这种结构不能提供有效的吸附气体分子的活性位点，这种吸附属于物理吸附，通过理论计算得到整个吸附气体过程中转移的电荷量仅为 $0.003e^-$，电荷从 NO_2 分子转移到石墨烯。对于 1 空位的情况，由于出现了强极性的悬挂键(Dangling Bond)，石墨烯与 NO_2 分子之间的作用大大加强，NO_2 分子从石墨烯得到了高达 $0.029e^-$ 的电荷，导带中的电子减少，价带中的空穴增加。这一吸附过程与典型的化学吸附(即成化学键)类似。由此可见，通过引入结构空位，石墨烯的吸附能力大大加强。

图2-5 0空位与1空位的石墨烯与 NO_2 分子之间的相互作用

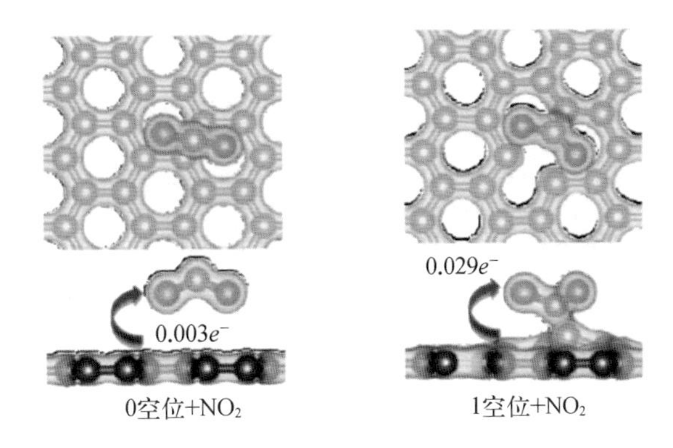

(2) 杂质原子掺杂

使用铁原子作为杂质原子替换掉一个碳原子掺杂到石墨烯结构中，如图2-6(a)所示。铁原子作为施主原子掺杂到石墨烯中，属于n型掺杂，计算结果显示有 $0.075e^-$ 的电荷转移到石墨烯中。此外，相较于单纯的碳原子空位，铁原子掺杂的石墨烯结构具有更强的气体吸附能力，NO_2 分子从整个铁原子掺杂的石墨烯结构中获得了高达 $0.209e^-$ 的电荷，如图2-6(b)所示，整个结构导带中的电子减少，价带中的空穴增加。这是由于铁原子中含

图2-6 铁原子掺杂的石墨烯结构与气体分子的相互作用

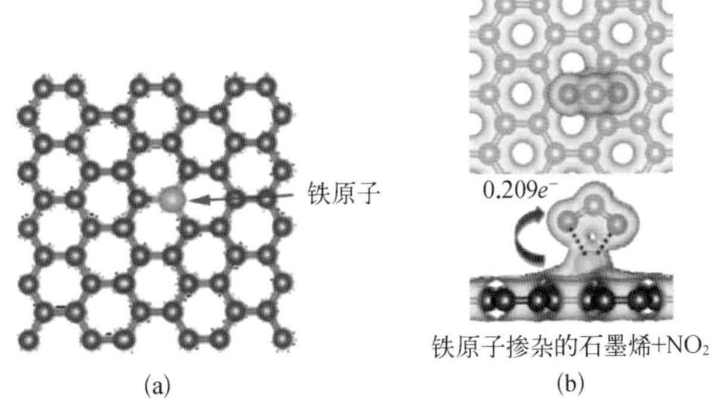

(a) 铁原子掺杂的石墨烯结构的模型；(b) 铁原子掺杂石墨烯与 NO_2 分子的相互作用

有比碳原子更多的自由电子，因此更易于与氧化性的 NO_2 分子发生作用。

(3) 石墨烯的功能化

石墨烯的功能化是指对石墨烯表面进行官能团(Functional Group)修饰，常见于化学法制备的石墨烯(氧化石墨烯、还原氧化石墨烯)。官能团的引入也能改变石墨烯本身的极性，增加气体吸附位点，对气体吸附有着积极的意义。通过引入常见的环氧基团(Epoxy Group)，NO_2 与功能化石墨烯之间的作用也得到了加强，发生了 $0.084e^-$ 的电荷转移，在环氧基旁边未成键的碳原子提供了活跃的吸附位点，与 NO_2 分子发生强烈的相互作用，如图 2-7 所示。

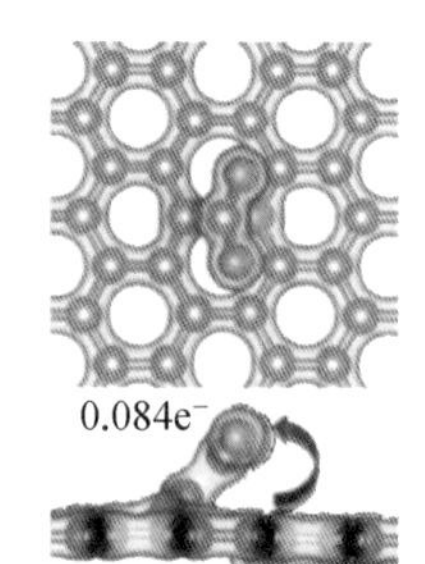

图 2-7 环氧基功能化的石墨烯与 NO_2 分子之间的相互作用

通过上述石墨烯与气体分子相互作用的模型介绍，可以发现缺陷、掺杂以及表面结构功能化对于石墨烯与气体分子之间的作用都有增强作用。根据上述理论计算结果，研究者针对性地对石墨烯结构进行调整，提高了石墨烯基传感器的性能。

3. 薄膜型石墨烯基气体传感器的制造工艺

如图 2-8 所示的流程图是目前薄膜型石墨烯基气体传感器的制造过程。使用常见的硅基衬底作为整个器件的支撑，选用合适的沉积方式将厚度可调控的石墨烯基感应材料成膜覆盖于硅衬底上，再通过微电子加工技术将金属电极沉积在感应材料上，作为电极的金属要与感应材料形成欧姆接触，只有这样才会将石墨烯/金属的接触部分对整个器件的影响降到最低。对电极进行引线，还要对器件进行整体封装。整个器件制造过程中，最为关键的就是石墨烯基感应材料的沉积，当前的沉积技术大致可以分为液相沉积、气相沉积和固相转移。液相沉积技术，顾名思义就是将敏感材料分散在液体中，再通过旋涂(Spin Coating)、浸涂(Dip Coating)、喷涂(Spray Coating)等成膜手段将分散液涂敷在衬底上，薄膜的厚度可以通过调整工艺参数来控制。液相沉积是一种广泛使用的方法，过程简单，感应材料的成膜性较好，同时石墨烯材料分散在液体中也容易与其他材料（如金属氧化物纳米颗粒）进行复合，方便石墨烯基复合感应材料的制备，从而满足对器件性能的调控。气相沉积，主要指使用化学气相沉积（Chemical Vapor Deposition，CVD）技术来制造感应材料的薄膜，相较于液相沉积技术，这种方法工艺相对复杂，成本也相对较高，但是由于 CVD 技术易与微电子加工技术兼容，所以在大规模批量生产时更有优势。此外从材料制备的角度来讲，CVD 技术制备的石墨烯材料的结晶性和电学性要优于基于化学法和剥离法制备的石墨烯材料。固相沉积通常是将机械剥离的石墨烯转移到衬底上，早期石墨烯基气体传感器大多采用这种方法，优点是能获得完整的石墨烯晶格结构和良好的电学性能，但是这种方法由于机械剥离法本身的局限性（成本高、片层形状和大小不可控等），并不适用于大规模的器件制造，往往更适合传感机理方面的研究工作。

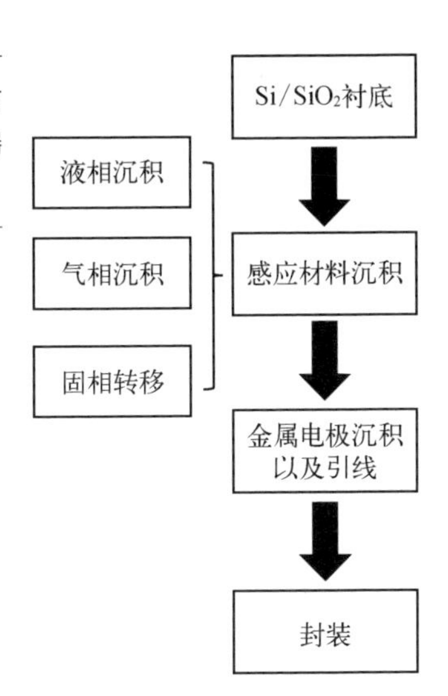

图2-8 薄膜型石墨烯基气体传感器的制造工艺流程图

4. 薄膜型石墨烯基气体传感器的应用举例

不同的石墨烯基敏感材料可以制造出不同的石墨烯基气体传感器。下面将根据不同类型的石墨烯基敏感材料举例说明。

（1）氧化石墨烯/还原氧化石墨烯气体传感器

缺陷的存在会加强石墨烯对气体分子的吸附能力，从而对传感性能产生积极的影响。基于功能化石墨烯 GO 的传感器由于化学活性缺陷点具有高电导的优势，因此也被广泛应用于气体传感。具有大量含氧官能团的 GO 在化学/热还原后可以用于制作气体传感器。氧化官能团可以作为气体的吸附点，使气体易于吸附在 GO 的表面。此外，石墨烯表面的活性氧缺陷可以选择性地检测不同种类的气体分子。使用不同的还原剂，可以使 rGO 基气体传感器的选择性得到显著提升。用对苯二胺还原的 rGO 对甲基磷酸二甲酯(Dimethyl Methylphosphonate，DMMP)的灵敏度提高了 4.7 倍。

(2) 石墨烯/金属、金属氧化物气体传感器

除了对石墨烯表面进行功能化，还可以把石墨烯与金属/金属氧化物进行复合以提升传感器对不同气体的灵敏度。石墨烯与金属/金属氧化物的复合传感器应用于气体传感器时有一种重要的协同作用，这种复合过程调节了传感器的电学性能，尤其是选择性和灵敏性。大量工作的研究重点集中于催化型贵金属(Pd、Pt)对石墨烯基气体传感器灵敏度的影响。此外，使用银纳米晶体和 rGO 的复合物可以实现对氨的传感，比较银纳米晶体加入前后传感信号的改变，可以发现器件的传感性能得到了十分显著的提升。

与石墨烯/金属纳米颗粒气体传感器类似，石墨烯/金属氧化物复合材料被证实和特殊气体之间具有一种重要的协同作用，这种复合材料使传感器具有独特的电学性能，尤其是选择性和灵敏性。通过将 ZnO 纳米棒与石墨烯复合，制造出的传感器对乙醇蒸气的检测下限可以达到 ppm 级，且器件的灵敏度得到提升。

(3) 石墨烯/聚合物气体传感器

石墨烯与聚合物的复合能够有效地加强石墨烯基气体传感器的性能。聚甲基丙烯酸甲酯(Polymethyl Methacrylate，PMMA)是最早被用来与石墨烯复合的材料，这种感应材料能够加强载流子散射，增加电子响应，使传感器对壬醛气体分子有很好的选择性，同时使器件的检测限达到了 ppm 级别，这种传感器还有很短的响应时间。此外，其他聚合物，如聚吡咯(Polypyrrole，PPy)、聚苯胺(Polyanilene，PANI)等，也被用来制造具有特殊选择性的气体传感器。

5. 薄膜型石墨烯基气体传感器的性能

薄膜型石墨烯基气体传感器制造工艺简单，性能良好，因此在学术界被广泛报道。表 2-3 总结了近几年报道的不同敏感材料类型的薄膜型气体传感器的性能参数。从表 2-3 可以看出，这些传感器都有着良好的灵敏度和较低的检测限，此外，大部分传感器的工作温度都比较低，这对

制造室温气体传感器有着非常积极的作用。但是由于石墨烯基敏感材料与气体分子之间强烈的相互作用，目前传感器的响应时间都比较长，这也是气体传感器性能进行优化的方向。

表2-3 薄膜型石墨烯基气体传感器的性能参数总结

敏感材料	目标气体	工作温度	检测限	灵敏度	响应时间
外延生长的石墨烯	NO_2	室温～300℃	500 ppb	2.5%～10% $[(G_a-G_g)/G_a]$	50～100 s
机械剥离石墨烯	NO_2	室温～100℃	2.5 ppm	0.005 (R/R_0)	约 1 h
机械剥离石墨烯	NO_2	室温	100 ppm	9%～14% $[(R_a-R_g)/R_a]$	70～100 s
纳米网状 CVD	NO_2	室温	100 ppb	4.5%～6% ppm $\Delta R/R_0$	4 min
rGO	NO_2，Cl_2	室温	500 ppb	40%	150 s
磺化的 GO	NO_2	室温	3.6 ppm	0.443 ppm $\Delta G/G$	15 min
rGO/SnO_2	NO_2	室温	100 ppm	2.87	65 s
rGO	正壬醛	室温	5 ppm	2%	＜100 s
rGO/Cu_2O	NO_2	室温	2 ppm	67.8%	70 s
石墨烯/Pt	H_2	175℃	1%	5% $[(R_a-R_g)/R_a]$	200～300 s
CVD 石墨烯	H_2	室温	0.002 5%	0.2%～10% $[(R_a-R_g)/R_a]$	213 s
石墨烯/Pd	H_2	室温	0.5%	0.038 (R/R_0)	40 s
多层石墨烯/Pd	H_2	室温	40 ppm	55%～77% $[(R_a-R_g)/R_a]$	10～30 s
CVD 石墨烯	O_2	150～250℃	50 sccm	6%～13% $(R_a-R_g)/R_a$	1～26 min
单层剥离石墨烯	O_2	室温	100 ppb	1.25%(体积分数)	10 min
石墨烯片	CO_2	室温～60℃	10 ppm	11%～26% $(G_a-G_g)/G_a$	约 8 s
CVD 石墨烯	NH_3	150～200℃	65 ppm	3.8%～4.3%	9～14 min
机械剥离石墨烯	NH_3	室温	10 ppm	0.07	7 min
rGO	DMMP	室温	5 ppm	5%～14.5% $(R_a-R_g)/R_a$	18 min
低温热还原 rGO	NO_2	室温	2 ppm	1.56	30 min
纳米石墨片	NO_2	室温	60 ppm	90%	120 s

注：G_a代表气体浓度变化之前的电导；G_g代表气体浓度变化之后的电导；R_a代表气体浓度变化之前的电阻；R_g代表气体浓度变化之后的电阻；ΔG 代表由气体浓度变化导致的电导的相对改变，$\Delta G=G_a-G_g$；sccm 是体积流量单位，mL/min。

2.2.1.2 三维石墨烯海绵型气体传感器

上述章节主要讨论了石墨烯基材料作为薄膜型气体传感器感应材料的制造工艺、结构以及原理。由于其简单的制造工艺以及良好的性能，这类传感器被广泛研究。但是，薄膜型石墨烯基传感器也并非没有缺陷。出于制造成本和制备、加工难度的考虑，一般的薄膜型气体传感器往往会采用少数层石墨烯而不是单层石墨烯作为感应材料。石墨烯由于面内碳原子成键的特殊结构(有未成键的电子)，所以片层间极易发生 π－π 堆积(有苯环结构的化合物的一种特殊空间排布，指常常发生于苯环之间的弱相互作用，是一种与氢键类似的非共价键)。这种现象会减小石墨烯基材料的比表面积，同时会给薄膜型传感器的性能带来很大的负面影响，因为石墨烯作为气体敏感材料的一大优势就是比表面积大。而薄膜型石墨烯基传感器在制造过程中，由于石墨烯材料的 π－π 堆积，实际与气体接触的往往是表面的少数层碳原子，导致气体吸附的效率和器件的性能大打折扣。

针对这一问题，研究者提出了三维石墨烯海绵型气体传感器这一概念，为石墨烯基气体传感器的设计提供了新的思路。

1. 三维石墨烯海绵型气体传感器的结构

(1) 三维石墨烯海绵的结构

不同于薄膜型，三维石墨烯海绵结构采用少数层石墨烯作为单元构筑石墨烯骨架的多孔状结构，结构示意图与电子显微镜照片如图 2－9 所示。少数层(＜5)的石墨烯片层可从图中的高倍透射电子显微镜(Transmission Electron Microscope, TEM)的图片得到证实。整个结构能够获得比薄膜型器件更大的比表面积(约 1 200 $m^2 \cdot g^{-1}$)，气体可以填充整个多孔状石墨烯海绵，从而获得更多吸附位点，更少量的气体就能使器件的电学性能发生改变，使器件拥有更低的气体探测极限。

(2) 三维石墨烯海绵型气体传感器的结构

图 2－10 是典型的三维石墨烯海绵型气体传感器结构的剖面图，与

图 2-9 三维石墨烯海绵结构

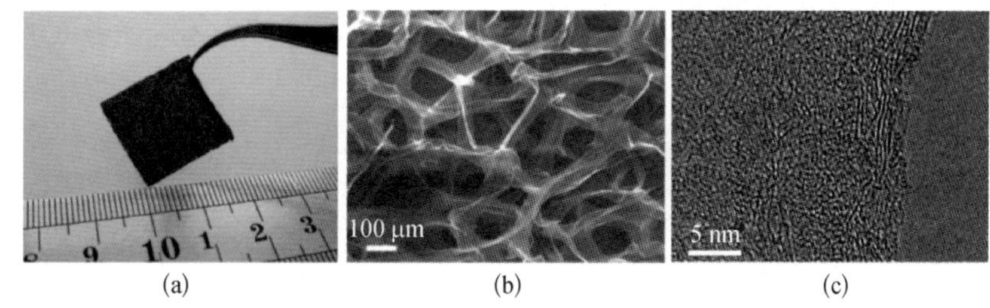

（a）三维石墨烯海绵的光学照片；（b）三维石墨烯海绵的扫描电子显微镜图片；（c）组成三维石墨烯海绵片层的透射电子显微镜图片

薄膜型气体传感器的器件结构大致类似，也可以分成衬底、电极以及敏感材料三个部分。其结构多了一个加热源，通过加热来解吸附气体，这是由于石墨烯基材料对于气体分子有着很强的结合能力，通过自然浓度差的方式来解吸附往往比较困难，而脱附不完全会影响到器件性能的一致性和重复性，所以设计者往往采用低功耗的集成微型加热线圈通过通电加热的方式来加速气体脱附速率。这种解决方案在现在主要发展的集成式气体传感器结构设计中已比较常见。

图 2-10 三维石墨烯海绵型气体传感器结构的剖面图

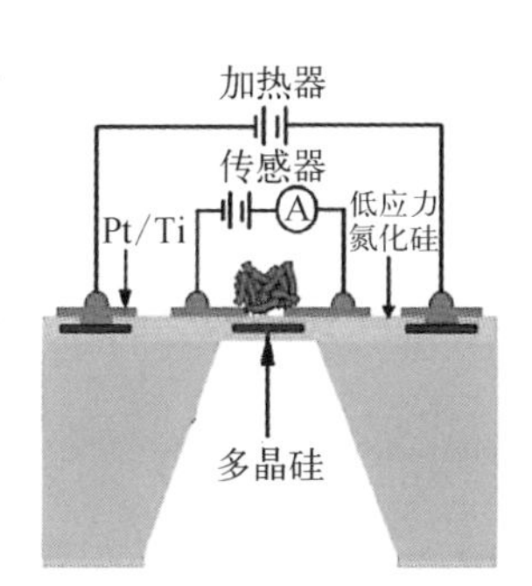

2. 三维石墨烯海绵型气体传感器的工作原理

三维石墨烯海绵型气体传感器的本质依然是电阻型传感器，所以器件感应材料界面与气体接触的原理与之前讨论的类似，这里不再赘述。从石墨烯海绵设计的初衷考虑，为了获得更好的器件性能，制造更加丰富的孔洞结构和更大的比表面积，成为三维石墨烯海绵结构调制的发展趋势。

3. 三维石墨烯海绵型气体传感器的制造工艺

作为电阻型传感器，器件的基本制造工艺与之前薄膜型的类似。这里主要讨论器件的敏感材料三维石墨烯的制备工艺流程。一般而言，石墨烯海绵的制备方法大致分为两类：一种是不使用模板骨架辅助，直接通过化学法自组织形成海绵结构；另一种则是使用模板骨架进行辅助，通过在现有多孔状结构上生长或者附着石墨烯从而制备出石墨烯海绵。我们将前者称为自组装法，后者称为模板法。

(1) 自组装法

自组装法的典型制造流程如图 2-11 所示，这种方法一般从氧化石墨烯前驱液（或者氧化石墨烯复合材料前驱液）出发，通过水热反应（Hydrothermal Reaction），前驱物氧化石墨烯被化学法还原并自组装形成石墨烯水凝胶，这个时候组成水凝胶的石墨烯片层之间的空隙被水填充，为了将水分去除并保持这些空隙结构，接下去采用冷冻干燥技术得到初步的石墨烯海绵，最后通过后续加热退火增强电学性能，或者通过氢氧化钾刻蚀处理进一步增大比表面积得到最终的石墨烯海绵。

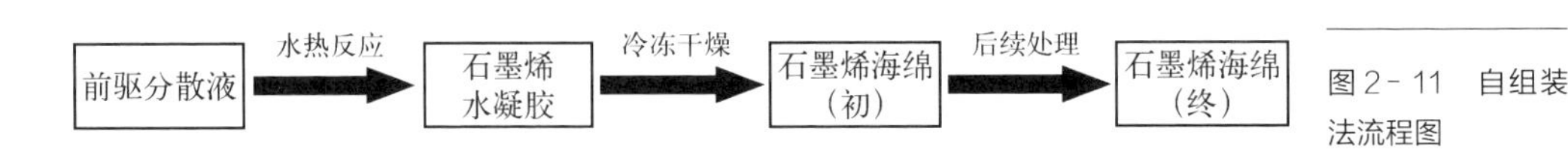

图 2-11　自组装法流程图

(2) 模板法

模板法的制造流程如图 2-12 所示，根据前驱体的不同一般分为两种：一种是通过气体前驱，利用 CVD 技术在镍金属泡沫骨架上生长石墨烯，再通过去除模板得到石墨烯海绵；另一种则是采用液体前驱（氧化石墨烯分散液），通过浸泡附着在聚合物海绵骨架上，再通过还原得到石墨烯与聚合物复合的海绵结构，出于机械强度的考虑，这种方法一般不会去除聚合物海绵模板。

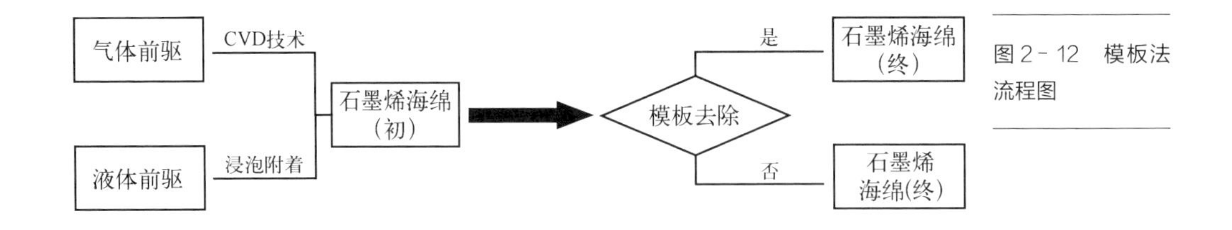

图 2-12　模板法流程图

4. 三维石墨烯海绵型气体传感器的应用举例

二硫化钼（MoS_2）材料对氮氧化物有良好的选择性，但是 MoS_2 敏感材料的比表面积(约 18 $m^2 \cdot g^{-1}$)较低,通过与石墨烯复合合成的石墨烯/MoS_2三维海绵结构在室温条件下,既对NO_2具有良好的气体选择性,又具有高比表面积。

使用石墨烯/MoS_2三维海绵为感应材料设计气体传感器,由于三维海绵的高比表面积以及石墨烯与MoS_2的协同作用,传感器对NO_2的探测限度能够下降到 50 ppb[在 200℃下测得,数据见图 2-13(a)],比目前绝大部分薄膜型气体传感器的检测极限还要低。同时器件中还集成了微型加热线圈,通过加热可以加速气体分子的脱附过程,缩短器件的恢复时间,同时气体的脱附又将敏感材料的吸附位点重新暴露给新的气体分子,充分发挥敏感材料的吸附性能,减少器件的响应时间,具体数据如图 2-13(b)所示。另外,石墨烯/MoS_2三维海绵气体传感器还展示了优异的气体选择性。从图 2-13(c)的对比结果可以看出,相较于石墨烯海绵对所有气体都有明显响应,石墨烯/MoS_2海绵对于NO_2气体的电阻变化要明显高于H_2、CO 对照

图 2-13 石墨烯/MoS_2三维海绵气体传感器的性能

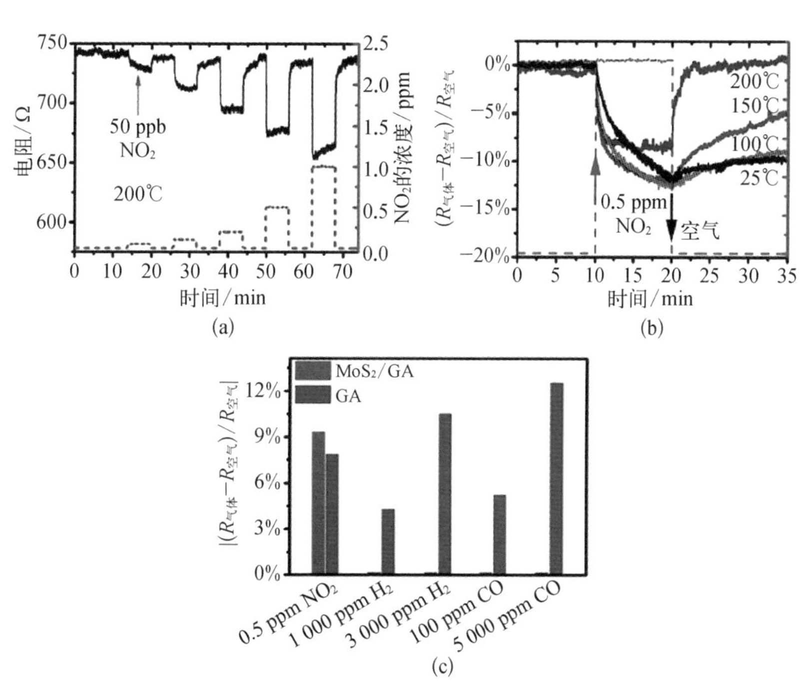

(a) 200℃时传感器在不同气体浓度下的响应;(b) 不同温度下气体传感器的响应和恢复过程;(c) 石墨烯/MoS_2海绵(红色)与石墨烯海绵(蓝色)的气体选择性比较

气体，这是由于 MoS_2 对 NO_2 气体分子的结合能要远远高于其他两种对照气体。这一结果也为石墨烯基气体传感器的设计提供了一些思路，即将石墨烯作为气体敏感材料的优势（如大比表面积、优良的电学性能等）与其他功能材料的优势（如气体选择性）相结合。

5. 其他结构的石墨烯三维气体传感器

上面的内容讨论了将石墨烯材料组装成三维海绵状结构后，用作气体传感器的结构和性能特点。使用三维石墨烯海绵作为敏感材料，在器件性能特别是比表面积提高上具有一定的帮助。但是目前主流的三维海绵的制备方法无论是自组装法还是模板法都不能很好地与当前的器件加工工艺兼容，所以在大规模批量化生产上存在着一定的难度，另外，这两种方法在控制制造产物的一致性上也不能很好地满足实际生产需求。近期研究报道了在微加工工艺技术中引入三维石墨烯器件的概念，提供了大规模生产制造三维高比表面积器件的新思路。

图 2－14 展示了这种器件的结构，这是一种微加工结构与石墨烯复合的结构，制造工艺与模板法类似。通过微加工工艺在氧化硅表面制造出微米级别的 SU－8（一种光刻胶）的微型柱阵列，为了增强微型柱阵列对石墨烯材料的结合能力，在 SU－8 微型柱上沉积一层氧化铝薄膜，在器件感应区域旋涂石墨烯材料。最后在结构两端使用原子沉积技术沉积出金电极并在电极上覆盖用于阻隔气体用的四十四烷（Tetratetracontane，TTC）。这种三维石墨烯基气体传感器的结构也能起到增大比表面积的作用，同时制造手段与当前微加工工艺相兼容。

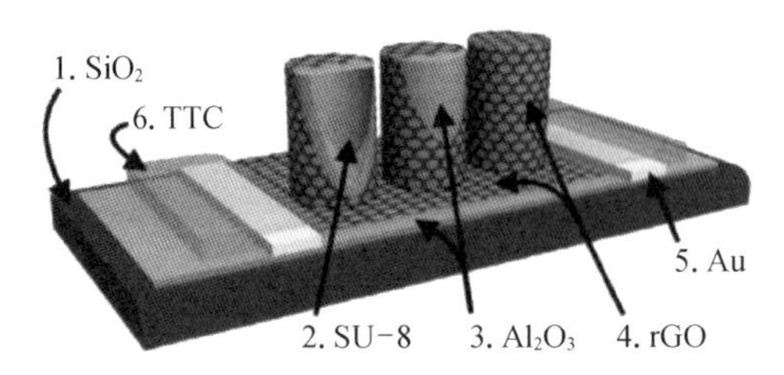

1—器件衬底氧化硅；2—SU－8 微型柱结构；3—氧化铝层；4—还原氧化石墨烯感应层；5—金电极；6—给电极阻隔气体的四十四烷

图 2－14 三维石墨烯基气体传感器示意图

2.2.1.3 石墨烯基场效应晶体管型气体传感器

场效应晶体管型气体传感器是电学参量的另一大类型。这种类型的传感器主要利用半导体场效应晶体管制造加工技术，与目前的工艺技术兼容度高。不同于两电极电阻型传感器结构，晶体管型传感器至少有三个电极，即源极、漏极和栅极。器件结构的不同就决定了器件工作方式的不同，一般来说，晶体管型气体传感器被归类为有源器件，与之对应，电阻型气体传感器被归类为无源器件。以下内容将对石墨烯基场效应晶体管型气体传感器进行详尽的讨论。

1. 石墨烯基场效应晶体管型气体传感器的结构

图 2-15(a)是石墨烯基场效应晶体管型气体传感器的典型结构，包括掺杂硅/二氧化硅衬底、沉积在衬底表面的石墨烯感应材料以及沉积在石墨烯表面的金属电极(以金电极为例)。在这种结构中，掺杂硅衬底作为栅极来调控石墨烯感应层的电学性能，这种在衬底构建栅极的方法称为背栅结构，石墨烯感应层的两层电极分别为源极和漏极。这种器件结构中源极与漏极的位置是一个相对概念，没有绝对的方向性，是可以互换的。图 2-15(b)是这种器件结构的光学显微镜照片，组成部分与示意图保持一致(由于是背栅结构，栅极在照片中所示的是源极、漏极的背面)。

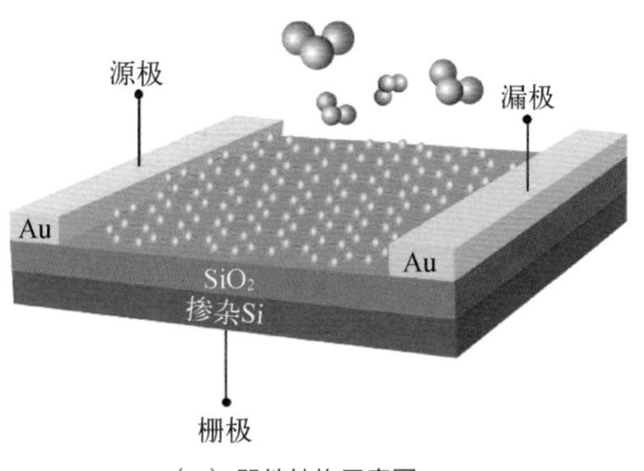

(a) 器件结构示意图

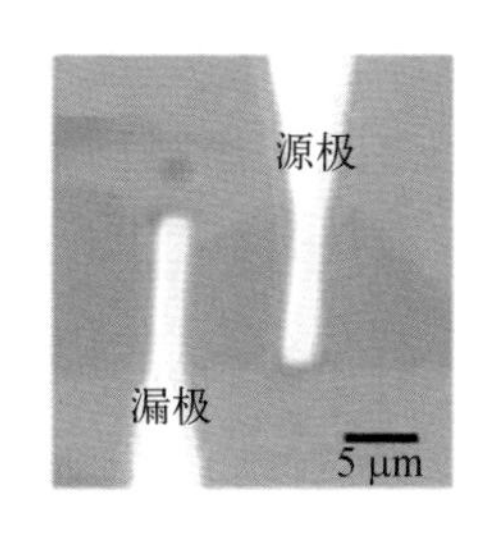

(b) 器件的光学显微镜照片

图 2-15 石墨烯基场效应晶体管型气体传感器的结构

2. 石墨烯基场效应晶体管型气体传感器的工作原理

石墨烯基场效应晶体管型传感器的基本感应原理依旧是气体分子的吸附导致石墨烯电学性能发生改变。但是在器件的具体工作方式上，场效应晶体管型传感器与两电极的电阻型传感器又有很大的不同，主要体现在栅极对感应材料的调控和器件的工作方式上。

当栅极施加电压时，石墨烯层会相应地感应到电荷(本质上是电容，栅极与石墨烯层可以被认为是电容的两个极板)，从而调制石墨烯层载流子所形成的导电沟道。标准的场效应晶体管输出特性曲线如图2-16(a)所示，横坐标表示源漏之间的电压 V_{ds}，纵坐标表示源漏之间的电流 I_{ds}，图中的所有曲线根据工作状态的不同可以划分为三个区域。I：可变电阻区。当 V_{ds} 很小时，即导电沟道预夹断前，V_{ds} 的变化直接影响整个导电沟道的电场强度，从而影响 I_{ds} 的大小。II：饱和区。V_{ds} 继续增大，导电沟道发生夹断，这时的 I_{ds} 大小几乎不随 V_{ds} 的变化而变化，I_{ds} 的大小受到栅极电压 V_g 调控，饱和区也是场效应晶体管的主要工作区域。III：击穿区。当 V_{ds} 进一步增大到器件的击穿电压时，I_{ds} 呈指数型增加，器件失去控制，正常情况下要避免 V_{ds} 超过击穿电压。

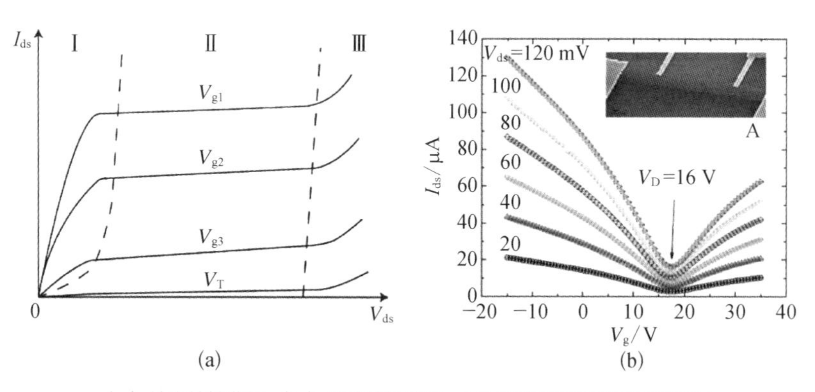

图2-16 场效应晶体管的输出特性曲线和转移特性曲线

(a) 输出特性曲线；(b) 转移特性曲线，A为器件的扫描电子显微镜图

当场效应晶体管在饱和区工作时，往往采用转移特性曲线来描述 I_{ds} 受到栅极电压 V_g 的调制情况。图2-16(b)是石墨烯场效应晶体管的转移特性曲线，由于石墨烯表面吸附有杂质(p型)，所以当栅极电压 V_g 为0

时，依然有导电沟道形成（石墨烯本身存在一定的漏电流，这时的电流比漏电流要大），所以需要施加一定的正向栅极偏压，让石墨烯层中相应地出现一定数量的电子，才能抵消空穴导电沟道。这就是图中曲线最低点不在栅极电压为0时的原因，这个最低点被称为电荷中性点，对应的栅极电压被称为狄拉克电压 V_D，这种工作模式的晶体管在微电子技术中被归类为耗尽型场效应晶体管。当 $V_g - V_D > 0$ 时，石墨烯感应层以电子为载流子；当 $V_g - V_D < 0$ 时，石墨烯感应层以空穴为载流子。转移特性曲线的斜率被称为跨导 $g_m\left(g_m = \frac{\partial I_{ds}}{\partial V_g}\right)$，这个物理量反映了晶体管对信号的放大能力，作为气体传感器，需要选择合适的栅极电压使器件的跨导尽量变大，能够提高器件对小信号检测的灵敏度。

当石墨烯感应层吸附气体时，石墨烯沟道载流子分布会发生变化从而引起电学性能的改变。当吸附的气体是 NH_3 这样的施主杂质时，器件的转移特性曲线将会向坐标轴负方向偏移（电荷中性点向负方向偏移），气体浓度越大，偏移程度越大；当吸附的气体是 NO_2 这样的受主杂质时，器件的转移特性曲线将会向坐标轴正方向偏移（电荷中性点向正方向偏移），气体浓度越大，偏移程度越大。

3. 石墨烯基场效应晶体管型气体传感器的制造工艺

石墨烯基场效应晶体管型气体传感器的制造工艺流程包括4个步骤，如图2-17所示。步骤1：采用掺杂硅（一般为n型重掺杂）作为背栅电极；步骤2：在步骤1的掺杂硅上生长一层栅氧层（一般使用热生长的 SiO_2 作为

图2-17 石墨烯基场效应晶体管型气体传感器的制造工艺流程图

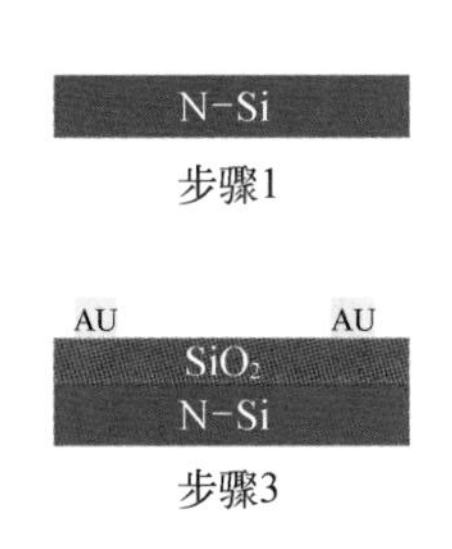

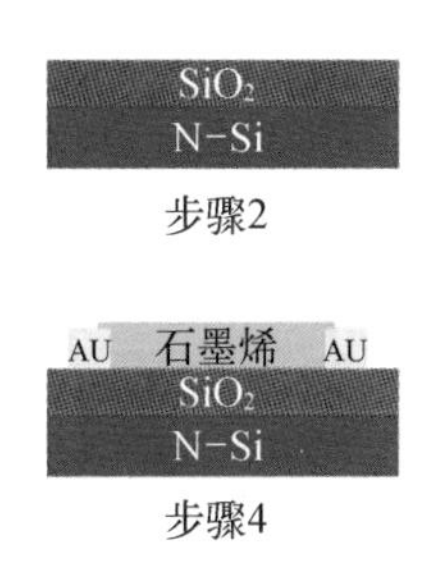

栅氧层);步骤 3: 源极和漏极的制造,使用电子束蒸发工艺将金电极沉积在氧化层上,如果金电极与衬底的黏附性不强,这一步中还可以先沉积一层铬(Cr)电极作为衬底与金电极之间的过渡层,增强电极的黏附性;步骤 4: 通过 CVD 技术直接生长或者定向转移石墨烯片层的方法,将石墨烯感应层覆盖于源极和漏极之间的沟道上,并确保石墨烯与金属电极之间是欧姆接触。

4. 石墨烯基场效应晶体管型气体传感器的应用举例

(1) 气体浓度和种类的检测

通过吸附气体,石墨烯沟道的载流子分布发生改变。在相同大小的栅极电压和源漏电压的测试条件下,吸附气体分子引起了载流子浓度的改变,从而改变了沟道的电导率,这种感应方式类似于电阻型气体传感器。对于受主型气体,转移特性曲线随着浓度的升高而越往漏电流数值增大的方向偏移;相反地,对于施主型气体,转移特性曲线随着浓度的升高而越往漏电流数值减小的方向偏移。图 2-18 描述了这一趋势,其中图 2-18(a)反映了受主型气体对器件转移特性曲线的影响情况;图 2-18(b) 则反映了施主型气体对器件转移特性曲线的影响情况。

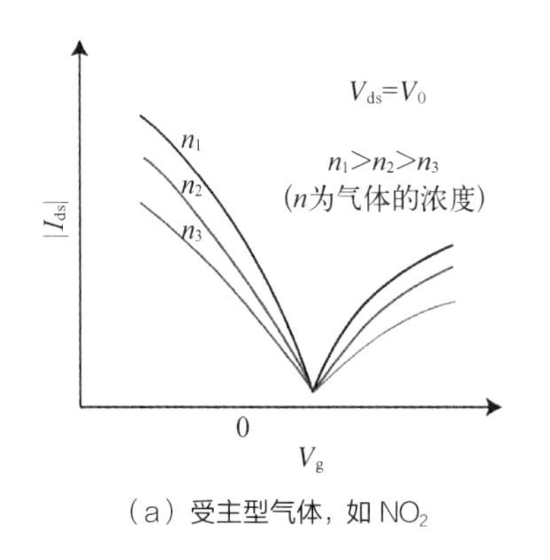

(a) 受主型气体,如 NO_2

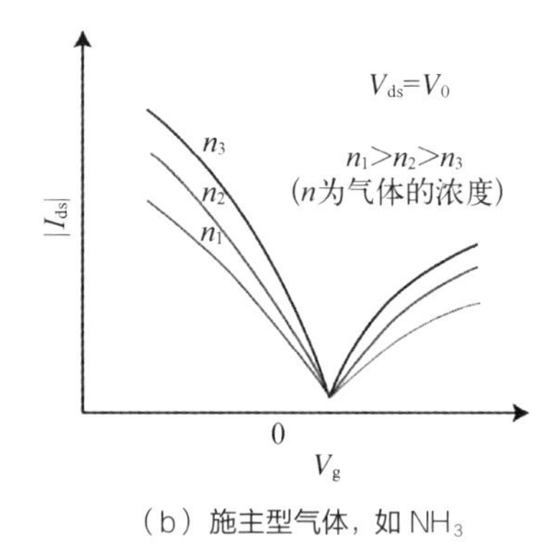

(b) 施主型气体,如 NH_3

图 2-18 不同浓度的气体对器件转移特性曲线的影响示意图

此外,通过分析低频噪声谱(反映半导体中载流子产生-复合所产生的噪声),从图 2-19 可以看出,不同气体具有自己特有的低频噪声谱,曲线鼓包的最高值对应的频率被称为气体的特征频率 f_c,特征频率可以被认为是气体

图 2－19　石墨烯场效应晶体管对不同气体的低频噪声谱

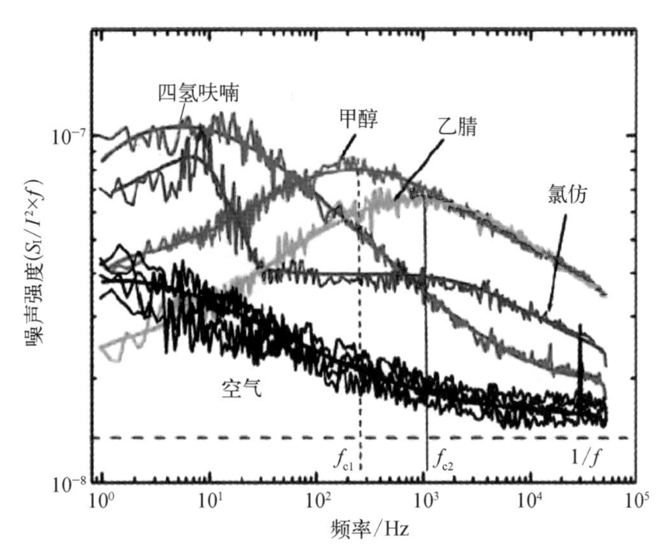

注：黑线代表空气，绿线代表乙腈，蓝线代表氯仿，粉红线代表甲醇，红线代表四氢呋喃。

分子独有的“签名”，研究者可以通过特征频率将单一气体从复杂多气体环境中区分出来，对于气体的选择性检测具有很重大的应用价值。研究者从电阻变化可以分析气体的浓度变化，从特征频率可以分析出气体的种类。

(2) 温度、湿度对器件性能的影响

在器件的实际使用中，特别是在常压空气环境中，气体传感器往往会受到温度、湿度变化的影响。这些影响会给器件的正常工作带来干扰，是研究者在设计器件时必须要考虑的因素。图 2－20 描述了温度、湿度对石墨烯基场效应晶体管型气体传感器转移特性的影响。图 2－20(a)描述了器件在源漏电压（V_{ds}）为－10 mV，并且固定 NO_2 浓度为10 ppm 的条件下，转移特性曲线受温度影响的情况。随着温度的升高，曲线逐渐向漏电流（I_D）数值增大的方向进行偏移，在同等栅极电压的情况下，漏电流随温度的升高逐渐变大，这是因为温度升高，会使石墨烯与 NO_2 气体分子的相互作用加强，使得更多的空穴转移到石墨烯表面上，载流子的增加增强了沟道的导电性。与图 2－20(a)不同，图 2－20(b)保持其他测试条件不变，将气体换成 50 ppm 浓度的施主型气体 NH_3，器件的转移特性曲线随温度的升高向漏电流数值变小的方向偏移，在同等栅极电压的情况下，漏电流随温度的升高逐渐变小。与图2-20(a)类似,随着温度的增加,NH_3气体分子与石墨烯的相互作用增强,更多的电子转移到石墨烯表面,复合了更多的空穴,载流子的减少削弱了沟道的导电性(因为这里的石墨烯是p型的)。湿度对器件的影响类似于掺杂,水分子吸附在石墨烯表面会带来额外的空穴。在图2-20(c)中,由于检测气体是同为受主型气体的NO_2,因此两种气体将会共同增加空穴的浓度,共同增加沟道的导电性,随着湿度的增加曲线向漏电流数值变大的方向偏移。图2-20(d)中,施主型气体NH_3和水分子对石墨烯的掺杂方式相反,前者带来额外的电子,后者带来额外的空穴,两种机制相互抵消,占据主导地位的气体将主要影响器件的性能,从图中数据来看,随着湿度的增加,曲线向漏电流数值变小的方向偏移,这说明在这种浓度的NH_3(50 ppm)下,电子的掺杂多于水分子引入的空穴,NH_3气体对器件的影响占据主要地位。

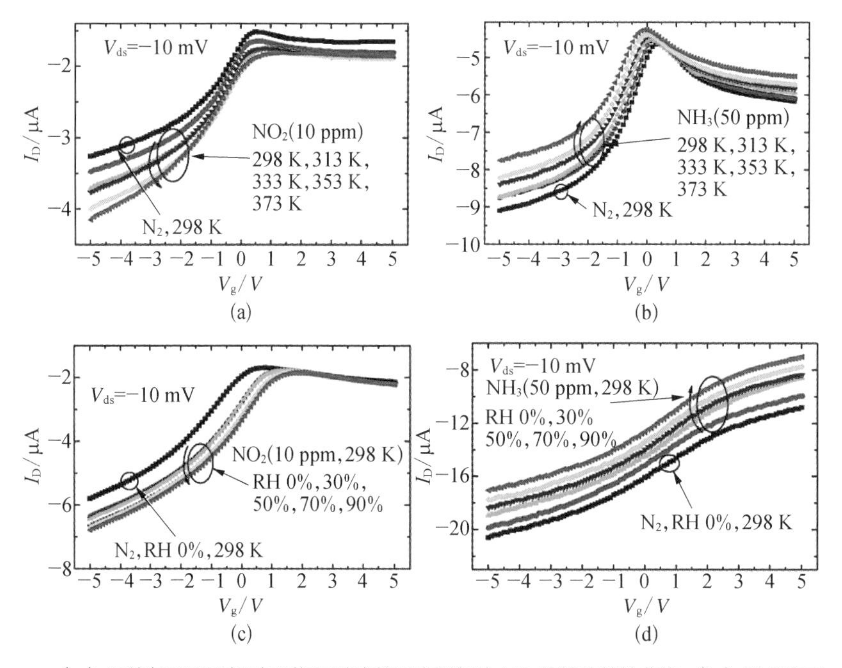

图2-20 温度、湿度对石墨烯基场效应晶体管型气体传感器转移特性的影响

(a)器件在不同温度下探测相同浓度的受主型气体NO_2的转移特性曲线;(b)器件在不同温度下探测相同浓度的施主型气体NH_3的转移特性曲线;(c)器件在不同湿度下探测相同浓度的受主型气体NO_2的转移特性曲线;(d)器件在不同湿度下探测相同浓度的施主型气体NH_3的转移特性曲线(所有的黑色曲线为放置在N_2中的对照数据)

综合上述讨论，我们可以看出，温度、湿度对器件的影响是比较显著的。研究者在器件设计时，需要把具体应用场景的温度、湿度变化考虑在内，针对性地消除温度、湿度带来的影响。

5. 目前石墨烯基场效应晶体管型气体传感器的性能

石墨烯基场效应晶体管型气体传感器制造工艺与半导体工艺相兼容，传感性能好，这类传感器都有极高的灵敏度和很低的检测限，表2-4总结了近几年报道的不同敏感材料类型的石墨烯基场效应晶体管型气体传感器的性能参数。其中，大部分传感器的工作温度都是室温，适合制造室温传感器。同样地，目前绝大部分的晶体管型传感器响应时间较长，这也是未来要重点改进的方向。随着研究的深入，新结构、新原理的器件也陆续被研究出来，提高了器件的性能，也进一步丰富了器件的设计思路。

表2-4 石墨烯基场效应晶体管型气体传感器性能参数的总结

敏感材料	目标气体	工作温度	检测限	灵　敏　度	响应时间
rGO	NO_2	室温	2 ppm	1.41%～1.56% $[(G_a - G_g)/G_a]$	15 min
	NH_3	室温	1%	22.2% $[(G_a - G_g)/G_a]$	30 min
机械剥离石墨烯	乙醇	室温	—	16.5%～17.39% $[(I_a - I_g)/I_a]$	5～10 min
机械剥离石墨烯	乙醇	室温	0.5 P/P_0	−50% $[(R_g - R_a)/R_a]$	约5 min
	甲醇			−40%	
	四氢呋喃			+18%	
	氯仿			−25%	
	乙腈			−35%	
rGO/Pd	NO_2	室温	156 ppb	0.08	71 s
Ag—S—rGO	NO_2	室温	50 ppm	74.6%	12 s
石墨烯/Cu_xO	NO_x	室温	97 ppm	95.1%	9.6 s
rGO/Co_3O_4	NO_2	室温	60 ppm	4%	90 s
rGO/Fe_2O_3	NO_2	室温	90 ppm	150.63%	80 s
网格状石墨烯	NH_3	120℃	1 000 ppm	30%	500 s
rGO/Ag	NH_3	室温	—	17%	6 s

6. 其他类型的晶体管型气体传感器

除了上面讨论的背栅型场效应晶体管型气体传感器，近年来，新型结构的晶体管型传感器被报道出来。这些利用新结构、新原理的器件与场效应晶体管型气体传感器在工作方式、制造工艺上都有很大的相似性，以下内容将对其进行讨论。

（1）液体栅场效应晶体管型气体传感器

不同于背栅结构，这种传感器的栅极与源极、漏极在同一平面内，由于栅氧层一般采用离子液体，故称这种结构的传感器为液体栅场效应晶体管型气体传感器，图 2－21 是这种器件的典型结构。相较于背栅结构，液体栅的栅极电压相对较小，甚至有过报道小于 1 V 的栅极电压的文献，栅极电压的减小对于降低器件功耗有着重大的意义。离子液体一方面可以充当栅介电质层，另一方面对于不同种类气体的溶解性是不同的，因此离子液体可以充当气体过滤装置来选择性吸附目标气体。这种结构的器件不光可以应用于气体传感，还可以应用在液体环境中的离子检测以及生物分子检测等领域。

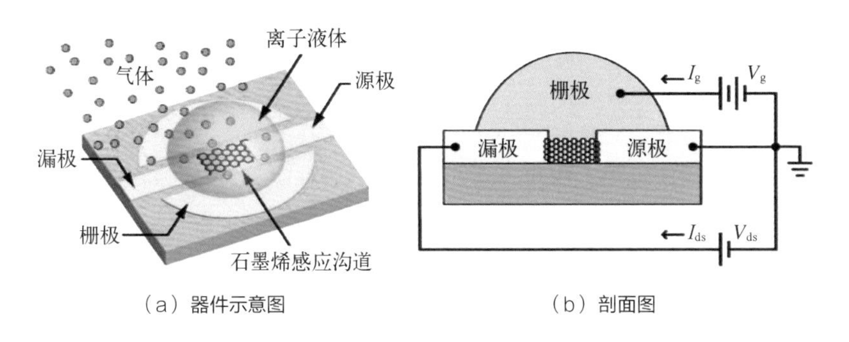

图 2－21　液体栅场效应晶体管型气体传感器的结构图

（2）肖特基二极管型气体传感器

近年来，石墨烯与半导体的接触界面是一个重要的研究课题，一方面这种接触界面在多种材料集成的工艺制造方面是非常重要的；另一方面，合理地设计接触界面可以控制通过界面的载流子的行为。通过选择相应能带结构的半导体，研究者可以利用石墨烯与半导体材料的界面形成肖特基接触从而制造异质结型二极管，以这样的二极管为核心元件制造了新结构的气体传感器。肖特基二极管型气体传感器的结构如图 2-22(a)所示，不同于前面讨论的三电极的场效应晶体管，两电极的异质结型器件在器件结构上没有栅极，简化了器件的设计以及制造工艺的流程，此外由于不需要给器件提供额外的栅极电压，器件的功耗也大大地降低。图 2-22(b)是石墨烯与 p 型掺杂的硅(p-Si)异质结的能带图，该能带图反映了气体的吸附对器件能带结构的影响，是分析器件工作原理的重要理论模型。石墨烯与 p-Si 的接触界面是整个器件的关键部分，由于两种材料具有不同的能带结构，能带在器件界面处将发生弯曲，并且在两种材料能带的交界处出现势垒。

图 2-22　肖特基二极管型气体传感器的示意及能带结构图

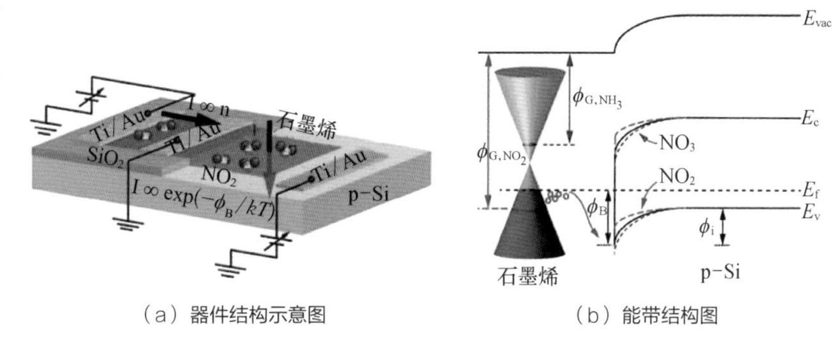

（a）器件结构示意图　　（b）能带结构图

肖特基二极管可以用热电子发射模型来描述，其电流电压的数学特性($I-V$ 特性)见式(2-3)。从式(2-3)可以看出，势垒 ϕ_B 与电流的变化呈指数关系。这种类型器件的工作原理是通过吸附气体分子改变肖特基势垒的高度，从而相应改变电流的大小。器件吸附施主型气体，如 NH_3，会增加势垒高度，从而导致电流减小；相反地，器件吸附受主型气体，如 NO_2，会减小势垒高度，从而导致电流增加。

$$I = A A^* T^2 \exp\left(-\frac{\phi_B}{kT}\right)\left[\exp\left(\frac{qV}{\eta kT}\right)-1\right] \tag{2-3}$$

式中，A 表示石墨烯与 p-Si 的接触面积；A^* 表示热电子发射常量(即有效理查德森常量)；T 表示温度；ϕ_B 表示肖特基势垒高度；k 表示玻耳兹曼常数；q 是电子电量；V 是二极管两端的电压；η 是二极管理想因子。

(3) 悬空石墨烯基气体传感器

为进一步提高石墨烯基气体传感器的气体检测限，2016 年，孙健等改变了之前的器件设计结构，将石墨烯薄膜悬空，使感应面积增大，实现了室温下单个 CO_2 分子的检测，不同于之前报道过的气体单分子检测（需要 10T 的磁场），这种器件在工作时不需要强磁场，因此更具有实用性。图 2-23(a)是器件的示意图，这种结构与背栅型场效应晶体管类似，也有三个电极，不同之处在于这里的栅极并不用来调控沟道的导电性，而是用来将悬空的石墨烯薄膜吸合在栅电极上，给石墨烯施加一定的应力来固定薄膜，图 2-23(a)中小图的虚线部分就是感应气体分子的悬空薄膜。此外，栅极电压可以在石墨烯表面施加静电场，加快气体分子在石墨烯表面的吸附速率。施加栅极电压后，图 2-23(b)中的电阻呈现离散化阶梯状电阻变化，反映出离散单分子的气体吸附事件。另外，这种悬空结构的器件还可以在源极、漏极间通过大电流的方式来脱附气体，通过焦耳热来缩短器件的响应时间。严格意义上来说，这种器件的工作原理更接近电阻型传感器，考虑到这种器件结构与晶体管型传感器基本一致，且存在栅极，这种传感器还是归为晶体管型传感器一类。

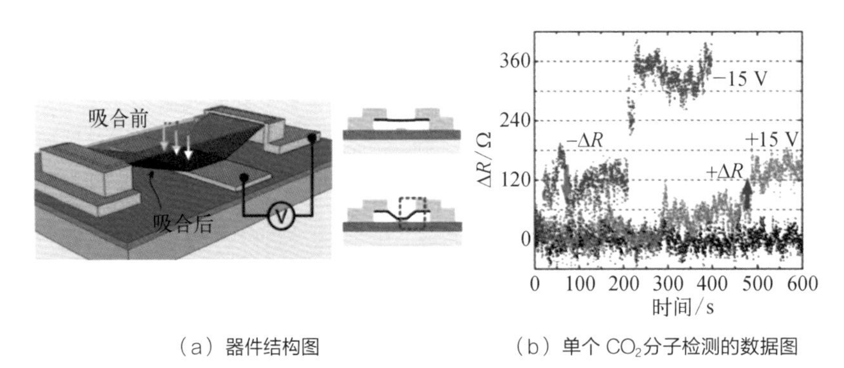

（a）器件结构图

（b）单个 CO_2 分子检测的数据图

图 2-23 悬空石墨烯基气体传感器的器件结构及单个 CO_2 分子的检测

2.2.2 质量敏感型气体传感器

不同于电学量气体传感器，质量敏感型气体传感器的基础原理是通过吸附气体，器件的质量发生变化引起固有频率的变化。这种类型的器件的具体工作原理又可以细分为声表面波和石英晶体微天平（Quartz Crystal Microbalance，QCM）两种。声表面波是沿物体表面传播的一种弹性波，SAW 型气体传感器一般由延迟线振荡器、气体吸附材料以及后级处理电路构成。声表面波器件的振荡频率会随外界环境的变化而发生漂移。石墨烯基 SAW 气敏传感器就是利用这种性能在压电晶体表面涂覆一层石墨烯材料薄膜用来吸附目标气体分子，当石墨烯薄膜与待测气体相互作用时，气体的吸附会导致石墨烯气敏薄膜的质量和电阻率发生变化，从而引起压电晶体的声表面波频率发生漂移；当气体浓度不同时，膜层质量和导电率变化程度也会不同，引起的声表面波频率的变化也不同。传感器的声表面的频率变化与吸附气体分子的浓度之间存在函数关系，使用者可以通过测量声表面波频率的变化来检测气体浓度变化。与声表面波气体传感器类似，石英晶体微天平气体传感器的基本测试原理也是基于敏感薄膜质量的变化，从而测量气体分子浓度。石英晶体微天平气体传感器采用石英晶体作为压电材料，利用石英晶体的压电效应，即石英晶体内部每个晶格在不受外力作用时呈正六边形，若在晶片的两侧施加机械压力，会使晶格的电荷中心发生偏移而极化，则在晶片相应的方向上将产生电场。一般石墨烯基 QCM 气体传感器的制造关键点是在石英晶体表面上沉积一层石墨烯薄膜，这里假定气体分子均匀且刚性地附着于石墨烯表面，石墨烯吸附气体分子，导致传感器整体的质量增加，使得 QCM 的谐振频率变化与质量的增加量呈正比关系。吸附在石墨烯基 QCM 气体传感器上的物质质量的变化量与晶体频率的变化量可以用下面的关系式（Sauerbrey 方程）来描述

$$\Delta f=\frac{2f_0^2}{A\sqrt{\rho_q\mu_q}}\times\frac{\Delta m\cdot m}{\Delta m+m} \tag{2-4}$$

式中，Δf 是晶体振荡频率的变化量；Δm 是吸附气体的质量变化量；f_0 是器件本身的固有频率；A 是微天平气体振荡部分的接触面积；m 是微天平气体振荡部分的质量；ρ_q 和 μ_q 分别代表石英晶体的密度和剪切模量。从

式(2-4)可以看出,吸附气体分子的质量正比于振荡频率的变化量。

从传感原理可以看出,质量敏感型气体传感器是一种非常灵敏的检测器件,具有很低的检测限,理论上,质量敏感型气体传感器可以测到的质量变化相当于单分子层或原子层的几分之一。但是为了获得高精度的数据、减小环境噪声,这种传感器需要复杂的电路将石英晶体电极表面质量变化转化为石英晶体振荡电路输出电信号的频率变化,这也限制了这种器件的广泛应用。表2-5总结了近年来质量敏感型气体传感器的性能参数。

表2-5 石墨烯基质量敏感型气体传感器性能参数的总结

敏感材料	目标气体	工作温度	检测限	灵敏度	响应时间
石墨烯纳米片	H_2	室温~40℃	0.06%	1.7 kHz(Δf)	约5 min
	CO		60 ppm	7 kHz(Δf)	约5 min
石墨烯/Pd	H_2	室温	—	17.7%	8 min
多孔石墨烯	丙酮蒸气	室温	约1 ppb	0.05	20 s
石墨烯/ZnO	乙醇	300℃	10 ppm	约90(R_a/R_g)	约5 min
石墨烯/ZnO	CO	室温	22 ppm	24.3%(ΔG)	5 s
	NH_3		1 ppm	24%(ΔG)	6 s
	NO		5 ppm	3.5%(ΔG)	25 s
石墨烯/ZnO	H_2S	室温~270℃	2 ppm	50%($1-R_a/R_a$)	1 900~2 000 s

2.2.3 光学参量类石墨烯基气体传感器

光学参量类石墨烯基气体传感器的基本原理是敏感材料吸附目标气体后,测得的吸收光谱发生改变,该变量与气体浓度之间存在函数关系。最典型的光学参量类石墨烯基气体传感器是光纤气体传感器,这种传感器通过分析气体在石英光纤透射窗口内的吸收峰,测量由气体的吸收产生的光强衰减,建立出气体浓度与光强衰减的函数关系,便可以得到气体的浓度。此外,不同气体产生的吸收峰的位置也不同,使用者还可以通过标定吸收峰的位置,进一步对气体的种类进行判断。光纤气体传感器的装置如图2-24所示,大致分为光源、石墨烯多模锥形光纤、光探测器以及相应的数据分析软件。石墨烯敏感材料位于多模锥形光纤中，被用来增强气体分子的吸收。

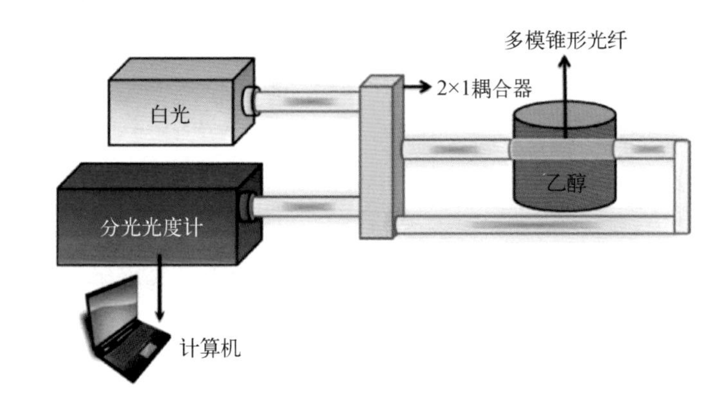

图2-24 光纤气体传感器装置示意图

相较于电学气体传感器，以光纤气体传感器为代表的光学传感器的应用在气体检测方面有着自身独特的优势。第一，光纤气体传感器适用于长距离的在线测量。光纤传输信号损耗小，适合长距离传输，同时光纤本身体积小、质量轻、柔软可弯折、化学性质稳定，这些优点使得使用者可以将传感探头放入恶劣或危险的环境，再由光纤将信号引出，在远距离安全地带进行遥控测量。第二，不同于电学传感器，光纤探头部分不需要电的引入，因此，光纤气体传感器更适合测量可燃易爆气体或者更适合在易燃环境和强电磁干扰环境下工作，例如对甲烷和乙炔等可燃气体的测量，以及对高压线、变电站附近气体的测量。这是光纤气体传感器优于电学气体传感器的最重要的特点。第三，这种类型的气体传感器结构简单、工作稳定、可靠性高。第四，光纤气体传感器可以很方便地组成光纤传感网络。光纤的巨大带宽使它可以传输巨量信息，采用多路复用技术，可以使多个光纤气体传感器共用同一根光纤、同一光源和同一信号检测设备，从而大大降低系统成本。

但是，目前的光纤传感技术仍存在很多问题，这些问题制约着传感器的发展。光纤气体传感技术为满足不同的应用要求，其工作原理、具体实现方案千差万别，与以数字技术为基础的光纤局域网技术的对接还有一定的困难。在光纤气体传感应用中，由于气体吸收峰的谱特性、光源的相干性以及传感信号的强度检测方式，使得光纤气体传感复用技术的实现面临很多困难。同时，如何在光纤有源腔气体传感系统中应用光纤复用技术也是一个难点。

2.3 本章小结

总的来说，近几年来，石墨烯基气体传感器在器件优化设计以及表面改性和复合方面都取得了很多突出成果。尤其是气体灵敏度(单个气体分子的检测)和选择性检测方面，相较于以传统材料为敏感材料的传感器而言有了相当大的进步。不同传感机理的传感器得到了广泛的研究，敏感材料的制备工艺与器件制造工艺技术也得到了长足的发展。石墨烯材料制备技术与器件制造工艺的飞速发展将大大促进传感器以及传感技术的发展，但是基于石墨烯材料的气体传感器由于器件制造加工工艺、生产制造标准的不同等一系列问题的制约，石墨烯基气体传感器的一致性与长期稳定性还需要进一步提高。目前研究中的石墨烯基气体传感器更多的是一种概念器件，要使这些器件真正走向实际应用还需要一定的时间。

未来的研究方向除了解决材料和器件的工艺问题外，对于器件的进一步优化，还需要解决一些问题。已报道的气体传感器由于吸附与脱附气体分子的过程耗时较长，导致器件较长的响应时间和恢复时间，这对器件的灵敏度会产生影响，同时也不利于实现实时检测，进一步缩短器件的响应时间和恢复时间是未来的一个改进方向，从目前的趋势来看，在器件结构中增加加热元件(或者直接对敏感材料通电产生焦耳热)来对气体进行脱附将会成为主流方法，但是这种方法会增加器件的功耗。此外，对气体传感机理方面进行科学解释，研究气体分子与石墨烯感应材料界面之间的相互作用也会成为今后的研究方向之一，这可能需要借助特殊的原位样品操作杆在透射电子显微镜(TEM)中进行研究。气体传感机理的深入研究会对气体传感器的制造提供非常重要的指导意见。

第3章

石墨烯基湿度传感器

3.1 石墨烯基湿敏元件及传感器的基本概念

3.1.1 湿度传感器的定义

湿度传感器是指能够对环境湿度的变化做出响应并且能够将湿度的变化转化为可测量的电学信号的传感器，如电阻、电容以及频率等。

3.1.2 湿度传感的意义

严格意义上来说，湿度传感其实是气体传感的一种。湿度传感器是将检测对象固定为水蒸气的一种专门的气体传感器。湿度传感器之所以要被单独强调，是由于湿度的测量具有很重大的意义。湿度的检测在所有气体检测中处于基础地位，因为在实际操作中空气一般都会有一定的湿度，对湿度进行准确检测具有重要的现实意义。此外，湿度传感在工业、农业、气象监测、医疗卫生和家居生活等方面都有着广泛的应用。目前热门研究的可穿戴电子领域，湿度传感器也可以应用于健康监测(例如对人体呼气中水分的监测)。

3.1.3 湿度以及湿度传感器的特性参数

1. 湿度的定义

(1) 湿度

湿度是描述空气中水分的含量。一般可以用相对湿度、绝对湿度以及露点等来表示，其中相对湿度最为常用。

(2) 绝对湿度(Absolute Humidity) H_a

绝对湿度是指单位体积内的空气所包含水蒸气的质量。常用每立方

米空气中水蒸气的质量(以 g 为单位),即 $g \cdot m^{-3}$ 来表示。数学表达式为

$$H_a = m_{H_2O} / V \tag{3-1}$$

式中,m_{H_2O}是待测气体中水蒸气的质量;V 是待测气体的体积。

(3) 相对湿度(Relative Humidity, RH) H_r

相对湿度是指空气中所包含的水蒸气的分压与相同温度下水蒸气的饱和蒸汽压的百分比。数学表达式为

$$H_r = \left(\frac{p_i}{p_N}\right)_T \times 100\% \tag{3-2}$$

式中,p_i 表示待测空气中水蒸气的分压;p_N 表示相同温度下水蒸气的饱和蒸汽压。从相对湿度的定义以及表达式可以看出,相对湿度的大小与测试环境的温度和气压有关,因此在使用相对湿度来描述湿度变化时,为了严谨起见,使用者需要标注所在测量地点的温度和气压。

(4) 露点

通过前面的概念可知,水蒸气在空气中的含量会随着气压和温度的变化而改变。在气压不变的情况下,温度越高的气体,所包含的水蒸气就越多(可以类比于溶液的溶解度概念)。在气压不变的前提下,气体温度降低时,空气对水蒸气的"溶解"能力下降,当温度降低到空气中的水蒸气处于饱和状态,且将要凝结成露时,这个温度称为露点温度,简称露点。气体温度越接近露点,说明气体中水蒸气越趋于饱和。

2. 湿度传感器的特性参数

以下内容主要介绍与湿度传感器关系密切且能够表征湿度传感器工作性能的重要参数。

(1) 传感器感湿特性曲线

传感器感湿特性曲线是描述传感器的电学参数(电阻、电容和频率等)随湿度变化的函数关系曲线。比较常用的是相对湿度与电学参数之间的函数曲线,这是评价湿度传感器工作性能的最重要的特性参量,研究

者可以通过对感湿特性曲线的分析得到器件的灵敏度和线性度。

(2) 灵敏度

灵敏度是描述传感器电学参数随环境湿度变化大小的物理量。数学上灵敏度就是特性曲线的斜率。从目前报道的湿度传感器来看，绝大多数湿度传感器的感湿特性曲线都是非线性的，因此，研究者需要根据实际情况采用分段灵敏度或者是在具体相对湿度点处取特性曲线的导数(即灵敏度的微分形式)。

(3) 量程

量程即湿度传感器所能感应的湿度范围。湿度传感器的量程一般用相对湿度来表示，满量程为 0～100% RH。根据传感器量程的不同可以分为低湿型(小于 40% RH)、高湿型(大于 70% RH)以及全湿型(0～100% RH)。理想情况的湿度传感器应该在全湿度量程内都有高精度、高稳定性的感湿性能。

(4) 湿度洄滞特性

湿度洄滞特性用来描述湿度传感器在水分子吸附和脱附两个过程中，出现吸附和脱附过程对应的感湿特性曲线不重合的现象。目前，绝大部分湿度传感器都有湿度洄滞现象，在感湿特性曲线上表现为吸湿曲线与脱湿曲线形成环状回形线。吸湿曲线与脱湿曲线在同一相对湿度位置的最大差值被称为湿度洄滞差，这个值的大小被用来衡量器件洄滞特性的好坏，值越小说明器件的洄滞越小。

(5) 响应时间

响应时间是指在环境气压和温度保持恒定时，环境相对湿度发生跳跃式的变化，传感器的电学参数最终达到稳定时所需要的时间。响应时间是湿度传感器的重要特征参数之一，它直接反映了湿度传感器感应湿度变化的速率快慢。

(6) 温度系数

一般情况下，温度变化是相对湿度的主要影响因素。所谓温度系数是指当环境湿度一定时，温度每变化 1℃ 所引起的湿度传感器感应相对湿度的电学参数的变化量。温度系数可以反映湿度传感器的感湿特性曲线随温度变化的程度。

(7) 稳定性

稳定性一般是指湿度传感器在一定温度、一定湿度的环境中工作一段时间,传感器的感湿性能发生变化的特性。这对湿度传感器的实际测量具有重要的意义。

除上述特性外,湿度传感器在实际应用中还要考虑电压特性和频率特性。在给湿度传感器施加电压时,电压所产生的焦耳热会产生温度变化,从而干扰湿度测量,因此需要使湿度传感器工作电压的加热功率接近零,只有这样工作电压才不会影响器件的感湿特性。另外,对基于离子电导和质子电导原理的湿度传感器来说,工作电压、电流中包含的直流部分将会引起敏感材料发生极化和电解现象,这些现象会有腐蚀传感器点接触点、引出端的风险。因此这种类型的湿度传感器应该工作在没有直流部分的纯交流工作信号下。

3.1.4 湿度传感器的发展趋势

随着电子信息、材料、化学、纳米技术等学科的发展和相互交叉,以及湿度传感器研究的不断深入,各种新型的湿度传感器涌现出来。在湿度传感器的实际应用领域中,各种苛刻的极端条件对湿度传感器的性能提出了更高的要求,除了具有基本感湿特性以外,研究者在今后的研究工作中要更加注重高灵敏度和高稳定性(特别是高湿度环境下的稳定性)这两个特性。作为传感器最重要的性能指标,高灵敏度可以保证器件对湿度的精准测量,保证器件的优良性能;而高稳定性是保证湿度传感器在不同的工作环境中,特别是高湿度环境下对湿度的测量依旧保持良好的稳定性。

为了满足湿度传感器的应用要求,敏感材料的制备和器件加工技术是湿度传感器的关键技术。敏感材料本身物理化学性质的改进是提高湿度传感器性能的一个重要发展方向。另外,器件加工工艺的改进以及敏感材料保护层的引入可以在一定程度上提高器件的稳定性。湿度传感器的柔性化也是一个重要的发展趋势。柔性器件在人机交互以及健康医疗监护方面有重要的应用。而在一些应用领域中,对空气中温度、湿度的监测具有一定的要求。因此针对柔性器件的敏感材料,还需要与柔性衬底具有良好的匹配,在柔性器件发生弯曲拉伸时也要具有良好的感湿性能。

目前,感湿机理的理论发展已经较为完整。离子电导、质子电导等理论模型的发展已经比较成熟。但是,作为在环境中普遍存在的物理量,湿度对其他传感器,特别是气体传感器的影响也受到研究者越来越多的重视。另外,水分子与敏感材料界面的相互作用引起的材料电子结构和表界面物理现象还需要进行更深入的研究。

在物联网时代的大背景下,湿度传感器的发展将会和智能家居、智能生产等新兴领域联系起来。目前的智能手机中已经集成有湿度传感器,作为整个物联网负责数据收集的一个环节,湿度传感器将会发挥重要的作用。

3.1.5 石墨烯基湿度传感器及其分类

与气体传感器一样,敏感材料的发展是湿度传感器发展的核心。石墨烯材料,特别是改性石墨烯材料,由于其特殊的物理、化学和电学性质,尤其是改性石墨烯(以氧化石墨烯为代表)具有极大的比表面积以及良好的水分子吸附能力,引起了研究者的广泛关注。通常根据工作原理的不同,研究者可以将目前报道的湿度传感器分为电阻型湿度传感器(质子导电型)、电容型湿度传感器、场效应晶体管型湿度传感器(水分子对石墨烯是一种 p 型掺杂)以及质量敏感型湿度传感器(使用体表面波和石英晶体微天平作为工作原理)。我们将依据传感原理的分类对石墨烯基湿度传感器进行介绍。

3.2 石墨烯基湿度传感器的工作原理以及制造工艺

基于石墨烯材料的湿度传感器种类繁多，此处根据传感原理的不同介绍几种常见的湿度传感器的工作原理以及制造工艺，包括薄膜型电阻式湿度传感器、电容型湿度传感器、半导体型湿度传感器、石英晶体微天平湿度传感器以及一些其他类型的湿度传感器。

3.2.1 薄膜型电阻式湿度传感器

1. 薄膜型电阻式湿度传感器的工作原理

薄膜型电阻式湿度传感器制造工艺简单、性能良好、稳定可靠，引起了研究者的广泛关注，从实际湿度特性测试的结果来看，其工作原理可以分成电子电导和质子电导两类。

（1）电子电导机制

对本征石墨烯材料来说，水分子的吸附对器件电学结构的影响类似于p型掺杂。当环境湿度增加时，石墨烯薄膜开始不停地吸附水分子，一开始，石墨烯与水分子之间的作用表现为石墨烯表面的碳原子与水分子中的氢原子相互吸引，这一作用会使原来本征表面态的施主能级的态密度下降，原来被俘获的部分空穴被释放，使之前向下弯曲的能带变直，耗尽层变薄，表面载流子（空穴）的密度增加，表面电阻减小。当湿度进一步增大时，表面受主的态密度继续增加，并且大大超过表面施主的态密度，促使能带开始向上弯曲，对空穴的势垒不复存在，空穴密度急剧增加，与之对应，传感器的电阻开始变小。

水分子的吸附引入受主能级从而改变电导的理论往往不能独立解释一些湿度传感器的感湿特性，从很多石墨烯基半导体型湿度传感器的实际测量的曲线来看，在低湿度部分的导电机制是以电子（空穴行为本质上是电子的行为)导电为主,在高湿度部分,则以质子导电为主。综合考虑,半导体型湿度传感器的传感机制应该用电子-离子综合模型进行分析。这一部分的感湿机制还需要进一步完善。

(2) 质子电导机制

通常情况下,使用氧化石墨烯作为感应材料的湿度传感器是基于质子导电,而质子导电的物理基础是格鲁苏斯连锁反应。我们将结合石墨烯中水分子的吸附模型来描述这个反应:当水分子吸附在氧化石墨烯表面时,如图 3-1 所示,水分子由于石墨烯基材料表面极性官能团的存在,会吸附在材料表面,并结合成氢键形成第一层物理吸附的水分子层,随着水分子不断被吸附,在整个材料表面形成第二层物理吸附的水分子层。相较于第一层水分子,第二层水分子与氧化石墨烯层之间的结合能要弱很多,因此第二层和第二层以上的水分子更容易发生自由移动,从而导致水的凝聚,这个时候电导的变化主要是通过质子在可移动的水层中输运来产生的,即格鲁苏斯连锁反应:$H_2O + H_3O^+ \rightleftharpoons H_3O^+ + H_2O$,这是因为氧化石墨烯与水分子之间存在电场,水分子发生电离,产生的质子(即H^+)与水分子结合成为水合氢根离子,该水合氢根离子在与下一个水分子接触的过程中,将质子传递给这个水分子,这样连续不断地进行下去,质子就可以在水层中进行输运,从而引起氧化石墨烯材料的电导变化。

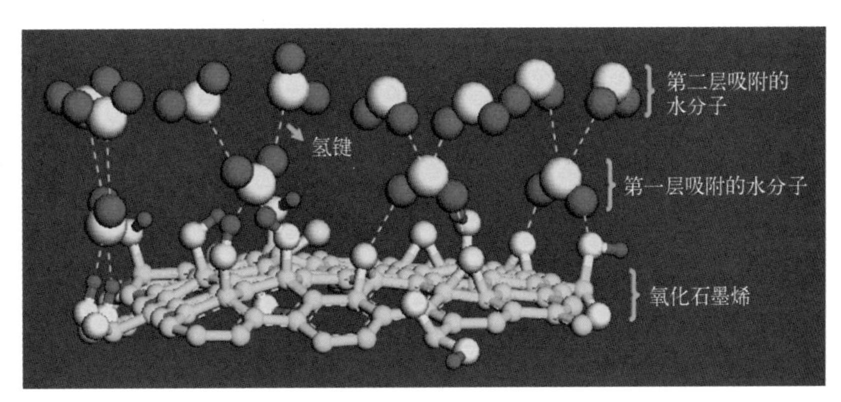

图3-1 氧化石墨烯水分子的吸附模型

2. 薄膜型电阻式湿度传感器的感湿特性

图 3－2 展示了这种石墨烯基传感器的典型感湿特性。在图 3－2(a)中，在低湿度部分（小于 40% RH），电阻随湿度变化不明显，随着湿度的增加，电阻呈指数型减小。这一电阻变化过程与质子电导机制相吻合，在低湿度阶段，水分子作为第一层物理吸附水分子与石墨烯基材料表面形成的氢键较强，这时的水分子无法产生质子电导，所以传感器的电阻值很大。随着湿度的增加，格鲁苏斯连锁反应开始出现并逐步增强，导致电阻减小。此外，从图 3－2(a)还可以看出随着测试信号频率的增加，电阻变化趋势变缓，在 10 000 Hz 和 100 000 Hz 的测量频率下，电阻在图中几乎没有明显变化，产生这一现象的原因是敏感材料的频率响应，这里的氧化石墨烯敏感材料在外加交变电场下，既包含电阻部分，又包含电容部分，对应的等效电路图如图 3－2(b)所示，敏感材料的整体阻

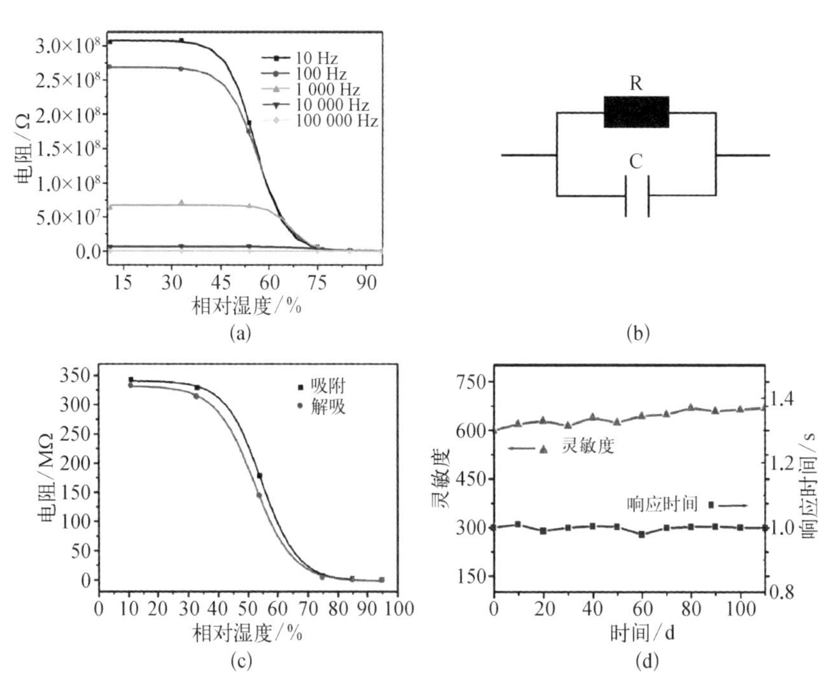

图 3－2 薄膜型电阻式湿度传感器的感湿特性

（a）石墨烯基湿度传感器在不同测量频率下的感湿特性曲线（25℃）；（b）石墨烯敏感材料在考虑频率响应下的等效电路图；（c）传感器的湿度迴滞特性曲线；（d）传感器的稳定性

抗的表达式为$Z=\dfrac{R\cdot\dfrac{1}{j\omega c}}{R+\dfrac{1}{j\omega c}}$，当测量频率变大时，电容效应在整个等效电路中起主要作用，水分子引入的质子电导变化是次要作用，因此在数据上显示为电阻值的变化不明显。图3－2(c)表示了器件的湿度洄滞特性，可以看出器件的吸湿曲线和脱湿曲线并不重合。图3－2(d)是器件稳定性测试结果，传感器放置于空气环境(25℃)110 d后，其灵敏度和响应时间都保持了很高的稳定性，这些特性有利于器件的长期稳定测量。

3. 薄膜型电阻式湿度传感器的制造工艺

图3－3展示了典型的基于氧化石墨烯薄膜敏感材料的薄膜型湿度传感器的结构。通常来说，核心基础元件有硅/二氧化硅衬底、叉指电极(高电导的金属，如金)以及质子导电型湿度敏感材料(以氧化石墨烯为代表)。

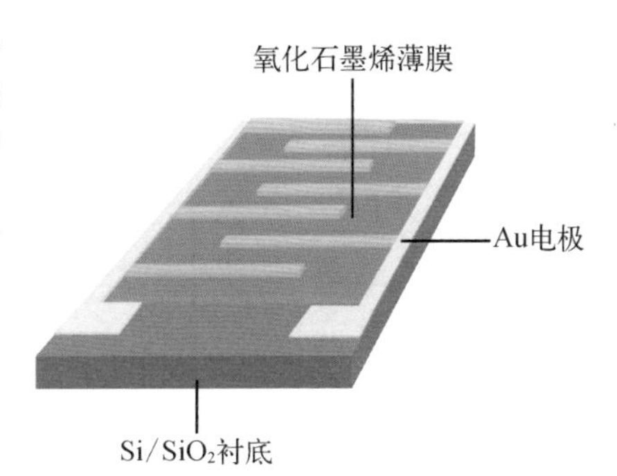

图3－3 典型石墨烯基薄膜型湿度传感器的结构示意图

从图3－3的结构示意图可以看出，湿度传感器的制造工艺需要微电子加工工艺与材料制备技术相结合。如图3－4所示，首先需要制备出石墨烯湿敏材料的分散液，与此同时要利用微电子加工技术在硅/二氧化硅衬底上沉积出金属叉指电极，再将上述湿敏材料涂敷在电极上(滴涂、旋涂、喷涂以及LB膜法等)。然后，使用焊接引出引线，并对器件进行加热处理增强稳定性。

上述内容介绍的制造工艺流程适用于硬质材料作为衬底的传感器，对于目前研究的比较热门的柔性传感器来说，则需要在工艺选择上进行一些改进，考虑到柔性器件的机械性质，印刷、打印等加工技术在器件加工工艺中将会更加重要。

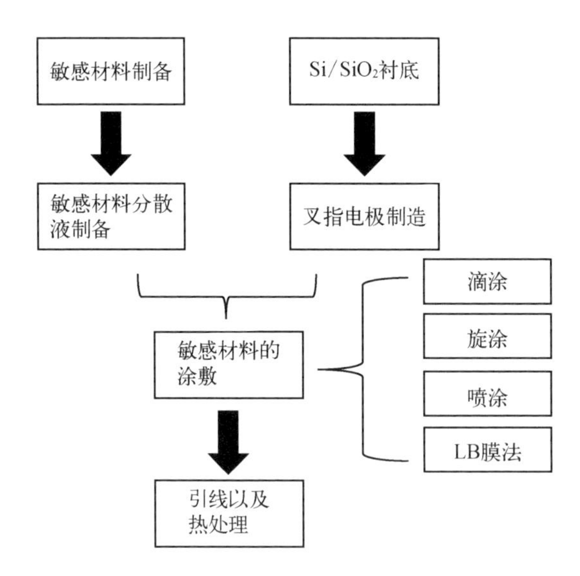

图3-4 石墨烯基薄膜型湿度传感器的制造工艺流程

3.2.2 电容型湿度传感器

1. 电容型湿度传感器的工作原理

电容型湿度传感器的核心元件是湿敏电容(相应地,湿敏电阻对应于电阻型湿度传感器)。石墨烯材料由于其极高的比表面积,对水分子具有强的吸附能力,此外,研究者可以通过表面改性以及与极性材料的复合(如可以使用 Hummers 法来制备氧化石墨烯)给石墨烯基材料表面增加丰富的极性官能团,进一步增强与水分子的吸附能力(水分子是极性分子)。以氧化石墨烯为例,研究者利用 X 光衍射技术分析出氧化石墨烯样品的层间距会在不同湿度环境下发生变化。其中,X 光衍射(X-Ray Diffraction, XRD)技术是可以获得材料的成分、材料内部原子或分子的结构及形态等信息的研究手段。随着环境湿度的增加,氧化石墨烯的层间距逐渐增大,从图 3-5 的 XRD 数据来看,层间距从干燥状态的5.67 Å[①]增长到 25% RH 下的 7.72 Å。层间距数据变化的微观含义是层与层之间增加的空间全部有水分子填充,即材料吸水膨胀。由于水分子具有较大的电偶极矩,吸

① 1 Å$=10^{-10}$ m。

水后的石墨烯敏感材料的介电常数会发生改变，从而引起电容的变化。环境湿度的不同，敏感材料吸水量也不同，电容值也就会发生相应的变化。

图 3-5 氧化石墨烯在不同湿度环境中的 XRD 数据

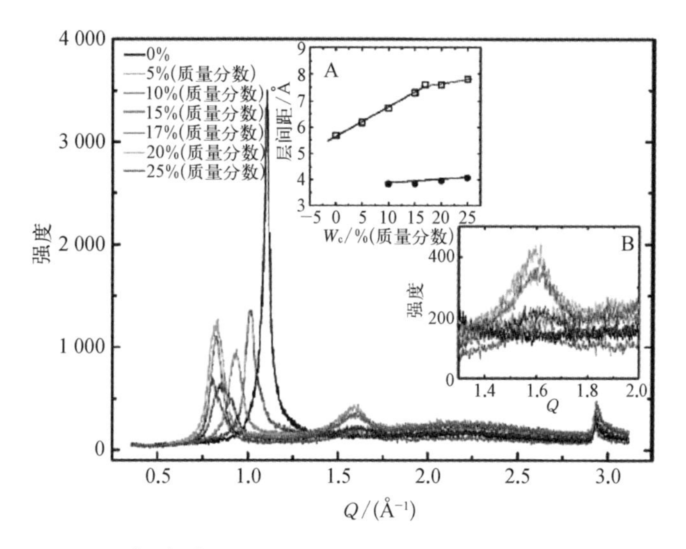

注：横坐标 $Q=\frac{4\pi\sin\theta}{\lambda}$，$\theta$ 是衍射角。A：层间距随湿度变化的情况；B：Q 在1.2~2.0 Å^{-1}之间的放大数据曲线。

2. 电容型湿度传感器的感湿特性

作为电容型湿度传感器，石墨烯材料（或者氧化石墨烯材料）往往与金属氧化物、高分子聚合物等具有较强水分子吸附能力的材料进行复合。这种复合能够进一步增强器件的电容特性。图 3-6 展示了以石墨烯/SnO_2为感湿材料的电容型湿度传感器的典型感湿特性。图 3-6(a)是传感器的电容-相对湿度曲线，从图中可以看出，电容值随相对湿度的增加呈指数形式增长，且在高湿度范围段变化显著，这是由于水分子的大量吸附导致电极化效应显著增强并导致介电常数增大，从而使得电容显著增大。这种电容型传感器在 11%～97% RH 的湿度范围内的灵敏度高达1 604.89 pF/%RH（这里电容型传感器的灵敏度计算公式为 $S=\frac{C_1-C_2}{H_1-H_2}$，$C_1$、$H_1$ 分别表示量程起点的电容值以及对应的湿度值；C_2、H_2 分别表示量程终点

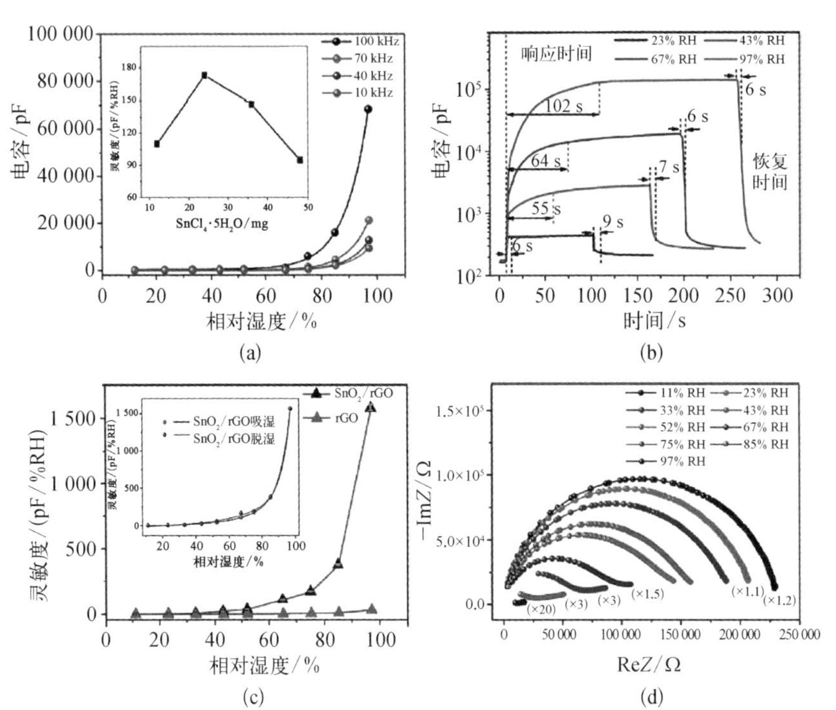

图3-6 石墨烯/SnO_2电容型湿度传感器的感湿特性

（a）石墨烯/SnO_2电容型湿度传感器在不同测量频率下的电容-相对湿度曲线（25℃），插入图为不同 $SnCl_4 \cdot 5H_2O$ 比例下传感器的灵敏度变化；（b）石墨烯/SnO_2电容型湿度传感器在不同相对湿度下的响应时间和恢复时间（25℃）；（c）石墨烯/SnO_2传感器与石墨烯基传感器的灵敏度比较，插入图为湿度迴滞曲线；（d）石墨烯/SnO_2电容型湿度传感器的复阻抗谱

的电容值以及对应的湿度值）。随着测量频率的提高，传感器电容的变化以及灵敏度均得到了明显提升，原因跟之前讨论过的质子电导传感器的传感机理相关（两者的等效电路类似），测量频率的提高会增加传感器的电容效应。插入图则用来说明加入不同比例的$SnCl_4 \cdot 5H_2O$与灵敏度之间的关系，可见，$SnCl_4 \cdot 5H_2O$的加入对灵敏度有个最优的比例，单纯增加$SnCl_4 \cdot 5H_2O$的含量会使得SnO_2发生团聚，反而会使灵敏度下降。图3-6(b)表示湿度传感器在不同湿度环境中的响应时间和恢复时间，从图中可以看出，随着湿度的增加，器件的响应时间越来越长，这说明环境湿度越高，敏感材料达到吸收平衡所需要的时间越长。图3-6(c)是分别使用石墨烯/SnO_2以及石墨烯作为敏感材料的两个传感器的灵敏度数据的对比图。从图中可以看出，使用石墨烯/SnO_2作为敏感材料的传感器，其灵敏度

高于只使用石墨烯作为敏感材料的传感器，这是因为SnO_2作为金属氧化物半导体对水分子具有良好的感应性能，通过与石墨烯的复合（通过水热反应）可以获得兼具两种材料优点的敏感材料，SnO_2的引入可以给石墨烯平面带来更多吸附位点，这种做法在我们之前介绍过的气体传感器中也经常使用。插入的数据图是石墨烯/SnO_2电容型湿度传感器的湿度洄滞特性，吸湿曲线与脱湿曲线具有较好的重合度。图3-6(d)是石墨烯/SnO_2电容型湿度传感器的复阻抗谱，频率范围从2 500 Hz到1 MHz。ReZ和ImZ分别表示敏感材料复阻抗的实部和虚部。图中的一些部分将复阻抗的实部和虚部进行了等比例放大，是为了将不同湿度条件下的阻抗谱更加方便地放在一个图中进行比较。从图中可以看到，在11%～52% RH的湿度范围内，敏感材料的复阻抗谱呈半圆形，对应的物理含义可以理解为敏感材料的电路等效为一个电阻与电容的并联[图3-2(b)]。在这样的湿度条件下，被敏感材料吸附的水分子并不能连续形成水膜，所以很难实现离子导电。在这一阶段，主要是石墨烯/SnO_2复合结构本身的电子作为载流子来导电。当相对湿度进一步增加并超过67% RH时，敏感材料上吸附了更多水分子，充足的水分子能够形成连续的一层甚至多层水分子层。相应地，复阻抗谱则表现为半圆变得更小，同时在低频部分出现了一段拖尾直线。这一现象实际上反映了吸附的水分子逐渐取代石墨烯/SnO_2复合结构成为影响阻抗谱变化的主要因素。在这个湿度范围内，越来越多的水分子被吸附在石墨烯/SnO_2薄膜上，在电场作用下发生电离，并且能够自由移动，在电极之间形成强烈的扩散行为。而半圆尾端产生直线是因为可以自由移动的载流子在敏感材料-电极界面的扩散作用。这个阶段所吸附的水分子的行为很像液态中的水分子，之前讨论过的格鲁苏斯连锁反应（即 $H_2O + H_3O^+ \rightleftharpoons H_3O^+ + H_2O$）就会发生，电离产生$H_3O^+$和$H^+$会进一步增强传感器的导电性。图中拖尾的直线所对应的电阻，物理学中称Warburg电阻，在等效电路图上，Warburg电阻与之前敏感材料的等效电路（电阻与电容并联）是串联的关系。这个电阻在中、高湿度范围对器件的阻抗影响很大，它的出现意味着水分子带来的可自由移动并参与导电的载流子增多，会减小传感器的阻抗。此外，从图中还可以看出，连接半圆和拖尾直线的拐点对应的频率随着相对湿度的增大而往高频移动。在电介质物理学的理论中，这个点代表的物理含义是复阻抗虚部值达到最小并且接近于零的特征点，并且根据电介质物理的理论，复阻抗虚部值接近于零意味着微观极化过程所引起的宏观物理量达到最小。这个点往高频方向偏移说明材料的极化速度随着相对湿度的增加而变大，说明水分子的极化效应随着湿度的增加而变强，相应地，在器件的传感特性上表现为电容值变大。

3. 电容型湿度传感器的制造工艺

与薄膜型电阻式的传感器结构类似，电容型湿度传感器的结构如图3-7所示。基本器件结构与前面讨论过的传感器结构一样，也是在绝缘衬底上沉积出叉指电极，然后再涂敷敏感材料，这里以石墨烯/SnO_2复合材料电容型湿度传感器为例进行具体介绍。

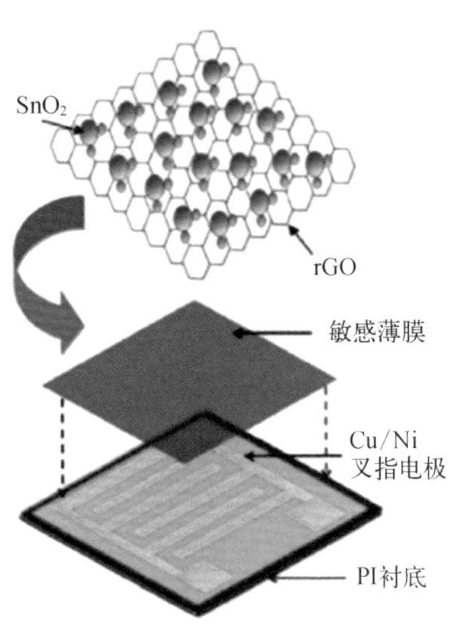

图3-7 电容型湿度传感器的结构示意图

从图3-7的结构示意图可以看出，电容型湿度传感器制造工艺的关键点在于需要使用材料制备技术制造出适用于电容的敏感材料。通过水热反应等技术将石墨烯材料与金属氧化物材料进行复合是较为常见的制备方法。整体的工艺流程如图3-8所示，首先需要制备出石墨烯基复合湿敏材料，通过使用适当的分散剂对敏感材料进行分散。与电阻式传感器一样，将制得的湿敏

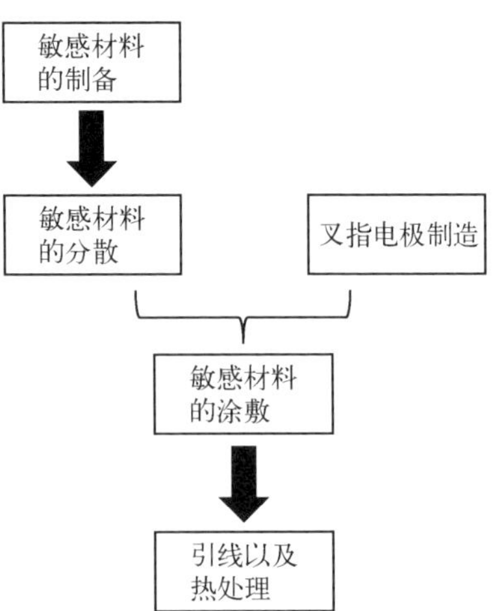

图3-8 电容型湿度传感器的制造工艺流程

材料涂敷在电极上(滴涂、旋涂、喷涂以及 LB 膜法等)。最后,引出引线,并通过加热的方法来增强器件的稳定性。

电容型湿度传感器的制造工艺流程与之前讨论的电阻式传感器类似。最主要的不同点是敏感材料的制备,电容型器件需要更加突出材料的电容特性,因此对材料的介电性能需要特别考虑。此外,与质子电导型器件相比,电容型湿度传感器在无线传感方面具有自身的优势,通过与电感连接,组成 LC 电路[①],便可以将环境湿度的变化转变为谐振频率的变化 $\left(f=\frac{1}{2\pi\sqrt{LC}}\right)$,从而实现湿度的无线传感。电路结构如图 3-9 所示。

图 3-9 LC 无线湿度传感器

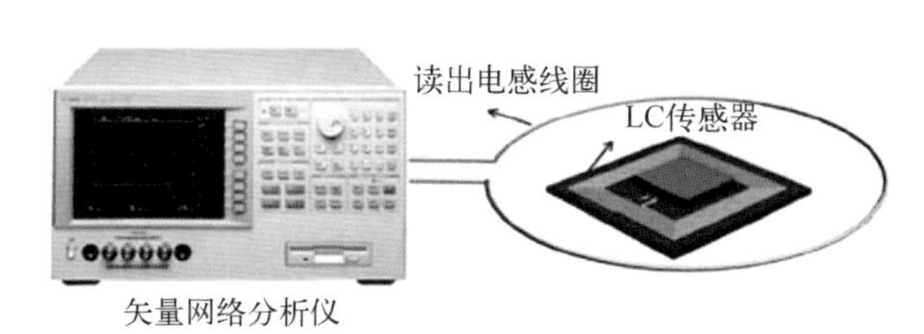

(a) 测量系统示意图

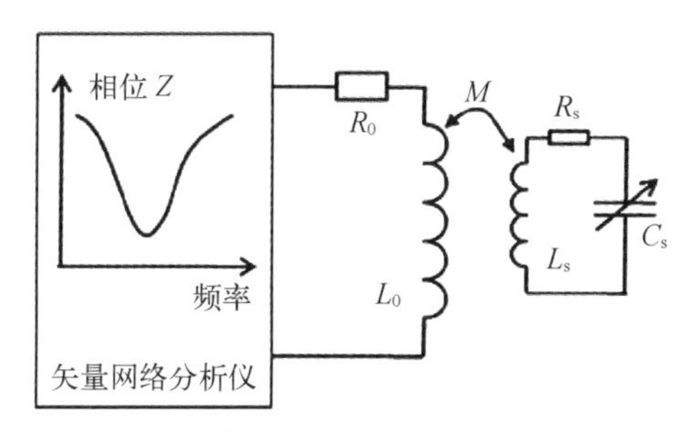

(b) 测量系统的等效电路图

3.2.3 石英晶体微天平湿度传感器

1. 石英晶体微天平湿度传感器的工作原理

我们已在前文介绍过以石英晶体微天平(QCM)为传感方式的气体

① LC 电路,指用电感 L、电容 C 组成选频网络的振荡电路,用于产生高频正弦波信号。

传感器。作为湿度传感器，特别是使用氧化石墨烯作为敏感材料的湿度传感器，QCM 的作用将更为显著。图 3－10 是 QCM 湿度传感器的工作原理图。随着湿度的增加，多层氧化石墨烯开始膨胀，同时片层与片层之间的距离逐渐拉大。

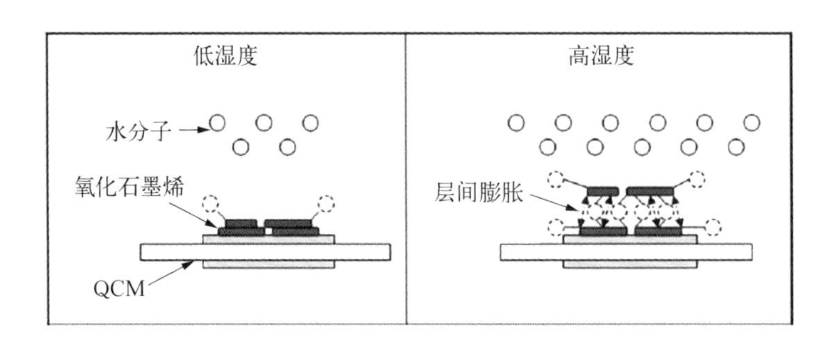

图 3－10　QCM 湿度传感器的工作原理示意图

水分子不断被吸附，整个薄膜的质量就不断增加，根据 QCM 的工作机理，质量增加会导致石英晶体振荡频率发生改变。在整个变化过程中，相关量之间的关系可以通过式（2－4）（Sauerbrey 方程）清楚地展示出来。吸附水分子的质量与振荡频率的变化量呈正比关系。

2. 石英晶体微天平湿度传感器的感湿特性

图 3－11 展示了涂敷有三种不同厚度（样品 1：46 nm，样品 2：87 nm，样品 3：126 nm）的氧化石墨烯感应层的 QCM 湿度传感器的湿度响应。图3－11（a）表示三种样品的湿度响应曲线。通过对比这三条曲线，在同一相对湿度下，传感器的振荡频率变化会随着多层氧化石墨烯厚度的增加而变大。例如，在相对湿度最大点 97.3% RH 处，三个传感器的最大频率变化依次为 775 Hz、1 923 Hz 以及 2 610 Hz。因此，通过三个传感器感湿特性的对比可以看出增加多层氧化石墨烯层的厚度可以提高传感器的灵敏度，特别是低湿度部分。厚度增加会使薄膜变得更加均匀，因此能增强对水分子的吸附能力。同时从图中可以看出，三个传感器在相对湿度 6.4%～93.5% RH 内都展示了良好的线性度。图 3－11（b）为三种样品的响应时间与恢复时间，三种样品的响应时间分别为 18 s、32 s 和 45 s；恢复

图3-11 QCM湿度传感器的感湿特性

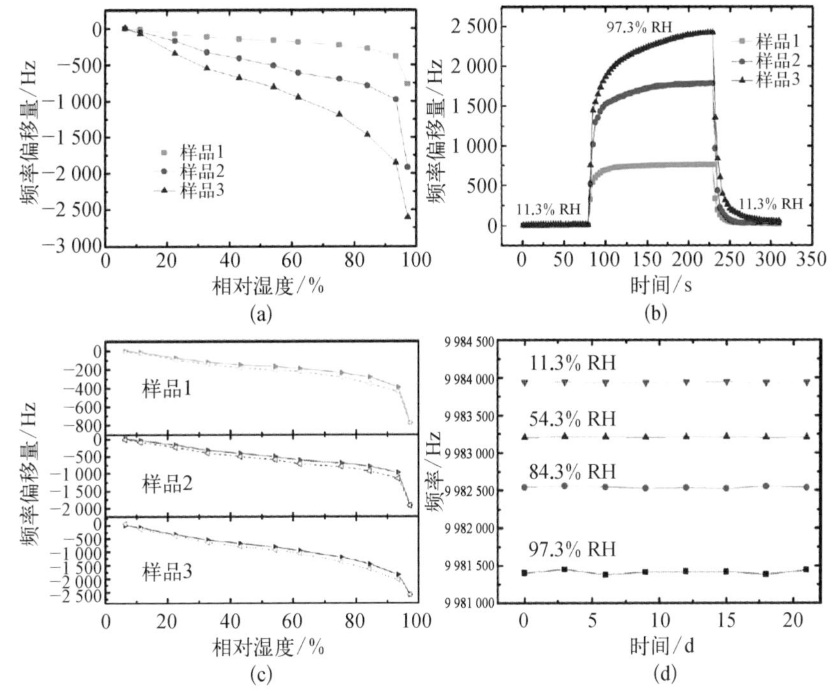

（a）基于不同厚度的三个氧化石墨烯膜（样品 1：46 nm，样品 2：87 nm，样品 3：126 nm）的 QCM 传感器的湿度响应曲线；（b）三种样品的响应时间与恢复时间；（c）三种样品的湿度洄滞特性曲线；（d）样品 3 的稳定性测试（测试的温度均为 25℃）

时间分别为 12 s、14 s 和 24 s。从这些数据可以看出，随着氧化石墨烯层厚度的增加，响应时间和恢复时间均变长，这种现象产生的原因是薄膜厚度增加导致水分子吸附和脱附需要的时间变长。图 3-11(c)为三种样品的湿度洄滞特性曲线，从图中的测试结果可以看出这些传感器的吸湿曲线与脱湿曲线在低湿度范围内重合得很好，在高湿度范围内有一定的湿度洄滞。图 3-11(d)的测试结果表明传感器在不同湿度条件下，测量数值能够保持稳定长达 21 d(以样品 3 为例)，展示了良好的稳定性。

3.2.4 其他类型的湿度传感器

上文介绍的三种湿度传感器是目前文献报道里最为常见的传感器类

型。近年来，国内外研究者还报道了几种其他类型的基于石墨烯的湿度传感器。我们将在本部分对这些传感器的进展进行介绍。

1. 湿致色变型湿度传感器（Colorimetric Humidity Sensors）

湿致色变型湿度传感器可以将湿度变化转变为可视化的颜色变化。已报道的湿致色变型湿度传感器以氧化石墨烯为敏感材料，氧化石墨烯在吸收水分子后，薄膜的颜色在可见光范围（400～700 nm）内发生变化（光谱反射峰变化），对应的结果如图 3-12 所示。图中的湿度环境是通过 25℃时不同的饱和盐溶液来营造的，即 LiCl 对应 12% RH，$MgCl_2$ 对应 33% RH，K_2CO_3 对应 44% RH，$Mg(NO_3)_2$ 对应 52% RH，$CaCl_2$ 对应 68% RH，NaCl 对应 75% RH 以及 KNO_3 对应 98% RH。

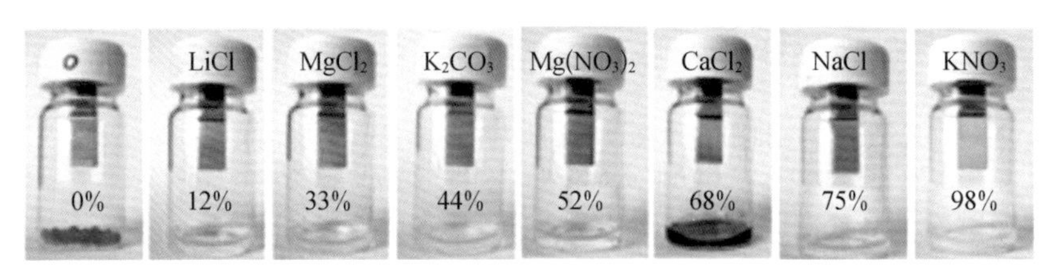

图 3-12 湿致色变型湿度传感器在不同湿度环境中的颜色变化（25℃）

湿度导致传感器变色的根本原因是吸湿后氧化石墨烯薄膜会膨胀。从光学角度来看，这种传感器的结构包含三个部分，分别是介质层（空气层）、顶部多层氧化石墨烯层以及底部的硅衬底层。当光线照射到多层氧化石墨烯层时，光线在氧化石墨烯片层发生散射。由于氧化石墨烯层对水分子具有很强的吸附能力，环境湿度的增加会导致氧化石墨烯薄膜吸附更多的水分子（通过氢键连接），使氧化石墨烯片层“变大”。“变大”的片层会使整个多层石墨烯结构膨胀起来。这一吸附过程的结果会引起光的散射发生变化，片层由于吸水而变大，根据光的散射理论，最后光的反射峰会从短波长向长波长（从紫光到红光）的方向移动，这一数据结果见图 3-13。这种湿度传感器的变色以及相应的反射光谱变化是可重复且可逆的过程，这一现象表明了氧化石墨烯薄膜结构和性能在反复吸湿脱湿过程中具有很高的稳定性。

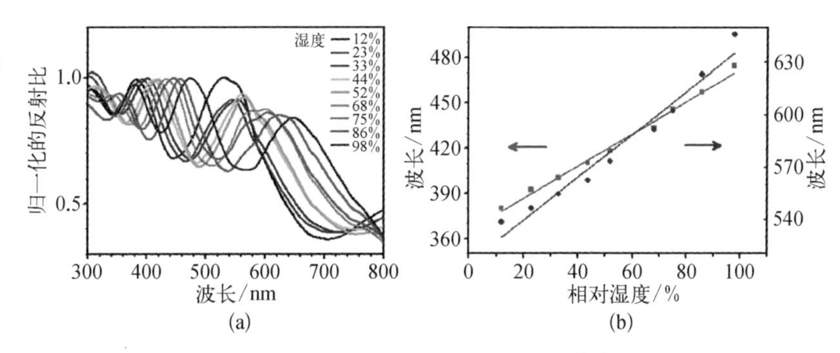

图 3-13　不同湿度下的反射光谱

（a）25℃时氧化石墨烯薄膜在不同湿度条件下的反射光谱；（b）在可见光范围内，反射峰对应的波长随湿度的变化情况

相较于之前讨论的湿度传感器，对于不需要精准定量的测试要求，湿致色变型湿度传感器具有一些优势。这种传感器将湿度的变化转化为非电信号，而且不需要额外的辅助电路，这种传感器的能耗很低。此外，可以直接通过肉眼辨别颜色变化从而判断环境湿度，不需要额外的测试设备，从而可以方便快捷地对湿度进行测量。

2. 光纤型湿度传感器

光纤型湿度传感器也是一种利用光学量变化来表现湿度变化的传感器。图 3-14 所表示的结构就是一种典型的光纤型湿度传感器，核心部件是沉积有氧化石墨烯层的 Mach-Zehnder 干涉仪，湿度的变化可以与干涉光极化特性（快光轴 λ_f 和慢光轴 λ_s）的变化建立函数关系。用一个偏振保持光纤（Polarization Maintaining Fiber，PMF）与 Mach-Zehnder 干涉仪连接。与传统的阶跃光纤不同，光通过 PMF 时其偏正方向不会发生改变。同时，干涉图中的正交偏振模式对环境折射率改变十分敏感。由于 PMF 具有双折射效应，PMF 中的纤核模态根据两种不同的正交偏振模式会有不同的有效折射率。相应地，Mach-Zehnder 干涉仪干涉图样中对应的两种正交偏振模式就会有两个不同的谐振频率。通过将氧化石墨烯层沉积在 PMF 上，水分子就会吸附在氧化石墨烯层上从而改变氧化石墨烯的有效折射率，进而导致快光轴和慢光轴谐振特性发生变化。

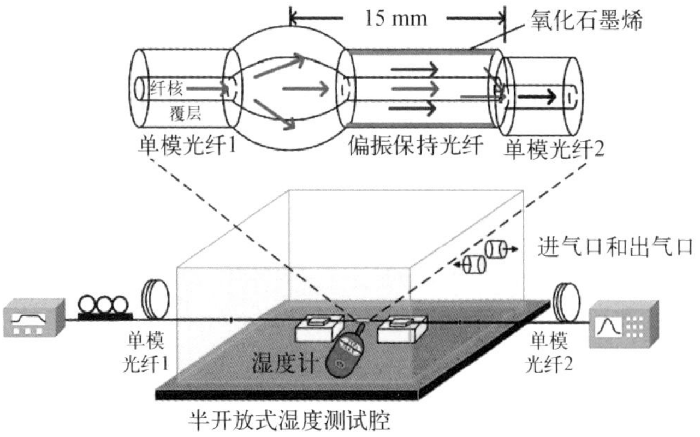

图 3-14 光纤型湿度传感器的装置示意图

通过检测慢光轴谐振频率所对应的透射光强的改变量，可以建立与相对湿度变化的函数关系。如图 3-15 所示，该光纤型湿度传感器具有高达 0.349 dB/%RH 的灵敏度。另外，光纤型湿度传感器在相对湿度范围 60%～77% RH 内的传感特性拥有良好的线性度。

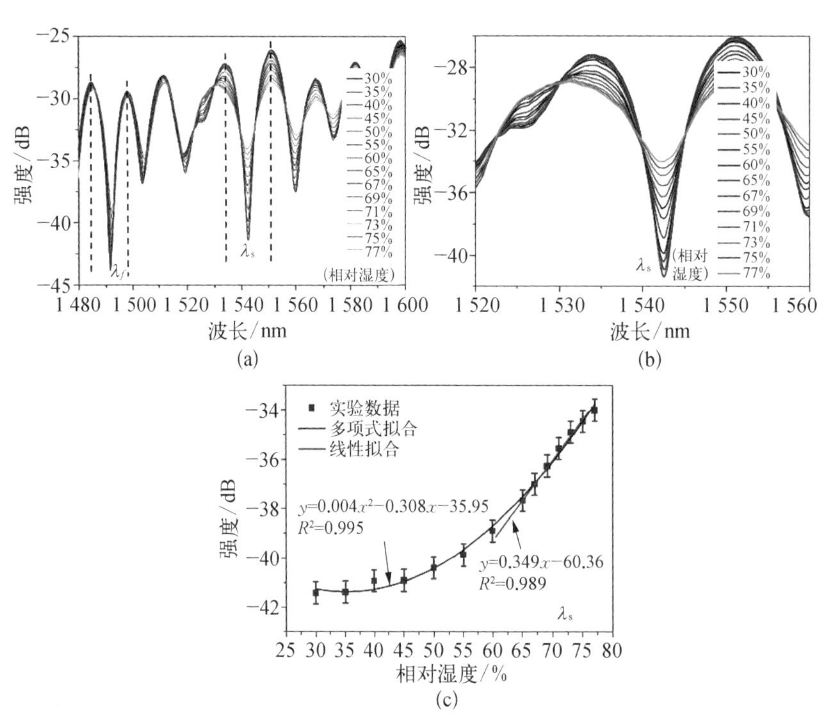

图 3-15 光纤型湿度传感器的测量数据图

（a）25℃时光纤型湿度传感器在相对湿度范围为 25%～80% RH 的透射光谱；（b）慢光轴 λ_s 的透射光谱的放大图；（c）慢光轴 λ_s 谐振频率对应的透射强度随相对湿度的变化情况

跟之前讨论的湿度传感器相比，光纤型湿度传感器具有一些优点，使用者可以通过光纤将信号引出，实现远距离测量，光纤型湿度传感器还可以很方便地组成传感网络，方便组成多节点的传感系统。

3.3 本章小结

近年来，以石墨烯材料特别是氧化石墨烯材料为敏感材料的湿度传感器得到了研究者的关注。相较于传统湿敏材料，石墨烯材料在感湿特性上有很大的提升。表3-1总结了近年来石墨烯基湿度传感器的性能参数。从表中可知，采用不同传感机理的石墨烯基传感器均具有量程大、灵敏度高以及响应时间短等优点。这些特性保障了器件在实际应用中具有优良的性能，从而能更好地监测环境中的湿度变化。

表3-1 石墨烯基湿度传感器性能参数的总结

敏感材料	工作原理	测量范围	灵敏度	响应时间/s	恢复时间/s	稳定性
氧化石墨烯	电阻型	30%～80% RH	—	0.03	0.03	—
石墨烯(热剥离)	电阻型	4%～84% RH	65($\Delta R/R_0$)	180	180	—
石墨烯(CVD)	电阻型	1%～96% RH	0.31[($\Delta R/R_0$)/%RH]	0.6	0.4	—
石墨烯(CVD)	电阻型	35%～98% RH	18.1($\Delta I/I_0$)	—	—	—
石墨烯-银-钠盐复合物	电阻型	11%～95% RH	—	<1	<1	110 d
石墨烯量子点	电阻型	0～97% RH	1 130($\Delta R/R_0$)	约200	约200	35 d
石墨烯/4-乙烯基吡啶复合物	电阻型	11%～98% RH	160($\Delta R/R_0$)	21	78	—
氧化石墨烯量子点	电阻型	10%～95% RH	—	0.14	0.2	—
氧化石墨烯	电阻型	25%～88% RH	1 200($\Delta R/R_0$)	5	6	45 d
氧化石墨烯	电容型	15%～95% RH	37 757.14($\Delta C/C_0$)	10.5	41	30 d
石墨烯/SnO_2复合物	电容型	11%～97% RH	1 604.89 pF/%RH	102	6	—

续　表

敏感材料	工作原理	测量范围	灵敏度	响应时间/s	恢复时间/s	稳定性
氨基氧化石墨烯	电容型	5%～95% RH	4($\Delta C/C_0$)	—	—	—
氧化石墨烯	QCM	11%～95% RH	22.1 Hz/% RH	18	12	21 d
氧化石墨烯/碳纳米管	QCM	11%～95% RH	11.2 Hz/% RH	12	6	5 h
氧化石墨烯	变色型	12%～98% RH	—	0.25	1.2	—
氧化石墨烯	光纤型	25%～80% RH	0.308 dB/% RH	—	—	1 h
石墨烯	光纤型	60%～90% RH	0.22 dB/% RH	—	—	—
石墨烯	光纤型	75%～95% RH	0.31 dB/% RH	—	—	—

对于未来湿度传感器的发展来说，除了解决现有的制造工艺标准化问题，加快产业化进程外，对于湿度传感器的研究方向可能会集中在湿度传感器的集成化，通过集成传输在智能手机以及智能家居等载体上。在物联网时代的大背景下，实现数据采集节点的网络化对于湿度传感器乃至所有传感器的发展都是一个重要的趋势。

第 4 章

石墨烯基离子传感器

本章将介绍石墨烯基离子传感器的基本性质、分类、特性参数，及其在探测离子（特别是重金属离子）中的作用，并将重点介绍石墨烯基离子传感器的基本原理，以及相应的传感性能和器件的制造工艺等。

4.1 离子传感器的基本概念

4.1.1 离子传感器的定义

与气体传感器类似，离子传感器也属于化学传感器的范畴。

所谓离子传感器是指具有离子选择性电极的器件，而具有离子选择性的电极可以将接收到的离子信息（种类、浓度等）转换成可输出的电信号。离子传感器可测量水溶液样本中选定离子的浓度。

4.1.2 离子传感器的应用领域

1. 液体 pH 的检测

pH 传感器是专门用来检测液体酸碱度的传感器。pH 传感器检测被测物中 H^+ 的浓度并转换成相应的可输出的电信号。溶液的 pH 测量是离子传感器的一个很常见的应用领域，pH 传感器的主要检测对象是 H^+ 的浓度，通过对溶液 H^+ 浓度的检测可以反映待测液体的酸碱度。pH 的检测在人体健康检测（体液的 pH）、科研和工农业生产等领域中均具有很高的应用价值。

2. 水体重金属的检测

目前生活污水和工业废水的排放量日益增加，其中含有重金属的废水会极大地破坏生态环境，历史上已经出现了多次因为饮用含重金属的水而引起的重大事故。例如著名的水俣病，就是因为人食用了被含汞废水污染的鱼而引发的慢性汞中毒，对人体的健康产生了极大的危害。实现水体的在线式检测是目前重金属离子检测的重要研究方向，同时也是一大研究难题。因为绝大部分污水的各项指标检测仍然需要在相关的实验室进行。而重金属的离子传感器的研发，使废水的在线检测成为可能。

3. 人体汗液中的离子检测

人体汗液中含有相当比例的 Na^{+}、K^{+}，对这些离子进行监测可以判断人体的运动情况，相应地，Na^{+}、K^{+} 传感器也是可穿戴器件以及人造皮肤的重点研究方向之一。

4.1.3 石墨烯在离子检测中的应用

通过前面的介绍，可知实现水体中的离子实时测量是非常有意义的。离子的实时检测需要传感器同时具有快速的响应速度和低浓度的离子检测限，而石墨烯具有高比表面积、高电子迁移率以及易于化学修饰的特性，这些特性使得石墨烯成为制造离子传感器的理想敏感材料。石墨烯基离子传感器的研究最早开始于 2009 年，从那之后迎来了非常快速的发展。

4.2 石墨烯基离子传感器的结构和工作原理

我们将在这一部分介绍不同应用领域中的石墨烯基离子传感器的结构以及对应的工作原理。

4.2.1 石墨烯基 pH 传感器

1. 石墨烯基 pH 传感器的原理

由于具有单原子层的厚度，石墨烯的载流子浓度很容易受到环境中的其他电荷的影响，从而引起电学性质的变化，同时这也是石墨烯检测带电离子和分子的基本原理，是 pH 传感器的基本原理。目前报道的石墨烯基 pH 传感器大多采用液体栅结构的场效应晶体管，结构如图 4-1 所示，传感器的灵敏度范围为 17～99 mV · pH^{-1}。

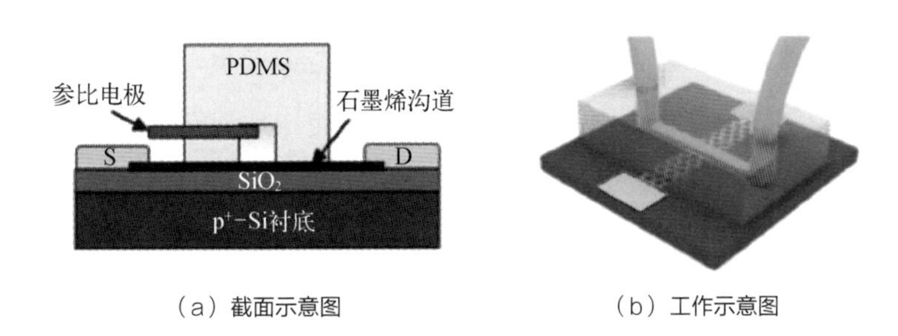

图 4-1　液体栅石墨烯场效应晶体管的结构图

（a）截面示意图　（b）工作示意图

目前，有一些因素限制着石墨烯基 pH 传感器的灵敏度的提高，其中最主要的因素是高离子浓度的液体介质环境中传感器的动态响应范围会减小。石墨烯电极/电解液之间形成一个典型的双层结构，电极/电解液的双层结构会导致电势在石墨烯电极表面随距离呈指数型下降。在这个效应的作用下，电势经过一段距离后，其强度对于整个系统可以认为是零，对应的这个特征长度就是德拜长度，其定义公式如式(4-1)所示。

$$\lambda_D = \sqrt{\frac{\varepsilon kT}{e^2 \sum_i Z_i^2 n_{i0}}} \tag{4-1}$$

式中，λ_D 表示德拜长度；ε 表示介电常数；k 表示玻耳兹曼常数；T 表示温度；e 表示电子电荷；Z_i 表示序号为 i 的带电粒子的电荷量；n_{i0} 表示在电中性平衡条件下的电荷浓度(每体积单位中电荷的个数)。温度一定时，德拜长度的大小取决于电解液体系的介电常数和电解液的离子强度。例如，在室温条件下，100 mmol/L 的电解液的德拜长度大约为1.3 nm，这个数字超过了石墨烯体电荷对沟道电荷的影响距离。在大多数的生物质电解液环境中，离子的浓度往往会高于 100 mmol/L，例如人体血液中电解液的离子浓度为 270～297.4 mmol/L，这么高的离子浓度会使得德拜长度变小，从而极大地影响 pH 的测量。所以，对于像血液、尿液以及细胞外液这样的体液，在进行 pH 检测之前，需要对待测液体进行脱盐处理以减小液体整体的离子强度。

由于电荷屏蔽效应，目前，很少有石墨烯作为敏感材料的 pH 传感器在 100 mmol/L 以上的电解液中工作的报道出现。这也限制了石墨烯基传感器直接应用于血液 pH 的实时检测。在医疗急救中，实现血液中 pH 的实时检测极其重要，例如，动脉血的正常 pH 范围是 7.37～7.42，当动脉血的 pH 低于 7.37 时会引起酸中毒，对健康产生严重的危害，甚至能够引起死亡。因此，实现对血液 pH 的实时检测是非常有意义的。

那么有什么方法可以改进离子传感器的性能，使之能够在高离子浓度的环境中对溶液的 pH 进行准确测量呢？研究者发现通过对石墨烯覆盖氧化层后，氧化层与电解液接触，氧化层中的羟基（—OH）官能团会根据电解液的酸碱度与其中的氢离子发生质子化或者去质子化的行为，这一行为会减小传感器受到电解液浓度影响导致的电荷屏蔽效应，从而提升传感器的灵敏度。例如，有报道称使用原子层沉积技术（Atomic Layer Deposition，ALD）在液态栅晶体管的沟道上生长出 2 nm 的氧化铝作为介电层，使传感器的氢离子的灵敏度从 6 $mV \cdot pH^{-1}$ 增长到（17 ± 2）$mV \cdot pH^{-1}$，进一步改善氧化铝氧化层的质量可以获得更高的灵敏度（40～50 $mV \cdot pH^{-1}$）。另外，替换高 κ 材料例如 HfO_2（59 $mV \cdot pH^{-1}$），也是提高传感器灵敏度的一种有效手段。

传统晶体管结构的传感器的灵敏度公式是由能斯特方程推导出来的。根据公式，同时考虑到绝缘层/电解液界面的静电电势与电解液 pH 的变化，上述类型的 pH 传感器所能达到的灵敏度极限为 59 $mV \cdot pH^{-1}$。

表达式如下。

$$\frac{\partial \varphi_0}{\partial pH_B} = -2.3\frac{kT}{e}\alpha \tag{4-2}$$

$$\alpha = \frac{1}{\left(\frac{2.3kTC_d}{e^2\beta_i}\right)+1} \tag{4-3}$$

式(4－2)中，φ_0 表示绝缘层/电解液界面的电势差；pH_B 表示电解液的 pH；α 表示与尺寸无关的灵敏度参数；k 表示玻耳兹曼常数；T 表示环境温度；e 表示电子电荷。式(4－3)中，C_d 表示微分电容；β_i 表示整个系统本征缓冲能力的系数，这个系数的大小取决于表面的感应位点以及电解液中离子的浓度大小。通过式(4－2)的推导，可以计算出室温条件下 pH 传感器能够获得的最高灵敏度为 59 $mV \cdot pH^{-1}$，这一数字也被称为能斯特极限。能斯特方程推导的前提是将 pH 传感器的电极/电解液界面等效成标准的 Hg 电极或者 AgI 电极与电解液界面，然而能斯特方程对氧化物/电解液界面其实并不适用，因为氧化物/电解液界面的电荷密度与标准电极/电解液界面的不同，大多数氧化物表面的电荷密度以及微分电容都是要高于 Hg 和 AgI 的，也就是说，使用氧化物的 pH 传感器的灵敏度是可以超越能斯特极限的。pH 传感器灵敏度的提升除了可以通过替换不同的氧化层材料，还可以通过采用不同的器件结构来实现。例如，使用双栅极的场效应晶体管型传感器的灵敏度就已经超过了能斯特极限。在这种传感器中，第二个栅极的作用是用来补偿由第一个栅极对 pH 响应过程中产生的电流噪声，这能够有效增大传感器的灵敏度。另一种使 pH 传感器获得高灵敏度的方法是采用 3D 多孔状的结构作为栅极，灵敏度的提升归结于 3D 多孔结构带来的更大的接触面积，从而导致缓冲能力的提高。

2. 石墨烯基 pH 传感器的结构和传感性能

图 4－1 是典型的液体栅石墨烯场效应晶体管结构的示意图。使用

CVD 生长的石墨烯，通过 PMMA 转移到经过热氧化处理过的 Si 衬底上，然后在石墨烯薄膜的两端沉积出金属电极（源极和漏极），在真空环境、300℃的条件下退火 30 min 以提高整体的导电性。将使用 PDMS 的微流道结构与制好的石墨烯晶体管集成在一起，如图 4－1(a)所示。待测液体通过制造好的微流道结构与石墨烯沟道发生相互作用，同时将一根 Ag/AgCl 的导线伸入微流道中作为参比栅极，用来测量传感器的转移特性曲线。而待测液体则以固定的流速（一般为 0.1 mL·min^{-1}）通过石墨烯场效应晶体管的沟道。

图 4－2 是采用液体栅结构的石墨烯基 pH 传感器的传感器特性曲线。图 4－2(a)(b)是典型的源漏电流与栅极电压之间的关系曲线，即转移特性曲线。图 4－2(a)中的数据是使用石墨烯薄膜作为沟道的传感器

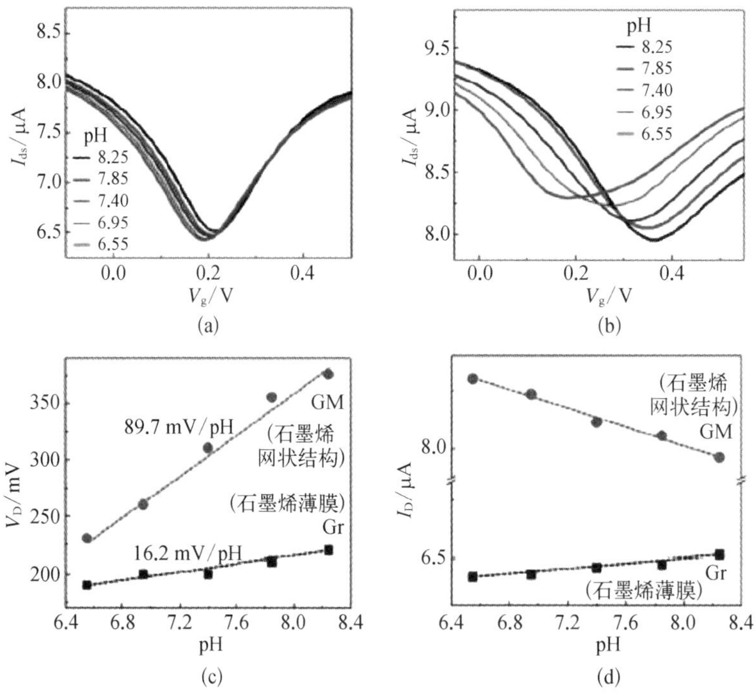

图 4－2 液体栅结构的石墨烯基 pH 传感器的传感器特性曲线

（a）石墨烯薄膜 pH 传感器在不同 pH 的缓冲液中的转移特性曲线；（b）石墨烯网状结构 pH 传感器在不同 pH 的缓冲液中的转移特性曲线；（c）狄拉克点的电压与不同 pH 之间的关系，红色：石墨烯网状结构，黑色：石墨烯薄膜；（d）狄拉克点的电流与缓冲液的 pH 之间的关系，红色：石墨烯网状结构，黑色：石墨烯薄膜

获得的，图 4-2(b)中的数据则是使用石墨烯网状结构作为沟道的传感器获得的。通过 Ag/AgCl 电极施加 50 mV 的固定电压，改变缓冲液(10 mmol/L)中 pH 的大小，图 4-2(a)(b)中的转移特性曲线就发生偏移。由于缓冲液的离子浓度较低(低于 100 mmol/L)，电荷屏蔽效应的影响很弱，因此两种结构的石墨烯基 pH 传感器在这样的电解液环境中均有良好的灵敏度。石墨烯网状结构的 pH 响应更为显著，这是由于这种结构能够扩大与待测液体的接触面积，网状结构边缘部分的悬挂键以及吸附的含氧分子能够增加对氢离子的吸附位点。

从图 4-2(c)的数据可以看出，随着 pH 的下降，无论是石墨烯薄膜还是石墨烯网状结构的狄拉克点都发生了偏移。对石墨烯薄膜来说，当 pH 从 8.25 下降到 6.55 时，狄拉克点的电压从 0.22 V 移动到了 0.19 V，对应的灵敏度约为 16.2 $mV \cdot pH^{-1}$。与之对应地，网状结构传感器的灵敏度更高，达到约 89.7 $mV \cdot pH^{-1}$，是石墨烯薄膜 pH 传感器的 3 倍。值得注意的是，石墨烯网状结构 pH 传感器的灵敏度已经超过了能斯特极限，这就说明网状结构的石墨烯不再适用于单纯的静电模型。

跟狄拉克点的电压类似，图 4-2(d)中的狄拉克点的电流大小也会因为 pH 的变化而变化。同样地，在石墨烯网状结构传感器中的狄拉克点电流的变化量也是石墨烯薄膜的 3 倍。此外，不同于石墨烯薄膜 pH 传感器，石墨烯网状结构狄拉克点电流随着 pH 的增加而减小，造成这一现象的可能原因是载流子与缺陷之间的竞争关系，石墨烯网状结构的缺陷和边缘结构会极大地增强载流子的散射能力。

因为石墨烯网状结构 pH 传感器的灵敏度已经超过了能斯特极限，所以其传感机理就不遵循经典的静电模型。由于石墨烯网状结构表面的缺陷和边缘活性未饱和碳原子的存在，除静电荷作用外，大量氢离子会被吸附在石墨烯网状结构的表面，以类似于掺杂的形式改变了石墨烯的载流子浓度，从而导致狄拉克点发生偏移。

图 4-3 是 3D 多孔悬空石墨烯沟道的 pH 传感器的制造流程和结构图。首先从转移 CVD 法制得的石墨烯开始，步骤 1 使用 $FeCl_3$ 刻蚀掉 Cu

泡沫；步骤 2 和步骤 3 使用去离子水对剩下的石墨烯多孔泡沫进行清洗；步骤 4 中，在石墨烯泡沫两端沉积出 Ti/Au 电极，分别作为源极和漏极；步骤 5 使用原子层沉积技术在整个器件表面沉积一层很薄（20 nm）的 HfO_2；接着在步骤 6 中，一层额外的 PDMS 保护层被覆盖在源极和漏极上，避免电极与电解液之间发生短路；步骤 7 使用 PDMS 把沟道周围围起来，做成一个井状的结构，以防止电解液扩散。图 4-3 右下角的图片为器件的光学照片。所使用待检测的溶液分别为不同 pH 的 DPBS（Dlbecco Phosphate Buffered Saline）缓冲液（离子浓度为150 mmol/L）以及小白鼠的血清，跟之前介绍的 pH 传感器不同，这种传感器使用的待测溶液的离子浓度更加接近生物体体液（或者就是体液），所以该传感器在这样的电解液环境下的表现，对生物体液检测更具有参考价值。

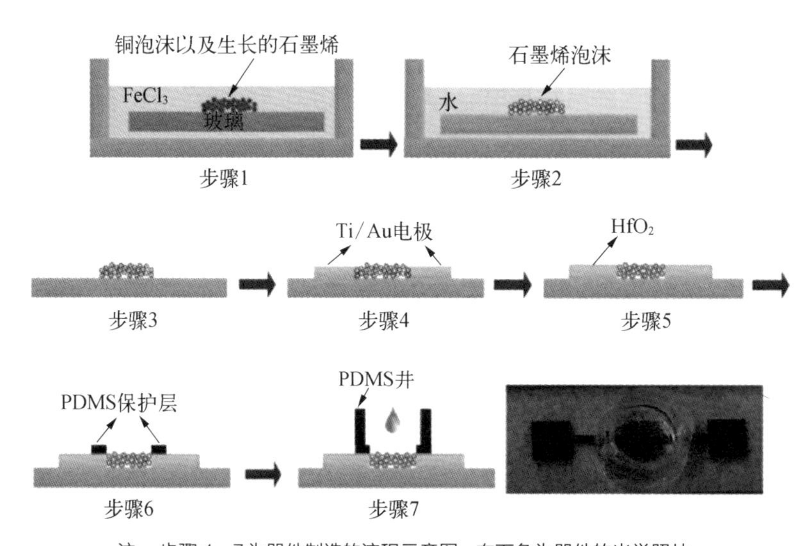

注：步骤 1~7 为器件制造的流程示意图，右下角为器件的光学照片。

图 4-3　3D 多孔悬空石墨烯沟道的 pH 传感器的制造流程和结构图

使用多孔泡沫石墨烯作为沟道的 pH 传感器的性能如图 4-4 所示。图 4-4(a)是传感器的转移特性曲线，当缓冲液的 pH 从 3 变为 9 时，转移特性曲线也发生了相应的偏移，待测缓冲液的离子浓度为 150 mmol/L，这种浓度的缓冲液一般常见于生物应用中。随着溶液 pH 的增加，狄拉克点向正向电压的方向进行偏移。这种现象与氧化层表面的含氧官能团

图 4-4 多孔泡沫石墨烯 pH 传感器的性能

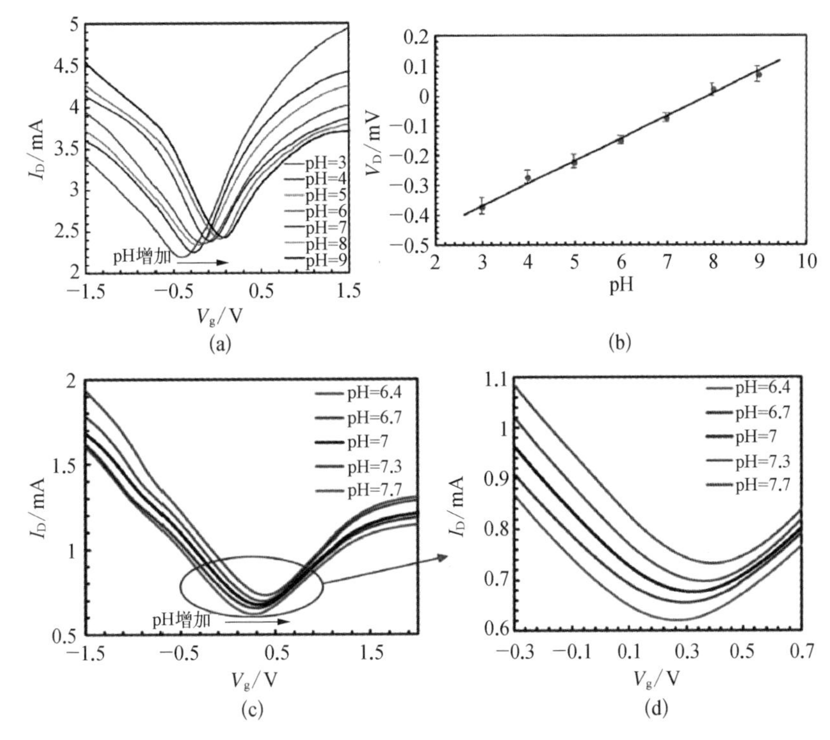

(a) 传感器在缓冲液中随 pH (3~9) 变化的转移特性曲线; (b) 狄拉克点电压随 pH 变化的曲线; (c) 传感器在老鼠血清中随 pH (6.4~7.7) 变化的转移特性曲线; (d) 转移特性曲线的局部放大 (所有的测量均在室温、常压下进行)

(羟基)与离子之间的作用有关,表面的羟基与溶液中的离子作用会有三种状态:第一,与氢离子结合质子化变成 OH_2^+;第二,失去氢离子去质子化形成 O^{2-};第三,保持电中性。当溶液呈现酸性时(即 pH<7),羟基基团会发生质子化从而导致狄拉克点向负向电压的方向偏移;当溶液呈现碱性时(即 pH>7),羟基基团则会发生去质子化从而导致狄拉克点向正向电压的方向偏移。图 4-4(b)显示狄拉克点的移动(电压的变化)与 pH 的变化呈线性关系。相应的灵敏度为 71±7 mV·pH^{-1},这一数值高于能斯特极限,这归因于多孔结构带来的更大接触面积以及 HfO_2 表面丰富的接触位点,这会导致表面产生大量的电荷积累,从而使传感器获得更高的栅极耦合效率。

图 4-4(c)和图 4-4(d)是传感器在老鼠血清中的传感特性,这种测试环境对于研发可植入式传感器具有重大意义。其中,从图 4-4(c)和图

4-4(d)可以清晰地看出狄拉克点随着 pH 从 6.4 增长到 7.7,向正向电压的方向偏移。这意味着这种传感器可以在高离子浓度(289 mmol/L)环境中工作,传感性能并没有受到高离子浓度的影响,这使得直接测量血液的 pH 成为可能。

3. 石墨烯基 pH 传感器的总结

近年来,随着石墨烯基 pH 传感器研究的不断深入,器件的性能也在不断地提升,在水体检测和人体体液检测方面均展示了相当大的应用潜力。表 4-1 总结了近几年来所报道的石墨烯基 pH 传感器的传感性能。

表 4-1 石墨烯基 pH 传感器的传感性能

敏感材料	器件类型	灵敏度	测量范围(pH)	液体环境(离子浓度)
CVD 石墨烯	场效应晶体管(液体栅)	$16.2\ mV \cdot pH^{-1}$	6.55~8.25	PBS 缓冲液(10 nmol/L)
CVD 石墨烯网	场效应晶体管(液体栅)	$89.7\ mV \cdot pH^{-1}$	6.55~8.25	PBS 缓冲液(10 nmol/L)
石墨烯多孔泡沫	场效应晶体管(液体栅)	$71 \pm 7\ mV \cdot pH^{-1}$	3~9	DPBS 缓冲液(150 mmol/L)
外延生长石墨烯(3~4 层)	场效应晶体管(液体栅)	$99\ mV \cdot pH^{-1}$	2~12	KCl(10 mmol/L)/PBS 缓冲液(10 mmol/L)
CVD 石墨烯	共面型场效应晶体管(液体栅)	$78\ mV \cdot pH^{-1}$	6~8	磷酸盐缓冲液(50 mmol/L)
石墨烯纳米带	场效应晶体管(液体栅)	$24.6\ mV \cdot pH^{-1}$	6~8	PBS 缓冲液(2~3 mmol/L)
CVD 石墨烯	场效应晶体管(液体栅)	$17 \pm 2\ mV \cdot pH^{-1}$	5~10	标准 pH 缓冲液(pH 2~9)
悬空石墨烯	场效应晶体管(液体栅)	$20\ mV \cdot pH^{-1}$	6~9	邻苯二甲酸缓冲液(10 mmol/L)

4.2.2 石墨烯基金属离子传感器

金属离子的探测对人体健康、食品安全以及环境保护等领域都非常有意义。人体中有一些金属微量元素(Ca、K、Na、Fe、Mg 等),虽然含量不高，但却是一些蛋白质合成所必需的元素，这些离子的浓度大小关系到人体的健康与否。此外，金属离子的检测有相当一部分是针对重金属的，这是由于重金属离子的检测在食品安全、人体健康以及环境等方面具有重要意义。

重金属是指原子密度大于或等于 5 $g \cdot cm^{-3}$ 的金属，例如铜（Cu）、锌（Zn）、铅（Pb）、镉（Cd）、铬（Cr）、汞（Hg）、镍（Ni）等。重金属在自然环境中很难被微生物降解，而且可以通过生物富集作用在动植物体内积累，再通过食物链进入人体内，从而对人体健康造成重大的伤害。因此，研发出简单、经济、快速、精确的重金属检测方法，进而实现对自然环境和食品中的有毒重金属的测定是非常重要的。

石墨烯应用于重金属检测的优势在于其大比表面积、较高的电催化和电化学活性、高电子迁移率，这些优点使石墨烯基离子传感器能够使离子在电极反应界面上的电子传递性能更高，进而能够获得良好的传感器性能。

目前，被用于检测重金属离子的石墨烯基传感器的原理大致分为三种。第一种是电化学分析法，电化学分析法是应用电化学的基本原理和实验技术，依据重金属离子电化学性质，通过测定溶液中电流、电导、电位、电量等物理量，来确定参与化学反应的重金属离子组成及含量而建立起来的一类分析方法，其具有选择性好、分析速度快、简便廉价、易于实现自动化等优点。第二种是荧光法，这种方法主要依靠石墨烯量子点具有的可调整的荧光效应（可表面修饰、形状尺寸可调节），当量子点与待测重金属发生反应时，其荧光特性会发生相应的改变。第三种是电学器件测试法，这种方法一般采用具有液体栅极结构的场效应晶体管作为核心传感元件，石墨烯沟道在吸附待测重金属离子后，会引起电学性质发生改变，其变化大小与待测离子的浓度和种类相关。我们将在以下内容中对基于这三种原理的传感器进行介绍。

1. 电化学分析法

在检测重金属的众多方法中，电化学分析法由于其快速准确、成本低廉、对设备要求较低等优点引起了广泛的关注。而在电化学分析法中，阳极溶出伏安法(Anodic Stripping Voltammetry, ASV，是指在一定的电位下，使待检测的金属离子部分还原成金属并溶入微电极或者析出在电极表面，然后向电极施加反向电压，使微电极上的金属氧化而产生氧化电流，根据氧化过程的电流-电压曲线进行分析的电化学分析法)具有良好的离子选择性和高灵敏度，因此被广泛使用。阳极溶出伏安法往往采用含有汞的金属电极，这是由于汞元素具有可以浓缩重金属离子的特性。然而这种含汞电极对环境有很严重的危害，因此研发出不含汞、对环境友好的电极就变得很有必要了。石墨烯由于具有大的比表面积和易于化学修饰的特点，通过与具有催化效能的金属纳米颗粒的复合，石墨烯/金属(金属氧化物)纳米颗粒复合电极展现出了良好的电化学传感性能。

石墨烯/金属(金属氧化物)纳米颗粒一般采用水热法制备。首先需要将氧化石墨烯与前驱体盐溶液进行充分混合，然后使用反应釜将混合溶液在一定的温度下水热反应一段时间，这一过程将氧化石墨烯还原的同时也将金属纳米颗粒负载在石墨烯片层上。从图 4-5 中的透射电子显微镜照片的对比可以很清晰地看到水热反应的结果，其中图 4-5(a)是经过水热法还原制备的石墨烯电极的电镜图片；图 4-5(b)则是使用水热法制备的石墨烯/Fe_2O_3纳米颗粒复合材料。通过与纳米颗粒的复合，石墨烯电极的电化学性能得到了很大的提升，这从图 4-5(c)的循环伏安(Cyclic Voltammetry, CV)特性曲线便可以看出，其中黑色虚线、红色虚线以及蓝色实线分别对应玻璃碳(GCE)、还原氧化石墨烯(rGO)以及石墨烯/Fe_2O_3复合电极的循环伏安特性曲线。从中可以看出，在保持测试条件相同的前提下，石墨烯/Fe_2O_3复合电极具有最高的氧化还原峰，这是由于石墨烯/Fe_2O_3复合电极在具有大的比表面积的同时也具有良好的电催化活性。图 4-5(c)中的测试扫描速度为 50 $mV \cdot s^{-1}$，采用的测试环境为 1 mol/L 的 KCl 与 5 mmol/L 的$[Fe(CN)_6]^{3-/4-}$的混合溶液。

图 4-6 是石墨烯/Fe_2O_3复合电极对金属离子的差示脉冲阳极溶出伏安法测试曲线(DPASV)，待测的重金属的浓度范围为 0.4～8 $\mu g \cdot L^{-1}$。

图4-5 石墨烯/Fe_2O_3复合电极的透射电子显微镜图片以及循环伏安特性曲线

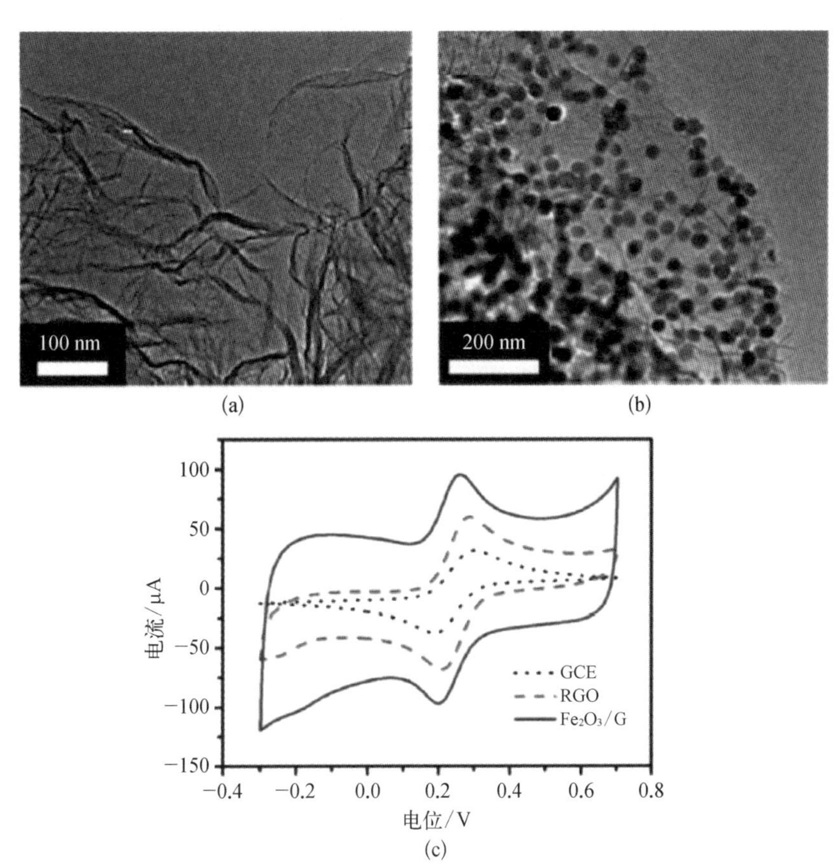

(a)水热法还原制备的石墨烯电极的电镜图片;(b)使用水热法制备的石墨烯/Fe_2O_3复合电极的电镜图片;(c)不同结构电极的循环伏安特性曲线,其中黑色虚线、红色虚线以及蓝色实线分别对应玻璃碳、还原氧化石墨烯以及石墨烯/Fe_2O_3复合电极的循环伏安特性曲线

图4-6 石墨烯/Fe_2O_3复合电极的金属离子测量曲线

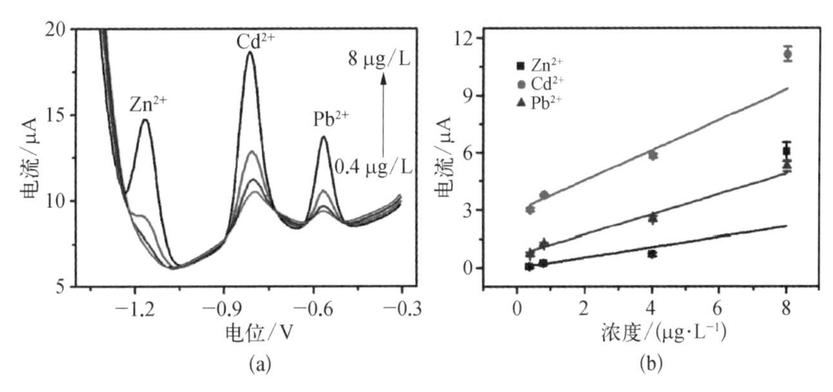

(a)不同浓度的金属离子与电极反应的差示脉冲阳极溶出伏安法测试曲线,曲线表示的离子浓度从下到上依次为0.4 μg·L^{-1}、0.8 μg·L^{-1}、4 μg·L^{-1}、8 μg·L^{-1};(b)反应电流峰值与金属离子浓度之间的关系

图 4－6(a)中的电流峰就是电极与重金属离子发生氧化还原反应造成的，从左到右的三个电流峰分别对应 Zn^{2+}、Cd^{2+} 和 Pb^{2+}，随着离子浓度的增加，电流的强度也随之增强。图 4－6(b)是峰值电流强度与离子浓度的关系，其中 Cd^{2+} 和 Pb^{2+} 对应的电流强度与离子浓度近似呈线性关系，相比而言，Zn^{2+} 的检测曲线的线性度并不算好。

2. 荧光法

荧光法也是测量重金属离子的一种重要方法。这种测量方法基于重金属离子与荧光物质(如量子点)发生螯合反应，从而导致荧光物质的荧光猝灭的现象。石墨烯量子点由于其独特的光学特性，如尺寸小、分散性好、光学及化学稳定性好等优点，引起了广泛的关注，近年来，基于石墨烯量子点的荧光检测法被大量报道。目前，石墨烯量子点的制备方法可分成自下而上和自上而下两类。第一类是自下而上的方法，主要依靠自然或者人工制得的芳香环结构的单体小分子(如联苯)的可控组装，这类方法的优点是量子点的尺寸和形状易于控制，缺点是需要较严苛的制造条件，且产量太低。与之对应地，自上而下的方法则对较大的碳材料(如碳纤维、碳棒、碳纳米管、石墨烯/氧化石墨烯等)采用电化学剥离、水热法等剥离手段得到石墨烯量子点。这类制备方法相对简单，且能够进行大批量制备，但是这种方法不能很好地控制量子点的尺寸和形状。研究者可以根据实际应用的需求选择相应的制备方法。

石墨烯量子点还可以被官能团或者其他离子修饰，提高对重金属的选择性作用能力。例如，使用 1－丁基－3－甲基咪唑双三氟甲磺酰亚胺[1－Butyl－3－methylimidazolium Bis (trifluoromethylsulfonyl) imide，$BMIM^+$]对石墨烯量子点进行修饰，可以提高对 Fe^{3+} 检测的选择性，这是由于 $BMIM^+$ 的咪唑环对 Fe^{3+} 有很强的亲和力。Fe^{3+} 在生物系统中扮演着很重要的角色，是多种蛋白质的合成元素(如血红蛋白)。同时，神经系统中 Fe^{3+} 含量的超标也是帕金森病的一项重要标志。

图 4－7 是石墨烯/$BMIM^+$ 量子点对 Fe^{3+} 的检测。待测分散液的 pH 会影响石墨烯/$BMIM^+$ 量子点的荧光效应，从图 4－7(a)可以看出荧光强

度随 pH 的变大而减弱，这是由于高 pH 会削弱石墨烯量子点与 $BMIM^{+}$ 之间的相互作用。而分散液是否有 Fe^{3+} 也对量子点的荧光效应产生了很大的影响，从图中的对比可以很清晰地看出，Fe^{3+} 的存在会引起强烈的荧光猝灭。由于 Fe^{3+} 与 $BMIM^{+}$ 之间的极强的亲和力，一个 Fe^{3+} 会同时与几个石墨烯/$BMIM^{+}$ 量子点连接，这就导致了量子点的团聚，因此引起强烈的荧光猝灭。同样，由于 Fe^{3+} 与 $BMIM^{+}$ 之间的极强的亲和力，石墨烯/$BMIM^{+}$ 量子点对 Fe^{3+} 的探测有很强的选择性，图 4-7(b)展示了同样浓度的不同金属离子(Mg^{2+}、Fe^{2+}、Zn^{2+}、Cu^{2+}、Fe^{3+}、Cr^{3+}、Co^{2+}、Ni^{2+}、Cd^{2+} 和 K^{+})对量子点的猝灭效果，只有 Fe^{3+} 会产生强烈的荧光猝灭(68%)，远高于其他金属离子的猝灭效果。而荧光猝灭效果与 Fe^{3+} 的浓度有关，图 4-7(c)的曲线显示随着 Fe^{3+} 浓度的增加，量子点的荧光强度下降。图 4-7(d)中的曲线则显示了在低浓度时，荧光的强度与 Fe^{3+} 浓度的变化基本呈线性关系。

图 4-7 石墨烯/$BMIM^{+}$ 量子点对 Fe^{3+} 的检测

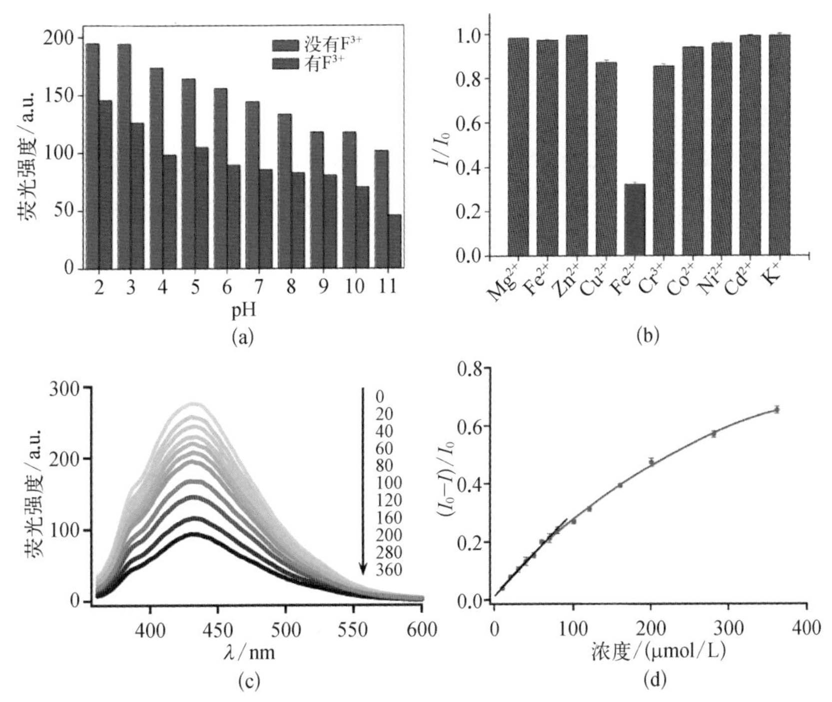

(a) 在具有不同 pH 的溶液中，存在 Fe^{3+}（紫色）以及不存在 Fe^{3+}（红色）对量子点荧光强度的影响；(b) 不同种类的金属离子（同一浓度）对量子点荧光猝灭的效果；(c) 不同浓度的 Fe^{3+} 对量子点荧光猝灭的影响，箭头表示了浓度（单位为 μmol/L）的变化方向；(d) 离子浓度与荧光强度之间的关系曲线，黑色的直线是在低浓度范围的线性拟合

3. 电学器件测试法

这种方法主要是采用半导体制造加工工艺设计并制造出检测离子的器件。例如液体栅的场效应晶体管，石墨烯沟道会与液体栅中的重金属离子相互作用，从而导致电学特性发生改变。这种方法的优点是能够与微电子加工工艺兼容，自动化、标准化程度高，适合大批量生产。

结构与 pH 传感器类似，针对重金属探测的液体栅结构的石墨烯场效应晶体管也主要依靠石墨烯沟道作为核心敏感元件，采用半导体加工工艺在石墨烯沟道上制造出源极和漏极，选用合适的缓冲液作为液体栅，再使用 Ag/AgCl 作为栅极电极，整个结构如图 4-8 所示。

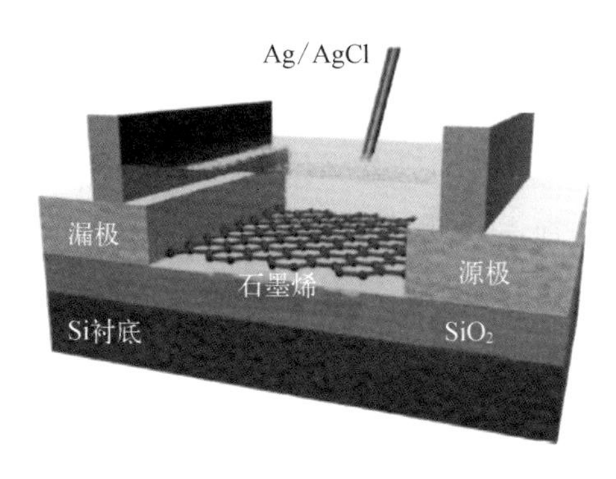

图 4-8 液体栅场效应晶体管金属离子传感器的结构示意图

液体栅场效应晶体管探测金属离子的机理可以用位点结合模型来描述，当液体栅中某些带羟基基团的分子吸附在石墨烯沟道上时，在羟基基团静电力的作用下，液体中的金属离子会被这些基团吸附。金属在液体中的离子浓度增加，相应地，离子浓度的增加会导致离子在石墨烯沟道开始聚集，由于金属离子带正电荷，会导致场效应晶体管的转移特性曲线向负向电压的方向偏移，如图 4-9(a)和图 4-9(b)所示。当 K^+ 和 Na^+ 的浓度从 1.0 nmol/L 增加到 1.0 mmol/L 时，石墨烯沟道的转移特性曲线均向负向电压的方向偏移。然而，对于同样浓度的 K^+ 和 Na^+，单纯的石墨烯沟道对这两种离子的响应曲线非常相近，也就是说单纯地依靠石墨烯沟道是无法实现离子的选择性检测的。

石墨烯表面修饰是提高离子探测选择性的一种有效方式。对于上述液体栅场效应晶体管离子传感器，为了提高其对 K^+ 探测的选择性，可以

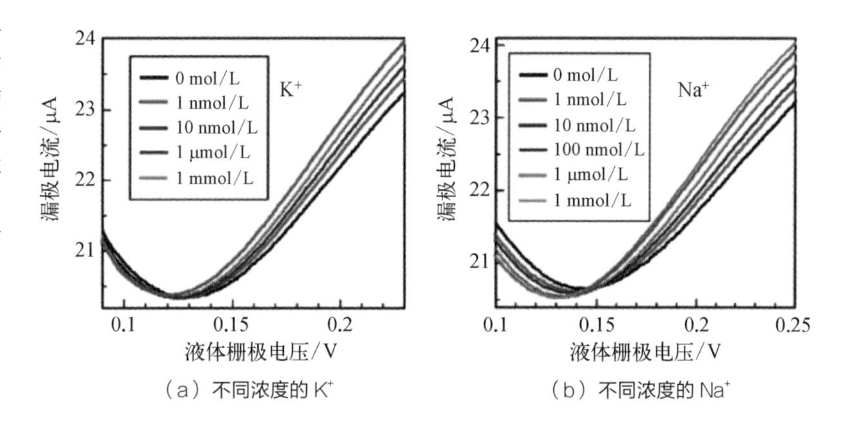

图 4-9 液体栅石墨烯场效应晶体管在不同种类的离子溶液中的转移特性曲线

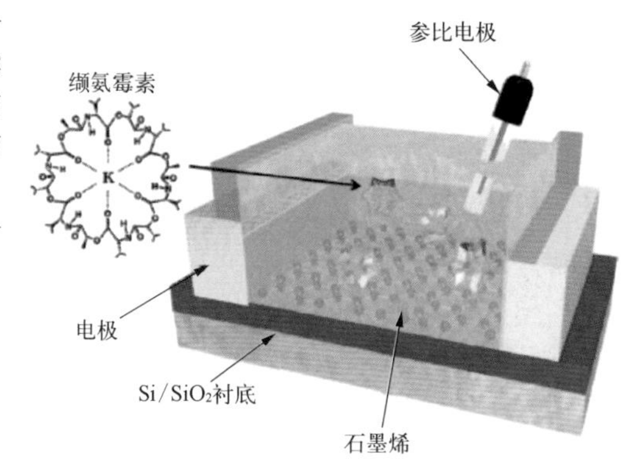

图 4-10 缬氨霉素修饰的液体栅石墨烯场效应晶体管的结构示意图

对石墨烯表面进行离子载体修饰。图 4-10 是缬氨霉素修饰过的液体栅石墨烯场效应晶体管的结构图,石墨烯沟道被一层含有缬氨霉素的离子选择性薄膜所覆盖。缬氨霉素是一种离子载体,它的结构很像甜甜圈,相比于其他的金属离子,缬氨霉素对 K^+ 具有非常强的亲和力,因此可以被用来增强对 K^+ 的选择性吸附。

图 4-11 是经过缬氨霉素修饰过的液体栅石墨烯场效应晶体管对 K^+、Na^+ 的检测曲线。图 4-11(a)是在不同浓度的 K^+ 中传感器的转移特性曲线,图 4-11(b)则是狄拉克点的电压随 K^+ 浓度变化(从 0 到 1.0 mmol/L)的曲线。其中转移特性曲线随着 K^+ 浓度的增加向负向电压的方向偏移,相应地,狄拉克点的电压值也随 K^+ 浓度的增加而减小,曲线近似线性(横坐标采用了对数形式),其斜率数值约为 -7.8,这意味着 K^+ 的吸附和脱附具有很好的连续性,缬氨霉素吸附的 K^+ 与溶液中的 K^+ 保持动态平衡。

与之对应地,图 4-11(c)和图 4-11(d)表示了器件对 Na^+ 的检测效

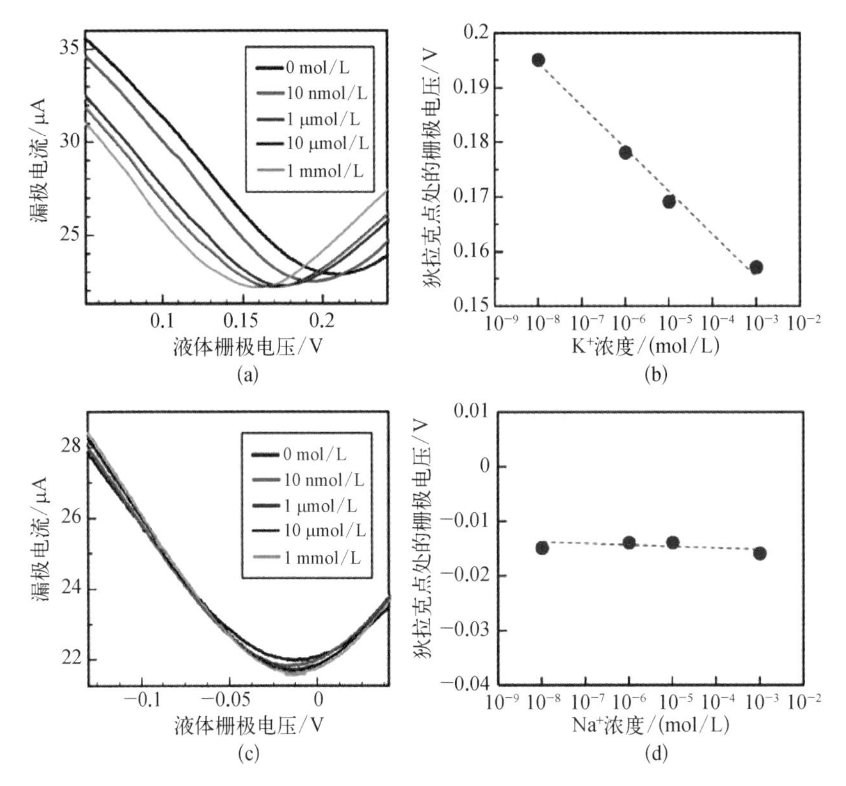

图 4－11 缬氨霉素修饰的液体栅石墨烯场效应晶体管的离子选择性

（a）不同浓度的 K^+ 对器件转移特性曲线的影响；（b）狄拉克点电压大小与 K^+ 浓度之间的关系；（c）不同浓度的 Na^+ 对器件转移特性曲线的影响；（d）狄拉克点电压大小与 Na^+ 浓度之间的关系

果。在保持测试条件和离子浓度范围一致的情况下，图 4－11(c)中的转移特性曲线变化幅度明显小于图 4－11(a)，图 4－11(d)中的曲线斜率数值约为－0.18，Na^+ 的浓度变化造成的电学性质的影响远小于 K^+ 造成的。可见，通过表面特异性的修饰，传感器离子检测的选择性会大幅提高。

4. 石墨烯基金属离子传感器的总结

表 4－2 总结了近几年报道的石墨烯基金属离子传感器的传感性能，包括敏感材料、传感类型、检测对象、最低检测限以及灵敏度等。

表 4-2 石墨烯基金属离子传感器的传感性能

敏感材料	传感类型	检测对象	最低检测限	灵 敏 度
石墨烯 /Fe_2O_3	电化学分析法	Zn^{2+}、Cd^{2+}、Pb^{2+}	Zn：0.11 μg・L^{-1} Cd：0.08 μg・L^{-1} Pb：0.07 μg・L^{-1}	Zn：1 μA /(μg・L^{-1}) Cd：0.9 μA /(μg・L^{-1}) Pb：0.6 μA /(μg・L^{-1})
溶剂热辅助还原的氧化石墨烯	电化学分析法	Cd^{2+}、Pb^{2+}	Cd：1.0 μg・L^{-1} Pb：0.4 μg・L^{-1}	Cd：0.05 ± 0.01 μA /(μg・L^{-1}) Pb：0.07 ± 0.01 μA /(μg・L^{-1})
氮、硫双掺杂的还原氧化石墨烯	电化学分析法	Cd^{2+}、Pb^{2+}	Cd：0.016 μg・L^{-1} Pb：0.018 μg・L^{-1}	Cd：1.20 μA /(μg・L^{-1}) Pb：0.38 μA /(μg・L^{-1})
石墨烯量子点 /$BMIM^+$	荧光法	Fe^{3+}	7.22 μg・L^{-1}	0.002 75 μmol・L^{-1}
氧化石墨烯量子点 /PVA	荧光法	Au^{3+}	约 275 ppb	0.04 μmol・L^{-1}
氧化石墨烯量子点 /DNA	荧光法	Ag^+ Hg^{2+}	Ag^+：1 μg・L^{-1} Hg^{2+}：10 pg・L^{-1}	Ag^+：0.005 μmol・L^{-1} Hg^{2+}：0.004 nmol・L^{-1}
石墨烯 /缬氨霉素	电学器件测试法(液体栅场效应晶体管)	K^+ Na^+	K^+：10 ng・L^{-1} Na^+：10 ng・L^{-1}	—
石墨烯 /十八硫醇	电学器件测试法(液体栅场效应晶体管)	Hg^{2+}	10 ppm	—
还原氧化石墨烯 /DNA	电学器件测试法(化学电阻)	Hg^{2+}	0.5 ng・L^{-1}	0.004 4 nmol・L^{-1}
石墨烯 /DNA	电学器件测试法(液体栅场效应晶体管)	Hg^{2+}	10 pg・L^{-1}	—
石墨烯 /8 - 17 脱氧核酶	电学器件测试法(液体栅场效应晶体管)	Pb^{2+}	37.5 ng・L^{-1}	—

4.3 本章小结

本章讨论了石墨烯基离子传感器的基本概念，包括器件的分类、传感的基本原理等，重点介绍了石墨烯基 pH 传感器以及石墨烯基金属离子传感器这两个重要的传感器类型。pH 的测量可以说是所有离子(溶液形态)测量的基础，同时，体液的 pH 的实时测量也是实现人体生理指标监控的重要一环。目前，石墨烯基 pH 传感器已经取得了很大的发展，器件在灵敏度、选择性等方面均有良好的性能，例如灵敏度突破了能斯特极限。然而，大多数 pH 传感器工作环境的离子浓度还无法与人体体液相当，这也限制了这些传感器在人体体液检测中的应用。实现在接近人体体液环境的高离子浓度的液体环境中的 pH 探测依旧是以后的一个研究课题。

对金属离子，特别是重金属离子的检测对人体健康、食品安全以及环境保护领域都有着重要的意义。目前，常用的检测方法包括电化学分析法、荧光法以及电学器件测试法，每种方法都有自己的应用范围。一般来说，为了提高传感器对特定离子的选择性探测，往往会利用石墨烯易于修饰的特点，与具有特异性的物质进行复合。根据已报道文献的数据来看，这类方法均取得了不错的效果。

第5章

石墨烯基光电探测器

光传感器是指通过使用半导体等敏感材料将光转化为电的传感器，也可以称为光电探测器。由于石墨烯具有无间隔能量色散的光学特性，因此石墨烯的光电导效应具备宽广的工作频带，即入射光的光谱从中红外(Mid-Infrared，MIR)到紫外均能够使石墨烯激发出电子空穴对。但是石墨烯本身具有很高的透光率，意味着石墨烯对光的吸收效率并不高，这就制约了光生载流子产生率的提高。石墨烯基光传感器的研究近年来取得了一系列的成果，本章将概述光电探测的基本概念，石墨烯基光敏元件的发展现状、分类以及基本测量原理、特性参数等。

5.1 光电探测的基本概念

5.1.1 光谱

复色光经过色散系统(如棱镜、光栅)分光后，被色散开的单色光按波长(或频率)大小依次排列的图案，被称为光学频谱，简称光谱。光的本质是电磁波。图5-1是从紫外波段到微波的光谱，根据频率范围可以将光分成紫外波段($7.5\times10^{14}\sim3\times10^{16}$ Hz)、可见光波段($4\times10^{14}\sim7.5\times$

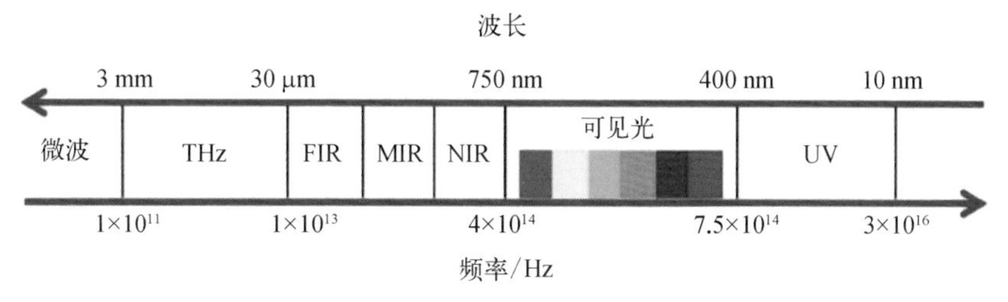

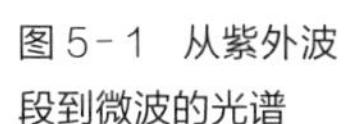
图5-1 从紫外波段到微波的光谱

10^{14} Hz)、红外波段($1\times10^{13}\sim4\times10^{14}$ Hz,又可细分为近红外、中红外和远红外)、太赫兹波段($1\times10^{11}\sim1\times10^{13}$ Hz)以及微波(小于 1×10^{11} Hz)。对这些不同频率的光进行检测在显示成像、光通信、安全检查等领域具有重要的实用价值。

5.1.2 光生电导效应

作为光电探测器中最为重要的原理,光生电导效应是指光照下半导体吸收入射光的能量,产生非平衡载流子,这些增加的非平衡载流子会导致半导体的电导率增大。光生电导效应的原理如图5-2所示。

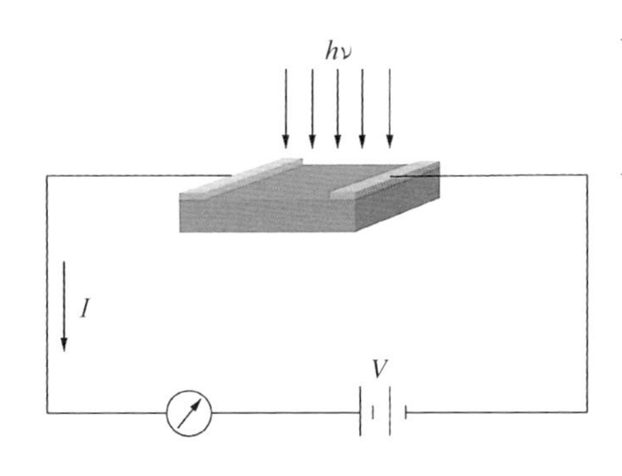

图5-2 光电导元件的原理图

光生电导效应的强弱与半导体本身的性质、光的波长和强度以及环境温度等因素有关。在同样的光照度下,半导体的吸收谱峰值与入射光的频率相同时,光生电导效应的效率达到最高。光生载流子的浓度 Δn 的表达式为 $\Delta n=\alpha\tau$,其中 α 为光电子的吸收率,τ 为电子的弛豫时间,从表达式可以看出弛豫时间 τ 越大,就可以获得越大的光生载流子浓度 Δn,器件的灵敏度也就越大。τ 值越大也会使得器件对光信号的响应速度变慢,而光电探测器对光信号的响应速度是一个非常重要的参量,尤其是在光通信中的高频信号,弛豫时间 τ 够小才可以跟上信号频率的变化。因此,在器件设计时,应当同时考虑灵敏度和响应时间两方面的平衡,并做出适当的选择。

此外,在电场的作用下,光生载流子(即电子空穴对)会在两个电极之间发生定向移动,形成光生电流。当器件电极的距离比较短时,光生载流子在其寿命的时间内可以从一个电极移动到另一个电极处,这种情况下,光生电导的效率得到提高,这样就可以产生较大的光生电流。

5.1.3 光电探测的意义

在信息时代的背景下，很多领域，例如成像技术、通信技术以及传感技术等，都需要拥有高性能的光电探测器，光电探测器的研发在信息时代非常重要。而不同波段的光电探测也有着自身的应用领域，例如紫外(UV)探测器通常用于大气臭氧层、空间通信以及紫外辐射监测等。红外(IR)探测器在日常生活中被广泛应用，生活中常见的红外遥控器就是红外探测器的一大应用，此外，红外探测器也被广泛应用于军事领域，例如美国的AIM"响尾蛇"短程空空导弹，是世界上第一种采用红外制导技术的空空导弹。由于包括人体在内的生物体(特别是温血动物)都能向外界辐射红外光，利用红外探测器可以在黑暗的情况下对人和动物的红外辐射进行探测，因此在生物体监测方面红外探测器具有很大的应用价值。接近微波频段的太赫兹(THz)探测在医学诊断、工业监测以及国土安全等领域都有着非常重要的应用。

5.2 石墨烯基光电探测器

目前，商用的高性能光电探测器大多基于硅、砷化镓等无机半导体材料。相较于这些材料，石墨烯具有无间隔的能量色散的特性，因此基于石墨烯的光电器件具有更宽的响应带宽。此外，这些硅基器件大多需要复杂的制造工艺，因此有着较高的制造成本。而石墨烯基光电器件可以通过比较经济的方法，例如打印、印刷等方法，制造出性能优于商用器件的石墨烯基光电探测器。另一个优势则是石墨烯基光电探测器更易于集成在柔性穿戴、可折叠系统中，这大大增加了光电探测器的便携性，扩大了光电探测器的使用范围。

一般来说，光电探测器根据原理的不同可以分成两大类。第一类是光子(或者光量子)探测器,其基本原理就是上述内容介绍的光生电导效应。光子探测器能够将大部分入射光直接转化为光电流,由于入射光光子被吸收,这种工作方式会使得探测器本身的电学特性发生改变(载流子浓度的改变)。第二类则是光热探测器,这类探测器将入射光的光能转化为自身的热能,通过使探测器的温度升高来改变电学性能(类似温度传感器中的热辐射仪),将光能的信息与探测器电学性能的变化量建立函数关系。石墨烯基材料作为这两类探测器的感应元件都有相关的报道,而这些报道大多都是以石墨烯场效应晶体管(GFET)为探测元件,场效应晶体管这种器件形式也是石墨烯基光电探测器的主要类型。以下内容将对这种器件类型进行介绍。

由于石墨烯拥有宽的吸收谱以及高载流子迁移率,石墨烯基光电探测器可以被用来探测包括太赫兹、红外、可见光以及紫外波段的光信号。已报道的光电探测器都具有优良的性能,例如基于石墨烯晶体管的光电探测器具有超快的响应速度,有着高达 16 GHz 的带宽(硅基光电探测器一般为几百兆赫),在理想情况下更是能达到 500 GHz。石墨烯还可以与其他光敏纳米材料进行复合,从而共同增强器件的性能,例如通过与 PbS 量子点复合的石墨烯晶体管能够在红外波段范围内拥有高达 10^7 A·W^{-1} 的响应度(也可以称为增益),远高于硅基红外探测器。高响应度是 PbS 量子点和石墨烯共同作用的结果,PbS 量子点有很高的光吸收率,而石墨烯则为产生的光电子提供了一个快速的通道传递到外部电路,而这种协同作用均比单独使用某一材料的光电探测器的响应度高几个数量级。宽吸收谱带宽、高载流子迁移率以及与其他光电纳米材料良好的复合能力使石墨烯基光电探测器在众多应用领域中有很大的应用潜力。

5.2.1 石墨烯基光电探测器的工作原理

光生电导效应是大部分光电探测器的基本原理。对石墨烯基光电探测器来说，入射光的吸收包含两种类型，一是吸收低能量光子（远红外、太赫兹波段的光子）载流子发生的带内跃迁，另一种则是吸收高能量光子（从中红外到紫外波段的光子）载流子发生的带间跃迁。所谓的带内跃迁是指载流子吸收光子能量后在导带或者是价带内部的量子态发生跃迁；而带间跃迁则是载流子吸收光子能量后在导带和价带之间发生跃迁。可见造成这两种不同的跃迁机制的原因是吸收的光子能量不同。带间跃迁机制可以用之前讨论的光生电导模型来理解，而在远红外和太赫兹波段，石墨烯的带内跃迁可以用 Drude 模型来解释。此外，在远红外和太赫兹波段里，研究者通过微加工技术在器件表面形成周期性的微结构可以产生表面等离子激元，能显著增强器件的光吸收效率，这是因为当电磁波入射到表面微结构中的导体与电介质分界面时，导体表面的自由电子会发生集体振荡，导致电磁波与金属表面自由电子耦合，进而形成一种沿着金属表面传播的近场电磁波。如果电子的振荡频率与入射光波的频率相同就会产生共振现象。在这种共振状态下，入射电磁场的能量可以被有效转变为金属表面自由电子的集体振动能，因此就能够显著提高器件对入射电磁波的吸收效率。如果入射光波段在中红外到可见光波段，则会使器件吸收光后载流子发生带间跃迁，从已报道的结果来看，对本征石墨烯来说，这些波段的光的吸收率近似等于一个与入射光频率无关的常量$[\pi e^2/(\hbar c)]\approx 2.29\%$。如果将石墨烯加工制造成晶体管，整个器件的光吸收率是可以调控的，通过栅极电压来控制石墨烯的费米能级，从而可以在光吸收的过程中引入泡利阻塞（泡利阻塞是指当能带中所有的过渡态都被占满时，能带就无法再接收新来的电子）来调控光电子的产生数量。在紫外波段，由于激子效应的存在，石墨烯会在光子能量为 4.62 eV 的位置存在一个吸收峰。

一个典型的光敏石墨烯晶体管是能够将吸收的光能转化为光生电流或者光生电压的器件。而根据器件设计、使用的敏感材料以及工作频段的不同，具体的光敏石墨烯晶体管的传感机理又会有一些不同。这部分将介绍几种主要的传感机理，分别是光生电压效应、光致热电效应、辐射热效应以及场效应掺杂机制。其他机理将会在具体介绍器件的章节中进行详细讨论。

1. 光生电压效应

光生电压效应是最早被用来解释石墨烯晶体管的光电响应的。已有研究报道表面石墨烯晶体管中的光电流是在石墨烯-金属接触部位以及石墨烯 pn 结的耗尽区产生的。因为这些区域是空间电荷区,会存在内建电场,石墨烯在光照下会产生电子空穴对,在内建电场的作用下,电子会向 n 型区域移动。相应地,空穴则会向 p 型区域移动。如果器件具有对称的源/漏电极结构,那么电子和空穴的漂移作用从宏观来看将会被抵消,而设计非对称的源/漏极结构的器件将会增强电子或者空穴的漂移作用,从而获得更大的光生电流。需要注意的是,光生电压效应并不是唯一能够在石墨烯-金属接触部位以及石墨烯 pn 结的耗尽区产生载流子的机制。入射光还会引起热载流子的产生,因此也需要考虑光致热电效应和辐射热效应。

2. 光致热电效应

光致热电效应是由于入射光造成热电材料表面出现温度差,而温度差的出现会使得热电材料在冷端和热端之间产生电势差。跟光生电压效应一样,光致热电效应也是很多石墨烯基光敏器件的重要感应机理。光致热电效应电压可以通过调制石墨烯 pn 结两端区域的塞贝克系数来产生,光致热电效应的电压表达式可以写成

$$V_{\mathrm{PTE}}=(S_1-S_2)\Delta T \tag{5-1}$$

式中,V_{PTE} 为光致热电效应电压;S_1 和 S_2 分别为石墨烯 pn 结两端的塞贝克系数;ΔT 则为光照区域的载流子与非光照区域环境中的载流子之间的温度差。

3. 辐射热效应

热辐射仪是一种电学性能随温度变化而变化的热量探测仪。当光辐射在光敏材料表面上产生温度差引起电阻变化时，热辐射仪就可以通过变化的电阻与光的变化建立联系。辐射热效应在石墨烯中很容易产生，这是由于石墨烯载流子与声子之间有着很弱的耦合作用，当石墨烯吸收光能后，载流子可以很容易被加热成为热载流子，而载流子温度的升高会使得电荷之间的输运效率提高从而引起器件的电阻发生变化。

4. 场效应掺杂机制

对于一个晶体管来说，沟道电流的大小主要是通过栅极电压的大小来调控的。除此之外，沟道表面的一些由于掺杂或者表面调制引起的局部载流子密度区域的变化也可以对沟道电流产生一定的影响，这种效应被称为场效应掺杂机制。类似地，在光辐照下，石墨烯沟道里本身的一些表面态也会对一些光生载流子产生影响，或多或少会影响最后的光电流大小，只是程度不及设计好的掺杂中心和表面调制机构明显。而场效应掺杂机制会影响石墨烯晶体管的栅极电压的实际大小，在数据图像上，会使得晶体管的转移特性曲线在水平方向上发生移动。这一现象常见于石墨烯与其他光敏纳米材料复合的场效应晶体管中，例如之前提过的石墨烯/PbS 量子点复合石墨烯基红外探测器。

5.2.2 石墨烯基光电探测器的性能参数

为了评价一个光电探测器的性能，就需要用一些性能参数来描述器件的工作效能。对一个光电探测器来说，往往会用一些重要的参数，例如响应度、量子效率、信噪比、带宽、噪声等效功率以及探测灵敏度等来描述一个光电器件性能的情况。跟一般的光电探测器一样，本书将继续使用这些参数来描述石墨烯基光电探测器的性能。

1. 响应度（Responsivity， R）

响应度是评价光电探测器的重要指标，是描述器件光电转换能力的物理量，响应度越大说明器件的光电转换能力越强。响应度的大小与器件材料、光波长有关。在一定波长的光照射下，响应度的定义如下。

$$R=\frac{I_{ph}}{P_0} \text{ 或 } R=\frac{V_{ph}}{P_0} \tag{5-2}$$

式中，I_{ph} 为光电流的大小；V_{ph} 为光电压的大小；P_0 为入射光的功率大小。从式(5-2)可以看出，响应度表示在一定波长的入射光照射下，单位光功率产生的光电流或者光电压的大小。响应度是入射光频率的函数，在实际使用过程中，当光电探测器工作在快速调制变频辐射的光照下时，响应度 R 一般就要写成 $R(f)$。

2. 外量子效率（External Quantum Efficiency， EQE）

外量子效率一般用符号 η_e 表示。当光子入射到光敏器材的表面时，一部分光子会激发光敏材料产生电子空穴对，形成电流，把收集到的载流子（经过内部电子空穴复合等过程）与所有入射光的光子数之比称为外量子效率，外量子效率是基于光生电压效应的光电探测器的主要性能指标之一。基于光生电压效应的光敏石墨烯晶体管，被入射光辐照后，并不是所有的入射光光子都能在石墨烯沟道中产生光生电子空穴对，而这些产生的电子空穴对在沟道内移动时也会被复合，最后收集到的载流子数与入射光的光子数之比（也就是外量子效率）的表达式为

$$\eta_e=\frac{N_{\text{收集的载流子数}}}{N_{\text{入射的光子数}}} \tag{5-3}$$

或者

$$\eta_e=\frac{I_{ph}/e}{P_0/h\upsilon} \tag{5-4}$$

式中，e 为电子电荷；h 为普朗克常数；υ 为入射光的频率；I_{ph} 为光生电流

的大小；P_0 为入射光的功率大小。对光电探测器来说，外量子效率越高说明光电转化效率越高，提高外量子效率也是光电探测器的主要研究方向。一般来说，外量子效率的提高可以通过增强光敏材料的光吸收率以及减小光生载流子在沟道内的复合率两个方面进行。

另外，从式(5-2)和式(5-4)之间的关系可以看出，响应度的大小与外量子效率相关，两式联立后，可以得到

$$R = \eta_e \frac{h\upsilon}{e} = \eta_e \frac{hc}{e\lambda} \tag{5-5}$$

式中，c 为光速；λ 为入射光的波长。从式(5-5)可以看出，入射光的频率确定后，要想提高光电探测器的响应度，就需要将外量子效率提高，一般来说外量子效率 η_e 小于 1。

3. 内量子效率（Internal Quantum Efficiency， IQE）

内量子效率一般用符号 η_i 表示。当一定频率的光子入射到光敏材料的表面时，被吸收的那部分光子会激发光敏材料产生电子空穴对，形成电流，产生的总光生电子(没有电子空穴复合过程引起的电子损失)与被吸收的光子之比，就是内量子效率。由于沟道内的电子空穴复合过程始终存在，内量子效率的数值大于外量子效率。

4. 带宽（Bandwidth）

如果一个光电探测器能够对在 $f_1 \sim f_2$ 的频段范围内所有的入射光产生连续的响应，而且在这个频段范围之外没有响应，我们就把 $\Delta f = f_1 - f_2$ 称为光电探测器的带宽。考虑到光电探测器的响应度与入射光的频率相关，因此带宽的表达式又可以写成

$$\Delta f = \int_0^{\infty} \left(\frac{R(f)}{R_{max}}\right)^2 \mathrm{d}f \tag{5-6}$$

式中，R_{max} 为响应度 $R(f)$ 的最大值。

5. 信噪比（Signal to Noise Ratio， SNR）

能量较小的光辐射在探测器表面时，往往会受到无规则噪声的干扰，这些噪声会影响探测器的输出信号，给输出信号带来扰动。信噪比用来衡量探测器对噪声的抗干扰能力，信噪比越大说明探测器对噪声的抗干扰能力越强，测得的信号就越不“失真”，信噪比的定义为

$$SNR=\frac{P_{信号}}{P_{噪声}} \tag{5-7}$$

式中，$P_{信号}$ 及 $P_{噪声}$ 分别为信号和噪声的功率大小。只有当信号的功率大于噪声功率，也就是 $SNR>1$ 时，信号才不会被噪声湮没，探测器测得的数据才是有效的，而且信噪比越大，器件的数据就越精确。

6. 噪声等效功率（Noise Equivalent Power， NEP）

噪声等效功率对于光电探测器是一个重要的参数。其定义为在带宽小于 1 Hz、信噪比等于 1 时，光电探测器所需要的入射光的辐射功率。换句话说，辐射到光电探测器上的入射光的功率产生的输出电压正好等于光电探测器自身产生的噪声电压，对应的这个辐射功率就叫作噪声等效功率。噪声等效功率的表达式为

$$NEP=\frac{P_{SNR=1}}{\sqrt{\Delta f}} \tag{5-8}$$

式中，$P_{SNR=1}$ 为信噪比等于 1 时入射光的功率；Δf 为带宽；NEP 的单位为 $W\cdot Hz^{-1/2}$。很明显，降低噪声等效功率可以使光电探测器检测到更小的能量，拓展器件的探测下限。

7. 探测灵敏度（Detectivity）

探测灵敏度被定义为噪声等效功率的倒数。该物理量用来描述光电探测器在噪声情况下器件的灵敏度。为了更好地比较不同光电探测器的探测灵敏度大小，往往需要将探测灵敏度根据探测器感应面积进行归一

化，归一化后的探测灵敏度的表达式为

$$D^* = \frac{\sqrt{A}}{NEP} \tag{5-9}$$

式中，A 为光敏区域的面积；NEP 为噪声等效功率；D^* 的单位为 Jones，1 Jones = 1 $W^{-1} \cdot Hz^{1/2}$。对于光电探测器来说，D^* 越大，说明器件的探测灵敏度越好。

5.2.3　石墨烯基光电探测器的分类

由于大多数光电探测器都是基于晶体管型的，这里我们将从探测器检测光的频段进行分类，分别是太赫兹、红外、可见光以及紫外波段。此外，石墨烯本身的品质也对器件的性能有着很大的影响，利用不同制备方法的石墨烯所制造的探测器也会被分开讨论。表 5 - 1 总结了近年来石墨烯基光电探测器的一些性能参数。

表 5-1　石墨烯基光电探测器的性能参数

探测频段	敏感材料	光谱窗口	响应度
太赫兹	机械剥离石墨烯	0.3 THz	150 mV · W^{-1}
红外	机械剥离石墨烯(单层)	1.36～10 THz	5～10 mV · W^{-1}
	机械剥离石墨烯(单层或少数层)	1.55 μm	约 0.5 mA · W^{-1}
	机械剥离石墨烯(双层)	300 nm～6 μm	约 6.1 mA · W^{-1}
	机械剥离石墨烯(双层)	0.658 μm /1.03 μm /2 μm /10.6 μm	约 2×10^5 V · W^{-1}
	机械剥离石墨烯(少数层)	2.75 μm	0.13 A · W^{-1}
	机械剥离石墨烯(双层)	1.45～1.59 μm	0.1 A · W^{-1}
	机械剥离石墨烯(单层或双层)	1.3～17 μm	0.05 A · W^{-1}
	CVD 生长石墨烯	700～980 nm	6.11 μA · W^{-1}
	CVD 生长石墨烯	10.6 μm	约 8 μA · W^{-1}
	机械剥离石墨烯(单层或双层)	850 nm	21 mA · W^{-1}
	机械剥离石墨烯(单层)	532 nm～10 μm	8.61 A · W^{-1}(532 nm) 0.2 A · W^{-1}(近红外) 0.4 A · W^{-1}(中红外)

续 表

探测频段	敏感材料	光谱窗口	响应度
红外	机械剥离石墨烯/PbS量子点	500～1 600 nm	约 10^7 A·W^{-1}
	CVD生长石墨烯/PbS量子点	895 nm	10^7 A·W^{-1}
	还原氧化石墨烯和石墨烯纳米带	1 550 nm	4 mA·W^{-1}(还原氧化石墨烯) 1 A·W^{-1}(石墨烯纳米带)
	还原氧化石墨烯	895 nm	约 0.7 A·W^{-1}
	氧化石墨烯/银复合物	近红外	13.7 mA·W^{-1}
	氧化石墨烯	455 nm 655 nm 980 nm	95.8 mA·W^{-1} 20.8 mA·W^{-1} 17.5 mA·W^{-1}
	CVD生长石墨烯	400～900 nm	435 mA·W^{-1}
可见光	机械剥离石墨烯(单层)	632.8 nm	1 mA·W^{-1}
	机械剥离石墨烯(单层)	532 nm	约 10 mA·W^{-1}
	机械剥离石墨烯(双层)	480～750 nm	约 1.5 mA·W^{-1}
	机械剥离石墨烯(单层)	690 nm	0.25 mA·W^{-1}
	机械剥离石墨烯(三层)	476.5 nm	约 10 mA·W^{-1}
	机械剥离石墨烯/$FeCl_3$	532 nm	约 0.1 V·W^{-1}
	氧化外延生长多层石墨烯	470 nm 350 nm	2.5 A·W^{-1} 200 A·W^{-1}
	氧化外延生长多层石墨烯/金属纳米结构	457～785 nm	约 10 mA·W^{-1}
	CVD生长单层石墨烯/金纳米颗粒	458～633 nm	6.1 mA·W^{-1}
	CVD生长单层石墨烯/PbS量子点	400～750 nm	约 2.8×10^3 A·W^{-1}
	机械剥离石墨烯(单层)/叶绿素	683 nm	1.1×10^6 A·W^{-1}
	机械剥离石墨烯(单层)/机械剥离 MoS_2	635 nm	5×10^8 A·W^{-1}
	还原氧化石墨烯/CdSe复合物	532 nm	约 4 mA·W^{-1}
紫外	机械剥离石墨烯(单层)/ZnO量子点	325 nm	10^4 A·W^{-1}
	CVD生长石墨烯/ZnO量子点	365 nm	约 1.3 A·W^{-1}
	还原氧化石墨烯	370 nm	约 0.86 A·W^{-1}
	还原氧化石墨烯	360 nm	约 0.12 A·W^{-1}
	还原氧化石墨烯/ZnO纳米棒	370 nm	22.7 A·W^{-1}

5.3 石墨烯基光电传感器的工作原理以及传感特性

根据探测光的频段不同，探测器的设计以及选用标准也不同。下面将从探测器检测光的频段分别对太赫兹(THz)探测器、红外(IR)探测器、可见光探测器以及紫外(UV)探测器的工作原理以及光传感特性进行介绍。

5.3.1 石墨烯基太赫兹探测器

1. 太赫兹探测的基本概念

(1) 太赫兹波的定义

太赫兹波是指电磁波频率为 100 GHz～10 THz，对应波长为 30 μm～3 mm 的电磁波，太赫兹波的频率范围在图 5-1 中位于微波和红外光波之间。

(2) 太赫兹技术的意义

近年来，太赫兹技术发展迅速，在信息、雷达、医学成像、生物化学物品鉴定、材料学以及安全检查等领域都有很重要的应用。太赫兹成像技术和太赫兹波谱技术是太赫兹应用的两个主要关键技术。太赫兹波的能量很小，不会对物质产生破坏作用，在造影技术上，相较于 X 射线，太赫兹波更具优势。

与可见光不同，太赫兹波可以穿透很多物体从而获得更丰富的物体结构信息。当太赫兹射线照射被测物时，研究者可以通过被辐照物品的透射波或者反射波来获得样品的信息，进而成像。这种探测技术对被测物体不会产生破坏和不良影响，因此太赫兹波可以被用于人体健康、布料以及塑料等软质物品的检测。在过去十几年的发展中，太赫兹技术具有三个里程碑意义的技术突破，分别是太赫兹时域频谱技术、太赫兹成像技术和利用非线性效应产生高功率太赫兹射线。然而，太赫兹技术虽然有了长足的发展，并且已经出现了商用太赫兹探测器，但是依旧存在一些问题。目前商用的太赫兹探测器在实际使用过程中存在工作温度过低、带宽调制范围窄以及工作频率低等缺点。另外，太赫兹探测器工作机理特殊，器件结构需要特殊设计，同时在系统兼容性方面也存在着一定的问题。

(3) 太赫兹探测器的工作原理

理论上，第一次验证可以使用半导体场效应晶体管作为太赫兹探测器是在 1993 年，由科学家 M. Dyakono 和 M. Shur 共同完成。使用场效应晶体管技术有很多优点，它可以使器件设计更加紧凑，拥有更高的集成度以及更短的响应时间。在理想情况下，在具有高迁移率的短沟道内，电子在通过沟道的渡越时间内不会受到任何碰撞和散射，这种传输机制在物理上被称为弹道输运。然而，在实际情况中，沟道中的高电子浓度会使得电子在渡越时间内相互碰撞和散射。因此，在电子相互碰撞的情况下，单个电子的行为就不能再用弹道输运机制来描述。研究者将沟道内的电子作为整体等效成为二维电子气来描述沟道内整体电子的类流体行为，且沟道内电子定向移动会产生等离子体波。需要注意的是，产生的等离子体波的速度很快，为 $10^8\ \mathrm{cm \cdot s^{-1}}$ 的量级，这个速度要比电子在沟道内的漂移速度大得多。在沟道内行进的等离子体波遵循线性色散关系：$\omega = v \cdot k$，ω 是等离子体波的角频率；v 是等离子体波的波速，波速 $v=\sqrt{\frac{eU}{m^*}}$，其中，e 是电子电荷，m^* 是电子的有效质量，U 是栅极-源极之间的电压摆幅；k 是等离子体波的波矢。整个晶体管谐振的上限频率 $f=\frac{\omega}{2\pi}$ 取决于等离子体波的波速以及场效应晶体管沟道的长度 L，这三个物理量之间的关系是 $f \sim \frac{v}{L}$。根据这个关系可以估算出上限谐振频率，假设沟道长度是 $1\ \mu\mathrm{m}$，等离子体波的波速为 $10^8\ \mathrm{cm \cdot s^{-1}}$，那么频率 f 就可以达到

10^{12} Hz，也就是 1 THz 量级，沟道越短上限频率就会越大；沟道内电子的迁移率越高，等离子体波的波速就越大，相应地，上限频率也就会越大。所以，借助短沟道内激发出的等离子体波，场效应晶体管可以在远高于自身截止频率的太赫兹波段里工作。在器件结构设计上，为了将场效应晶体管设计成太赫兹探测器，就需要将天线结构集成到器件上，用来耦合电磁波与等离子体波。通常的设计是场效应晶体管的源极与天线连接，而漏极端则保持一个开路。当太赫兹电磁波辐照到器件表面上时，源极附近的沟道就会产生一个交变电压，这个交变电压激发等离子体波产生。因此，我们可以将整个场效应晶体的沟道认为是等离子体波的谐振器。与之相应地，随着等离子体波的产生和行进，源漏极之间的直流电流和直流电压也随之产生，电流和电压的大小与入射电磁波的功率成正比。根据太赫兹电磁波与等离子体波的耦合方式，场效应晶体管型太赫兹探测器可以分成谐振式探测器以及非谐振式探测器（或称为宽带探测器）。

（4）晶体管型太赫兹探测器的发展概况

考虑到作为沟道的半导体材料需要有很高的电子迁移率，目前商用的晶体管型太赫兹和亚太赫兹探测器一般会采用 III－V 族半导体作为制造沟道的材料，例如 GaAs、GaAs/AlGaAs、InGaP/InGaAs/GaAs 以及 InGaAs/AlInAs 等 III－V 族半导体。2002 年，W. Knap 等使用 GaAs/AlGaAs 制造了一个亚微米长的沟道，将二维电子等离子体束缚在沟道内，从而探测出亚太赫兹波段的电磁波辐照。该 GaAs/AlGaAs 场效应晶体管在 8 K 的温度下，对 0.6 THz 的电磁波有强烈的谐振响应。在场效应晶体管型太赫兹探测器研究的初始阶段，为了减小热噪声的影响，绝大部分探测器都需要在低温环境中工作，因此实际应用中的器件使用是非常不方便的。室温下工作的场效应晶体管型太赫兹探测器更加具有应用价值。2004 年，T. Otsuji 等使用 InGaP/InGaAs/GaAs 赝晶体制造出一个短沟道场效应晶体管，该晶体管具有很高的电子迁移率，且能够在室温下产生太赫兹波段的谐振响应。为进一步减小沟道长度，研究者采用纳米技术制造出基于半导体纳米线的场效应晶体管，例如有研究者报道采用 InAs 以及 InAs/InSb 等半导体纳米线制造出能在室温下工作的太赫兹探测器。2012 年，M. S. Vitiello 等制造出的 InAs 纳米线场效应晶体管在室温下能够在 0.3 THz 的频率下工作，并且展示了很高的性能，器件的响应度和噪声等效功率（*NEP*）分别为 1.5 $V \cdot W^{-1}$ 和 2.5×10^{-9} $W \cdot Hz^{-1/2}$。这些参数已经与商用太赫兹探测器不相上下了。

III－V 族半导体材料在制造太赫兹场效应晶体管方面展示了很多优秀的性质。然而，III－V 族半导体材料的加工工艺与目前主流的硅基半导体工业并不兼容，这使得 III－V 族半导体太赫兹探测器的成本变高。出于降低制造成本的考虑，使用硅作为探测器的材料被提上了日程。2004 年，W. Knap 等在室温条件下对使用 Si MOSFET（硅金属-氧化物-半导体场效应晶体管）检测太赫兹波进行了试验，并取得了成功，这一成果引起了半导体工业界极大的兴趣。到了 2006 年，W. Knap 等报道了一种基于 Si MOSFET 管的非谐振式太赫兹探测器，该探测器可以在 0.7 THz的频率下工作，并且拥有高达 200 $V \cdot W^{-1}$ 的响应度以及 10^{-10} $W \cdot Hz^{-1/2}$ 的噪声等效功率，性能已经可以与商用室温太赫兹探测器比拟。从这些 Si 基太赫兹探测器的报道中可以看出，Si MOSFET 可以在室温下工作，拥有快速的响应时间，易于加工，可以在圆片上批量生产，易于片上集成并且易与后继读出电路兼容，同时还具有高可靠性。在性能上，目前报道的 Si MOSFET 太赫兹探测器的性能已经与商用的肖特基势垒二极管型太赫兹探测器处于同一水平。

（5）石墨烯晶体管型太赫兹探测器

目前商用的太赫兹探测器以及上述介绍的场效应晶体管型太赫兹探测器都不能覆盖整个太赫兹波段，这意味着依靠传统半导体技术目前是没办法在太赫兹全波段实现信号的产生以及探测。相较于传统半导体材料，石墨烯具有超高的电子迁移率（约为硅的电子迁移率的 10 倍）以及零带隙的能带结构，使得石墨烯成为实现全太赫兹频段测量探测器以及调制器的理想材料。石墨烯中的电子空穴对也遵循线性色散关系，同时零带隙的能带结构使得石墨烯具有一些独特的电学性能。石墨烯的载流子是一种无质量且符合相对论的费米子，这些载流子不会受到后向散射（在散射理论中，粒子和粒子发生碰撞后，沿着入射方向反射回去，叫作后向散射），因此有着超高的传输速度。此外，在外界电场激发的情况下，石墨烯在太赫兹波段会呈现负动态电导率现象，即在足够强的光辐照下，石墨烯中的粒子数反转能够使得动态电导率的实部在太赫兹频段内出现负值。石墨烯具有的优秀性能使得石墨烯晶体管在性能上也远优于Si MOSFET。2012年，IBM研制出一种基于自对准工艺和转移栅极技术的石墨烯晶体管，截止频率可达427 GHz（约0.43 THz）。与之对应地，Si MOSFET的截止频率仅约为50 GHz，远小于石墨烯场效应晶体管。相应地，石墨烯晶体管可以在更高的工作频率甚至接近太赫兹频率下工作。除了自身的高工作频率外，结构缺陷少、晶格完整、高质量的石墨烯能够以较低的损耗传导等离子体波，从而使得基于等离子体波的探测器能工作在更高的频率下，甚至能超越现有的太赫兹探测技术。

将石墨烯制造成晶体管有很多便利性。对石墨烯场效应晶体管而言，石墨烯的能带以及电磁结构可以通过栅极电压来调节，栅极电压的大小会改变载流子的分布，从而提高或者降低费米能级。此外，在石墨烯沟道中，光生电子空穴对有着很快的能量弛豫时间，而且电子和空穴在沟道中的复合率也比较低，当石墨烯沟道被足够强的电磁波泵浦源辐照时，这些特性会导致石墨烯在很大的能量范围内发生粒子数反转，从而使得石墨烯动态电导率的实部在太赫兹波段内出现负值。这一特点会使得石墨烯在受到太赫兹波辐照后功率放大，进而可以研制出太赫兹受激辐射源。石墨烯在太赫兹探测领域中具有的这些特性使得基于石墨烯晶体管的高性能探测器成为可能。

2. 石墨烯太赫兹探测器的理论模型

2006年，V. Ryzhii 等通过计算模拟的方式研究了异质结构石墨烯晶体管中太赫兹等离子体波模型。整个器件的结构如图5-3所示，从图中可以看出，石墨烯场效应晶体管是一个典型的底栅结构，包括石墨烯沟

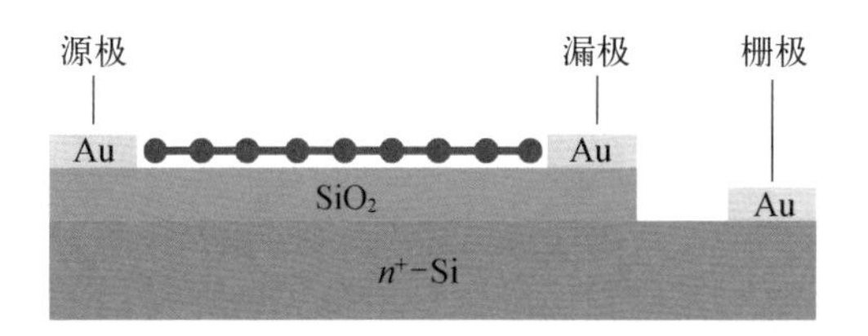

图 5-3 石墨烯太赫兹晶体管结构

道、对称的源漏极、SiO_2栅氧层，n^+ - Si（高浓度 n 型掺杂的硅）作为底栅极，同时也是衬底。

在这个模型中，沟道中载流子之间的散射被忽略，同时整个载流子系统形成的二维电子气的行为被等效成为太赫兹波段的等离子体波。这种等离子体波也满足线性散射关系，即等离子体波的角频率 $\omega = v \cdot k$，其中等离子体波的波速满足关系式 $v \propto v_F \cdot W_G^{\frac{1}{4}} \cdot V_g^{\frac{1}{4}}$，从中可以看出，等离子体波的波速与三个因素相关：电子的费米速度 v_F，即不加电场时，电子在半导体随机移动的速度，栅氧层的厚度 W_G，以及栅极电压 V_g。相比于一般的异质结晶体管，石墨烯沟道中产生的等离子体波更容易到达太赫兹波段，这是由于石墨烯沟道内的等离子体波的波速（$v \gg 10^8 cm \cdot s^{-1}$）远高于异质结中二维电子气产生的等离子体波的速度。除此之外，这个模型更加重要的意义在于，石墨烯沟道中产生的等离子体波的频率可以通过栅极电压来调控。图 5-4 展示了栅极电压可以对等离子体波的频率在比较大的幅度内调制，这对电压调制太

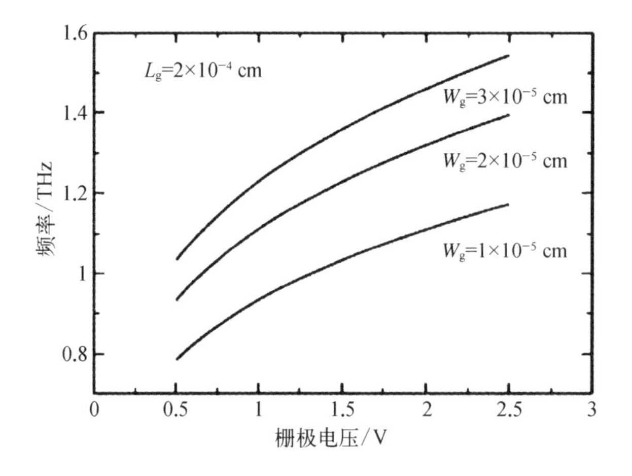

图 5-4 栅极电压改变等离子体波频率的数据图

赫兹器件的实现具有重大意义。从图中可以看出，当栅极电压从0.5 V变化到2.5 V时，等离子体波的频率也相应增加，说明通过栅极控制，可以实现等离子体波的频率在较大范围内的调控。等离子体波的波速除了受到栅极电压大小的影响外，也会受到温度的影响，因此在器件设计时必须要考虑温度的影响。这一模型的提出，对于后续石墨烯太赫兹探测器的设计有着重大意义，后续部分将介绍基于这种模型的器件的性能。

石墨烯的电学性能会受到结构变化的影响，而石墨烯结构的调制是改变其电学性能的一个重要手段。例如，石墨烯纳米带的能带带宽以及价带和导带内的子能带的结构可以通过控制纳米带的宽度来调控，通过减小纳米带的宽度，将石墨烯沟道内的电子和空穴束缚在一个方向上会导致导带与价带之间出现带隙(石墨烯是零带隙半导体)，从而改变石墨烯的电学性能，也会更有利于太赫兹波的检测。有关将石墨烯纳米带作为光电探测器的报道最早是由 V. Ryzhii 等在 2008 年完成的。器件的结构采用了背栅结构，入射电磁波从器件的底部进入器件。假定在最理想的情况下，石墨烯层两边的衬底和栅氧层都不吸收入射电磁波，那么这种石墨烯纳米带太赫兹探测器在理论上可以达到 50～250 $A \cdot W^{-1}$ 的响应度(室温)，其性能超过了一些以窄带隙的半导体，如以 PbSnTe 以及 CdHgTe 为感应材料的太赫兹探测器。

同样是石墨烯结构的调整，与调整石墨烯纳米带宽度相似，在双层石墨烯中，带隙的宽度可以通过沟道横向电场大小来调节。基于双层石墨烯的太赫兹探测器模型是由 V. Ryzhii 和 M. Ryzhii 在 2009 年报道的，其器件结构采用了双栅极结构，如图 5－5 所示。

背栅与源极之间的正向偏压在沟道内产生导电通道，而顶栅的负向偏压会给光生空穴产生一个势垒，从而控制光生载流子的大小。这种双栅极结构可以通过不同的栅压在沟道的不同区域形成势垒或者势阱，从而调控双层石墨烯的能带结构，从而实现对探测器性能的调控。例如，器件的光谱特性、暗电流大小、响应度以及光电增益，都可以通过改变栅极电压大小

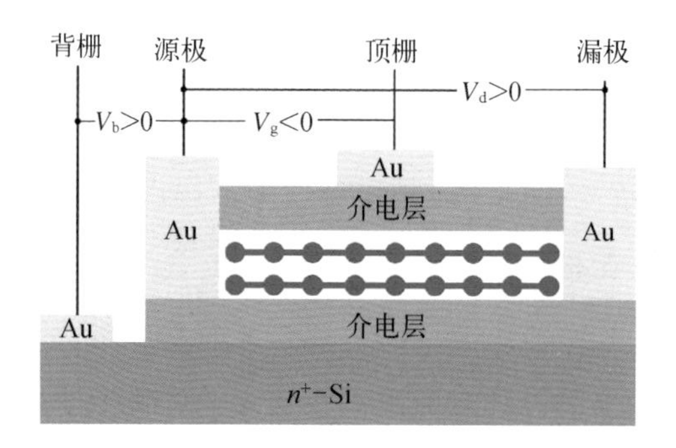

图 5-5 双栅极结构双层石墨烯场效应晶体管的结构示意图

来调控。通过优化参数、采用合适的栅极电压，双层石墨烯太赫兹探测器在室温下可以达到 200 $A \cdot W^{-1}$ 的响应度、360 倍的光电增益、10^9 $Hz \cdot W^{-1}$ 的探测度，以及很高的量子效率，这些性能使得双层石墨烯探测器的性能优于基于其他半导体 HgCdTe 和 InSb 的探测器。

多层石墨烯用于太赫兹探测器的理论模型也是由 V. Ryzhii 等建立的，器件结构是一个反偏的 p-i-n 结。如图 5-6 所示，器件结构由两个分立的栅极，以及两个栅极中间的多层石墨烯构成。通过在两个栅极上施加不同的偏压就可以形成 p 型区域和 n 型区域。太赫兹波辐射到中间的“未掺杂”区域的多层石墨烯，从而引起电子空穴对的带间跃迁。在所施加栅极偏压电场的作用下，沟道中的这些光生电子空穴对分别向 n 型和 p 型区域偏移，入射电磁波的强度与光生电流的大小呈正相关关系。由于具有很高的量子效率，这种器件模型在室温下有着很高的响应度和探测度。科学家预测，基于这个模型研制出来的器件将会比其他窄带隙半导体探测器具有更优秀的探测性能。

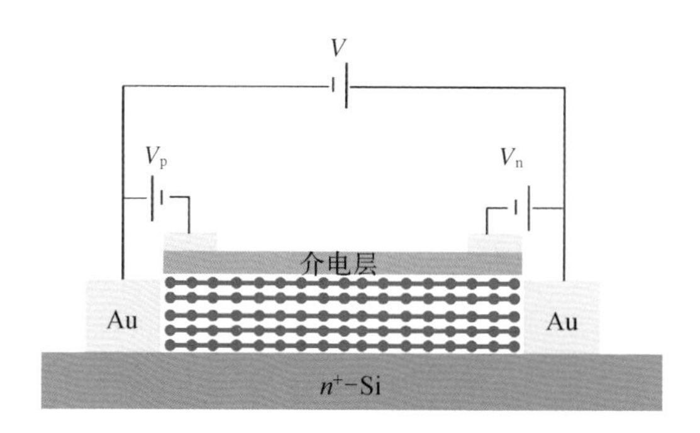

图 5-6 多层石墨烯 p-i-n 太赫兹探测器的示意图

需要注意的是，通过上述理论模型介绍，尽管有些模型预测了探测器能够直接利用吸收太赫兹波的能量来产生载流子效应为原理(例如 p-i-n 多层石墨烯结构)进行太赫兹波段的探测，但实际上基于这种原理的探测器是很难实现的，因为在器件制造上仍存在瓶颈。此外，太赫兹波段电磁波“光子”的能量太低，10 THz 下只有 41 meV，吸收这么小能量的“光子”不足以使沟道内的电子在能带中产生带间跃迁。

为了增强太赫兹在石墨烯沟道中产生载流子的效率，采用表面等离子激元能够有效地将被激发的载流子束缚在纳米尺度的空间里，从而能够增强对电磁波的吸收效率，进而提高光电探测器的性能。等离子激元器件为了在谐振模式下能够有足够大的调制裕度，在沟道中时需要载流子具有比较低的散射。由于优异的电学性能，特别是高电子迁移率的性质，石墨烯很适合作为室温表面等离子激元器件。2012 年和 2013 年，A. Abbas 和 M. Karabiyik 分别提出了石墨烯基等离子激元器件的理论模型。这种模型通过采用周期性金属栅极微结构来增强器件表面的等离子激元，从而增强器件对太赫兹波的吸收。该模型是将单层石墨烯覆盖在红宝石衬底上，使用 SiO_2 作为顶部栅氧层，在栅氧层上再构建出周期性的钛金属栅极结构。通过有限微分时域(Finite - Difference - Time Domain, FDTD)的计算模型来分析在太赫兹波段下器件的等离子激元吸收特性。根据模拟计算的结果，当频率范围为 1～8 THz 时，器件在室温下能在频谱的第六阶谐波中观察到明显的谐振吸收峰。器件除了具有很大的测量量程外，频谱中谐振峰的中心频率位置的改变可以通过调节栅极电压的大小来实现(本质原因是栅极电压大小变化会改变沟道内载流子的浓度)。通过上述模型的介绍，使用表面等离子激元增强的方法能够提高石墨烯基太赫兹探测器的性能，为实际制造出具有高灵敏度的石墨烯基探测器提供了理论指导。

3. 石墨烯基太赫兹探测器的性能

目前，尽管有大量关于石墨烯场效应晶体管型太赫兹探测器的理论研究，这些理论研究对石墨烯基太赫兹探测器的制造起到了重要的指导作用，但是由于制造工艺的难度等一系列问题的限制，只有少量相关实验被报道。而这些已被报道的实验研究中，绝大多数都是使用机械剥离法来制备高品质的石墨烯材料。这是因为只有这种高品质的石墨烯才能提供太赫兹探测器所需要的高载流子迁移率，才可以在太赫兹波段的范围内产生等离子体波。

第一次关于将石墨烯场效应晶体管用于室温太赫兹探测的报道是在2012年。L. Vicarelli等以机械剥离的单层/双层石墨烯为感应层，制造出了具有天线耦合结构的石墨烯基太赫兹探测器，其结构如图5-7所示。图中，石墨烯敏感层覆盖于Si/SiO_2衬底上，沟道长度为7～10 μm，宽度为200～300 nm，采用顶栅结构。使用电子束光刻技术制造出外半径为322 μm的天线结构，该天线具有对数周期的环形锯齿状结构，天线与晶体管的源极相连能够耦合太赫兹波，可以对0.4 THz、0.7 THz、1 THz和1.4 THz的电磁波产生谐振响应。而晶体管的漏极通过一根金属线与一个运算放大器相连，由于运算放大器有着很大的输入阻抗，这个结构可以被认为是开路。这个结构与之前讨论过的V. Ryzhii的理论模型之一相似。通过接收电磁辐射，源漏极之间会产生一个直流信号，而且这个直流信号的大小与接收电磁波的功率大小成正比。而探测器源漏极对接收电磁辐射的非对称结构是这个直流信号产生的关键。器件响应度的大小

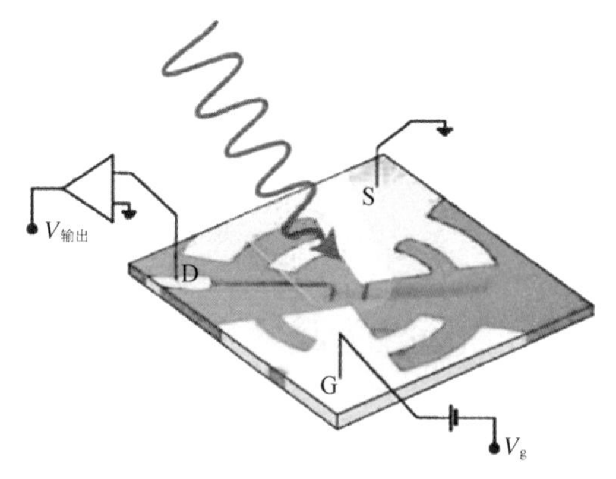

注：天线的谐振频率为0.4 THz、0.7 THz、1 THz和1.4 THz。

图5-7 天线耦合石墨烯基太赫兹探测器的示意图

受到栅极电压大小和耦合天线形状的影响。L. Vicarelli 等报道的这种石墨烯基太赫兹探测器在 0.3 THz 下的响应度为 70～150 mV·W^{-1}(室温)。然而,该响应度远低于同类型的其他半导体太赫兹探测器的数值(例如,Si MOSFET 探测器的响应度可达 200 V·W^{-1})。另外,该探测器的噪声等效功率(单层:30 nW·$Hz^{-1/2}$;双层:200 nW·$Hz^{-1/2}$)也比同类型其他半导体探测器的要大(InAs 纳米线:1 nW·$Hz^{-1/2}$;Si:0.1 nW·$Hz^{-1/2}$)。造成石墨烯基探测器性能不如其他半导体太赫兹探测器的原因可能是石墨烯晶体管的开关电流比比这些半导体晶体管的要低。在研究了电磁波感应性能之后,研究者还做了一些概念性石墨烯基太赫兹探测器阵列成像的应用,探测器阵列可以将放置于一个密封硬纸箱子中的物体很清晰地成像出来,证明了石墨烯基太赫兹探测器是具有实用价值的。

M. Mittendorff 等报道了一种具有超快响应速度的室温下工作的石墨烯基太赫兹探测器。这种探测器的天线结构与 L. Vicarelli 所报道的探测器类似,制造工艺也与 L. Vicarelli 的探测器类似。一块 10 μm×10 μm 采用机械剥离法制造的单层石墨烯作为感应层覆盖在 Si/SiO_2 衬底上,使用电子束光刻工艺在源极和漏极上沉积出对数周期结构的天线,石墨烯沟道的源电极使用 60 nm 厚的钯层,而漏电极则是 20 nm 的钛与40 nm 的金的双层结构。源极和漏极不同的金属材料存在功函数的差值,这会打破器件电场的对称结构,从而提高器件的光电效率。使用自由电子激光器作为辐射源,提供波长范围为 5～250 μm(红外波段到太赫兹波段)的入射光脉冲。在实验过程中,探测器展示了超快的响应时间:50～100 ps①。然而,这种探测器在 2～10 THz 的探测范围内的响应度只有 510 nA·W^{-1},该数值低于很多晶体管型的太赫兹探测器。因此,由于响应度不高,这种具有超快响应速度的石墨烯基探测器只适合在入射辐射强度很大的情况下使用。

上述讨论的石墨烯基太赫兹探测器使用了天线结构,是由于石墨烯本身对太赫兹波段的光吸收非常弱。根据之前在理论模型中的讨论,表

---

① 1 ps=10^{-12} s。

面等离子激元技术可以很大程度地增强石墨烯与太赫兹辐射的相互作用。使用这一原理是有可能提高探测器的性能的。第一次有关可控表面等离子激元微带阵列的石墨烯基太赫兹探测器的实验报道是由 Ju 等在 2011 年完成的。当入射光的极化方向与石墨烯微带的方向垂直时，由于等离子激元振荡，频谱上会出现一个吸收峰。石墨烯中的光与等离子激元的强耦合使得在共振峰的位置有高达 13% 的光吸收，这一数值比同类型传统二维电子气型的半导体探测器高出一个数量级。此外，频率在 1～10 THz，所检测的共振频率可以通过石墨烯微带的宽度以及栅极电压来调控。根据上述讨论，表面等离子体增强技术是一种能够有效提高石墨烯基太赫兹探测器性能的手段。

5.3.2 石墨烯基红外探测器

1. 红外探测的基本概念

(1) 红外波以及红外波的应用

通常来说，红外辐射是指波长为 30～0.75 μm，即频率为 10^{13} Hz～4×10^{14} Hz 的电磁波。根据波长范围的不同，红外辐射又可以细分成近红外(Near - IR，NIR，波长范围为 0.75～3 μm)、中红外(Middle - IR，MIR，波长范围为 3～12 μm)以及远红外(Far - IR，FIR，波长范围为 12～30 μm)。需要指出的是，红外辐射对于肉眼是不可见的。相比于可见光，红外辐射有较长的波长，因此红外辐射对于物体的穿透性就更强。由于具有较强的穿透性，红外探测有着广阔的应用范围。例如医学成像使用波长为 800～1 100 nm 的红外波，这个波段的红外辐射能够透过人体组织。军事领域中的热成像仪也是红外探测的一个典型应用实例，一般热成像需要用到波长大于 1 500 nm 的红外波。此外，红外探测也被应用于通信以及遥感等领域中。

与其他光电探测器一样，红外探测器根据工作原理的不同也可以分成光热型探测器和光电型探测器两大类。对于光热型红外探测器，入射辐射波的吸收会导致感应材料的温度发生变化，从而使得感应材料的电学特性发生相应改变。而这种探测器的响应与入射辐射波的波长无关，响应度比较低，而且响应速度也比较慢。但是，这种探测器制造工艺简单，成本低廉，可以基本满足室温情况下的一般性红外探测。对于光电型探测器，辐射能量在敏感材料内部被吸收（特别是对于半导体），辐射能量转移到敏感材料中产生电子空穴对，从而导致载流子分布发生改变，使得探测器的电信号输出发生变化。这种类型的探测器的性能与敏感材料的能带结构以及入射辐射的波长有关。基于这种原理的红外探测器根据器件的具体类型又可以分成光电二极管、光电导以及光电三极管。与光热型探测器相比，光电型探测器的响应速度更快、响应度更大。然而光电型探测器也不是没有缺点，目前大部分光电型红外探测器在使用过程中需要低温冷却，这点会阻碍光电型红外探测器的广泛使用。基于这两种原理的石墨烯红外探测也被大量报道，下面将对石墨烯场效应晶体管型红外探测器的发展进行详尽的介绍。

（2）红外探测器的发展历程概述

红外探测器（特别是不需要低温工作的红外探测器）在最近十几年得到了迅猛的发展。报道的第一个红外探测器是由 T. W. Case 在 1917 年发明的。T. W. Case 第一次发现一些材料，例如 PbS，在红外波的辐照下出现了响应信号。在随后的时间里，科学家们对红外探测器进行不断改进，性能也得到了很大的提升。目前商用的红外探测器主要是基于 InSb 系和 HgCdTe 系两大类。在学术研究领域中，研究者将一些新型功能材料用于红外探测，例如量子阱、量子点、碳纳米管、有机半导体材料以及石墨烯。这些基于新材料的红外探测器展现了诸如响应度高、制造工艺简单以及使用方便等优点，因此被广泛研究。例如量子点型红外探测器，由于制造工艺相对简单，量子点型红外探测器近年来被广泛报道。2009 年，J. M. Shieh 等报道了使用硅量子点作为敏感材料的 MOS 管，在近红外波段展现了良好的响应特性，该器件具有高达 2.8 $A \cdot W^{-1}$（1 550 nm 的辐照下）的响应度。2014 年，E. Lhuillier 等报道了基于

$HgTe/As_2S_3$量子点的中红外探测器，展示了优秀的光探测性能。在波长为 3.5 μm 的红外波辐照下，器件的响应度为 100 mA・W^{-1}，探测度为 3.5×10^{10} Jones。基于纯量子点的探测器最好的性能是由 E. H. Sargent 等于 2006 年在《自然》杂志上报道的。他们使用 PbS 量子点作为敏感材料制造了能够工作在室温下的红外探测器，有着高达 10^3 A・W^{-1}的响应度以及 1.8×10^{13} Jones 的探测度（在波长为 1 300 nm 的红外辐射下）。由于量子点中的低载流子迁移率的限制（如 PbS 量子点，迁移率为 1×10^{-3}～1 cm^2・V^{-1}・s^{-1}），想在纯量子点系统中获得很高的响应度是非常困难的。2012 年，Z. H. Sun 等使用 PbS 量子点-有机半导体聚（3-己基噻吩）（简写为 P3HT）复合结构作为敏感材料制造了一种近红外波段（895 nm）探测器，这种探测器的响应度可达 2×10^4 A・W^{-1}，该数据比使用纯 PbS 量子点的探测器的响应度数据高一个数量级。

通过上述介绍，可知尽管在高性能红外探测器的发展中取得了很多成果，例如响应度的提高，不再需要低温冷却的工作条件以及制造工艺的简化。但是对于红外探测来说依旧存在一些难以解决的问题，目前报道的基于半导体材料的红外探测器大多只能工作在近红外和小于 5 μm 的中红外波段。由于大部分半导体材料本身能带带隙的大小与波长较长的红外辐射之间的不匹配，从而限制了对这部分红外辐射的探测。因此，开发出具有检测全红外波段辐射能力的探测器是非常有必要的。

2. 石墨烯基红外探测器的介绍

根据之前的讨论，石墨烯具有从红外到紫外的宽谱吸收特性，因此石墨烯材料被认为是能覆盖整个红外波段探测的理想材料。在早期的探究工作中，绝大多数的红外探测器使用机械剥离的石墨烯作为敏感材料，这是由于高品质石墨烯中的载流子与声学波声子之间的耦合作用很弱，从而有利于获得较高的外量子效率。这就意味着，当受到红外光辐射时，产生的光生载流子能够更有效地传导到外部电路，从而使探测器获得较高的红外响应。

除了依靠石墨烯本身的基础物理特性外，石墨烯场效应晶体管结构的设计以及工作条件对探测器的性能也至关重要。目前所报道的石墨烯基红外探测器的器件结构各式各样，测试的环境也不尽相同，导致探测器的性能参数也各有千秋。然而这些探测器工作原理的本质都是通过光子激发热电子从而产生输出信号。根据激发方式的不同，这些探测器的工作原理又可以细分为光生电压效应、光致热电效应以及光辐射热效应等。

(1) 基于光生电压效应的石墨烯基红外探测器

2009 年，IBM 公司的 F. N. Xia 等报道了一种具有超快响应速度的石墨烯基红外探测器。探测器使用了机械剥离石墨烯作为感应层，并覆盖在 Si/SiO_2 的衬底上。在器件结构上，研究者在衬底上制造了两种高频共面波导来传输信号，这两种共面波导是通过电子束沉积技术在衬底上依次生长 Ti/Pd/Au(0.5/20/20 nm)金属层，再利用电子束光刻技术对金属层进行图形化制造而成的。在接收红外辐射后，探测器产生了光电流，数据如图 5－8(a)所示，而光生电流产生的机理是光生电压效应，需要指出的是石墨烯在空气中会吸附水蒸气等杂质，在没有被辐照的情况下，石墨烯呈现出 p 型掺杂的特性，因此光生电子的引入会使曲线整体下移。光电流产生的原理如图 5－8(b)所示，费米能级在石墨烯与金属的接触位置发生分裂，说明产生了光生非平衡载流子。由于石墨烯-金属接触部分产生了内建电场，光生载流子就在内建电场的作用下开始定向运动，从而

图 5-8 石墨烯基红外探测器的测量结果

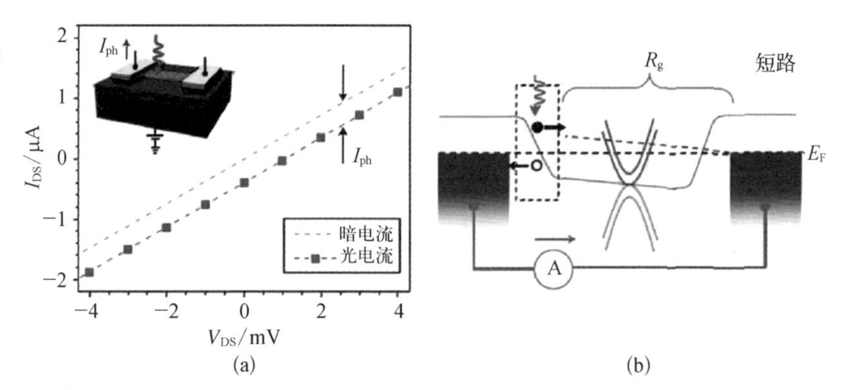

(a) 石墨烯场效应晶体管在没有红外辐照（黑色）以及有红外辐照（红色）下的 $I-V$ 特性曲线，插入图为测量示意图；(b) 石墨烯场效应晶体管在短路情况下光生电压效应的示意图

导致了光电流的产生。在 1 550 nm 的红外辐射下，该探测器的直流响应度在栅极偏压为 80 V 时约达到 5 mA·W^{-1}，相应的内量子效率为 6%～16%。此外，这个探测器的光探测性能在宽达 40 GHz 的光调制带宽的范围内都没有明显的劣化。理论上，考虑到沟道内的载流子具有超高的迁移率，石墨烯晶体管的带宽可达 1.5 THz。实验数据远低于理论值的原因可能是器件寄生电容充放电效应限制了载流子的速度。

2010 年，还是由来自 IBM 公司的同一个研究小组第一次使用石墨烯场效应晶体管进行了高达 10 Gbit/s 数据链传输的超快速红外光通信实验。该探测器依旧采用机械剥离的石墨烯作为敏感材料，采用了叉指电极作为源极和漏极。跟之前报道的探测器不同的是，源极和漏极的金属材料采用了具有不同功函数的 Pd/Au 以及 Ti/Au，如图 5-9 所示。由于源漏极金属的功函数不同，就会打破原来同质源漏极器件的镜像对称结构，这种非对称结构就会导致沟道内产生一个内建电场，从而有利于提高外量子效率。由于这种非对称结构，这种探测器的响应度是对称结构探测器的 16 倍。可见，设计具有非对称结构的场效应晶体管对于光电探测性能的提升具有很大的帮助。

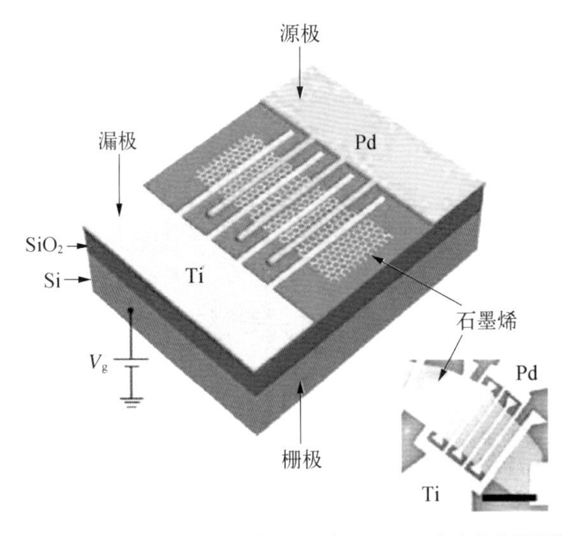

图 5-9 非对称源漏极结构的石墨烯基红外探测器

注：插入图为该探测器的 SEM 图，图中的标尺为5 μ m，叉指电极的间距为 1 μm，每根叉指电极的宽度为 250 nm。

(2) 基于光辐射热效应的石墨烯基红外探测器

为了进一步增强探测器的光电探测效率，还是同一个 IBM 公司的研究小组在 2013 年报道了一种结合光生电压效应和光辐射热效应的红外探测器。研究者还发现在石墨烯沟道具有较低的掺杂水平时，光电流主要通过光生电压效应产生；当石墨烯沟道的掺杂水平较高时，光电流则主要由光辐射热效应产生的热载流子组成。这项工作提供了一种能够调控光辐射加热电子作为光电流的方法，为同类型的红外探测器的发展提供了重要依据。

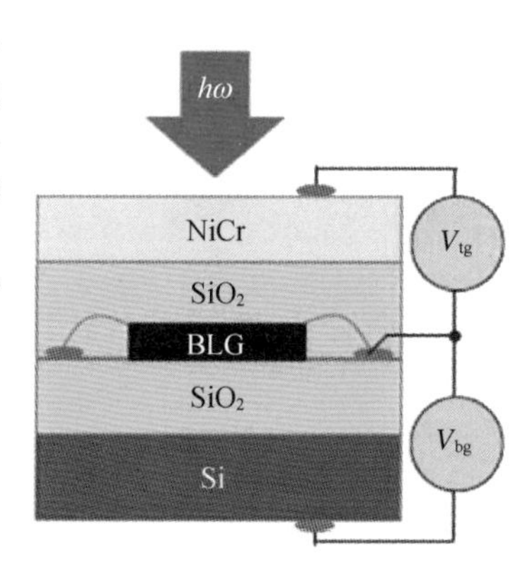

图 5-10 双栅极结构石墨烯基红外探测器的结构示意图

随着研究的深入，发现在石墨烯基红外探测器中，光辐射热效应主要是在低温条件下变得显著。J. Yan 等在 2012 年报道了一种基于光辐射热效应的石墨烯基红外探测器，这种探测器的工作温度为 20 K 以下，能够对波长范围为 0.658～10.6 μm 的红外辐射产生光响应。该探测器的器件结构采用了双栅极结构，即一个顶栅和一个背栅，如图 5-10 所示。两层石墨烯作为沟道被两层金属栅极夹在中间，形成了一个三明治结构。由于电子的比热容很小，再加上石墨烯中电子与声子的耦合作用很弱，所以石墨烯中的电子很容易被红外辐射加热从而改变石墨烯的电阻大小。这种基于光辐射热效应的石墨烯基红外探测器具有很多优点，有很快的响应速度，速度比同类型商用 Si 探测器的速度快 3～5 个数量级；响应度约为 2×10^{5} V·W^{-1}，与同类型商用 Si 探测器的响应度（1×10^{4}～1×10^{7} V·W^{-1}）相当；噪声等效功率为 33 fW·Hz$^{-1/2}$，比商用器件的噪声等效功率要低几倍。此外，由于降低工作温度可以有效减小噪声的影响，所以探测器的响应度还可以通过降低工作温度来提高。降低温度来提高响应度的手段对一些需要提高响应度来实现单光子检测的领域非常重要。

（3）基于光致热电效应的石墨烯基红外探测器

2010年前后，X. Xu和M. C. Lemme等分别报道了基于光致热电效应的石墨烯基红外探测器。在光致热电效应中，被光激发出的热载流子在红外探测中起到了关键的作用。关于光致热电效应的机理解释，2012年N. M. Gabor等提出了一种解释方法。这些研究者认为石墨烯中的本征光响应是通过光产生非局域态的热载流子产生光电流，而不是之前人们认为的光生电压效应。时间分辨扫描光电流显微镜的结果也显示，在超快激光的辐照下，石墨烯pn结中主要通过热载流子来传递能量。据这些研究者估计，这种石墨烯器件的理论带宽约达500 GHz，预示着拥有更快工作频率的石墨烯基光电探测器有可能出现。

（4）光学结构增强的石墨烯基红外探测器

根据之前的讨论，器件结构的优化设计也是提高性能的一大重要手段。由于本征单层石墨烯的光吸收率非常低，石墨烯基红外探测器的电流响应度往往只有几个毫安每瓦。研究者认为可以通过在器件表面制造出平面光学Si波导结构使入射光与石墨烯的相互作用增强，从而提高红外探测器的性能。2013年，X. Wang等利用这一技术成功提高了石墨烯基红外探测器的响应度。该器件在室温条件下被波长为2.75 μm的红外光辐照，当源漏极之间施加1.5 V的偏压时，能够获得高达0.13 A • W^{-1}的响应度，大大超过了之前所报道的数据。响应度提高的原因在于石墨烯能够强烈吸收平面波导中的倏逝波（当入射光线发生全内反射时，在界面的光疏介质一侧表面产生纵向表面波，称为倏逝波），从而提高了光电转化效率。随后，X. Gan使用类似的结构制造出了具有高于0.1 A • W^{-1}的响应度且能在20 GHz的频率下工作的红外探测器，器件示意图与对应的数据见图5－11(a)和图5－11(b)。

通过与波导集成除了能够提高探测器的性能外，其制造工艺还可以与互补金属氧化物半导体（Complementary Metal Oxide Semiconductor，CMOS）工艺相兼容，可大大降低器件的制造成本。2013年，A. Pospischil便利用CMOS工艺制造出具有宽频响应的红外探测器。如图5－12所示，该探测器在红外通信窗口1 300～1 700 nm展现了平坦稳定的光学响

图 5-11 平面波导结构增强的石墨烯基红外探测器

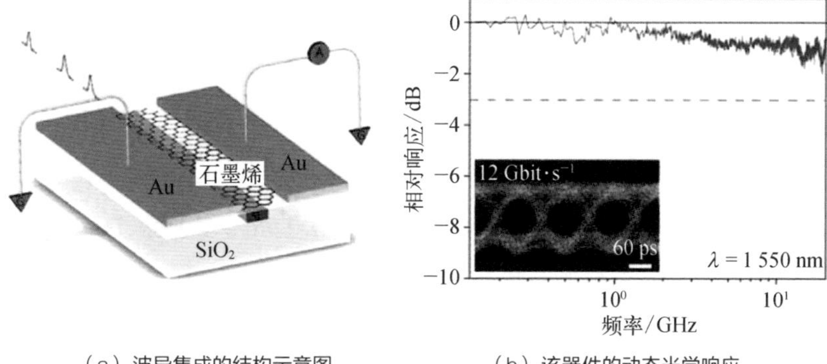

(a) 波导集成的结构示意图　(b) 该器件的动态光学响应

图 5-12 光通信窗口中平坦的光学响应

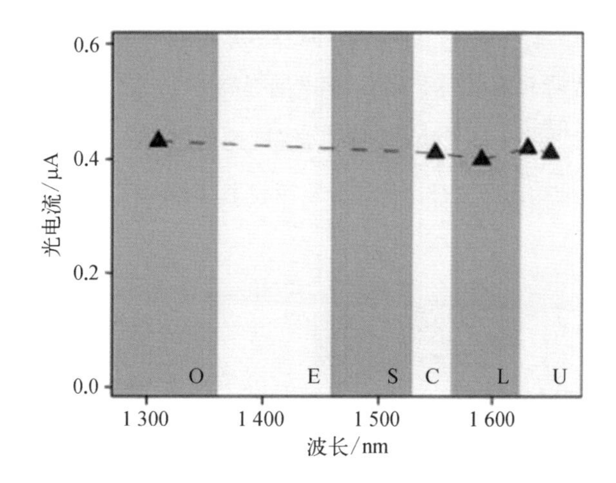

应,这对实现宽谱光通信器件具有重大意义。同时,这种石墨烯基红外探测器能够获得较高的响应度,约为 0.05 $A \cdot W^{-1}$。该数值是普通石墨烯基红外探测器响应度的 10 倍左右,这是由于这种波导集成结构能够提高光的吸收。研究者估算出该器件的光吸收效率超过了 40%,内量子效率大于 10%,这些数值都远大于没有采用波导结构的石墨烯基红外探测器。考虑到 Si 波导结构能带来探测器性能的提升以及与 CMOS 工艺的兼容性,这种技术会在今后石墨烯基红外探测器的发展中占据一席之地。

除了表面 Si 波导结构可以增强探测器的光学响应外,集成光学微共振腔也是一种能够有效增强入射光与石墨烯基探测器相互作用的有效手段。这种微共振腔能够将入射光"束缚"起来,使共振腔内的石墨烯对入射光的吸收效率提高，此外，通过控制共振腔的尺寸大小也可以实现对吸收频率的选择。2012年，M. Engel等报道了微共振腔集成的石墨烯基红外探测器，器件结构如图5－13(a)所示，其中，石墨烯被两层Ag镜面夹在中间，石墨烯与每层Ag镜之间被两种介电层(Si_3N_4、Al_2O_3)隔开。介电层的厚度就决定了能产生谐振的入射光的频率。同年，M. Furchi等报道了另一种使用法布里-珀罗微共振腔集成的石墨烯基红外探测器，其结构如图5－13(b)所示。该结构采用了高精度分布式布拉格反射镜。入射光波被微腔所束缚并多次与石墨烯发生相互作用。图5－13(b)中，红色部分代表石墨烯层，黄色部分为金属接触。右边放大图为微腔内的电场强度分布。采用这种结构使得光吸收效率大于60%，比之前提高了26倍。对850 nm近红外光有数值为21 mA·W^{-1}的响应度。此外，这种探测器只对特定的波长敏感，使得这种结构还可以被用作波分复用技术、调制器以及光衰减器等。

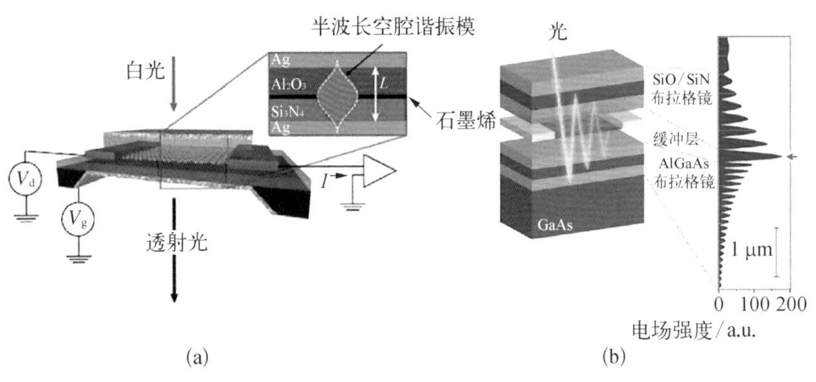

图5－13 微共振腔集成的石墨烯基红外探测器的结构示意图

(a) 微共振腔集成的石墨烯基红外探测器的示意图，插入图为整个器件的截面图；(b) 法布里-珀罗微共振腔集成的石墨烯基红外探测器结构示意图

(5) 表面等离子激元增强型石墨烯基红外探测器

近十年来，红外辐射激发表面等离子激元这一物理效应在光学器件中具有重要的应用潜力，受到了广泛关注。Z. Fei等2011年报道了在机械剥离石墨烯中发现被中红外辐射后产生二维等离子激元的现象。研究者发现这一现象会极大地增强中红外辐射与衬底的声子的相互作用，同时这种相互作用的强度可以通过栅极电压来调控。利用石墨烯中的等离

子激元来增强中红外光吸收的模型是 2012 年由 T. R. Zhan 通过模拟计算提出来的。其模型结构如图 5－14(a)和图 5－14(b)所示,通过在单层石墨烯表面构建厚度小于波长的周期矩阵介电层结构,用来激发出表面等离子激元。图 5－14 中,周期介电层增强结构的厚度为 h,周期宽度为 Λ,每个结构的尺寸为 Δ。在这个结构中,空隙的介电常数为 ε_1,灰色区域的介电常数为 ε_2,厚度为 d,黄色区域的介电常数为 ε_3。通过计算,研究者发现使用一维周期介电层增强结构的石墨烯能够获得高达 92%的光吸收率,使用二维周期介电层增强结构的石墨烯能够获得高达 91%的光吸收率,远高于石墨烯本身的光吸收效率。这种结构为增强石墨烯基探测器的光吸收效率从而提高器件性能提供了改进的思路。

图 5－14 单层石墨烯介电层增强结构

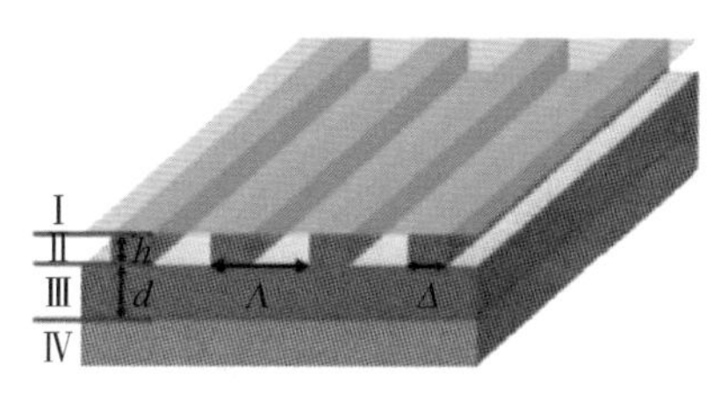

(a) 一维周期介电层增强结构

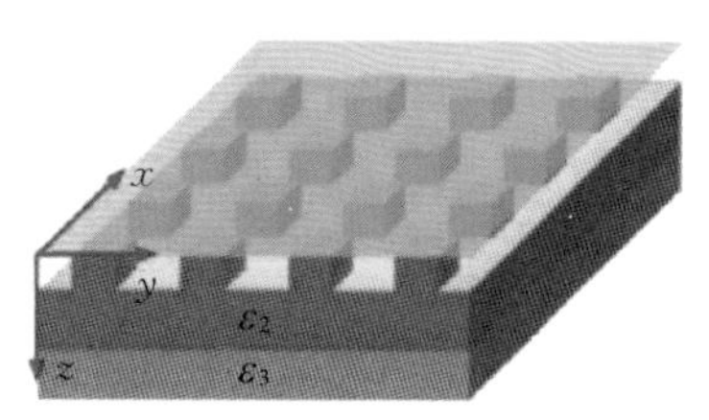

(b) 二维周期介电层增强结构

(6) 石墨烯纳米带型红外探测器

石墨烯纳米带的纳米带宽度与其能带带宽大小相关,研究者可以通过调节纳米带的宽度打开石墨烯的带隙来获得不同的禁带宽度,J. Cai 等报道了能调制的最大禁带宽度为 1.6 eV,对应的吸收波长为 770 nm(接近可见光),这就意味着可以通过带宽的调控,使石墨烯纳米带型探测器的探测范围覆盖整个红外波段。2012 年,E. Ahmadi 等模拟了扶手椅边缘的单层石墨烯纳米带作为敏感材料制造出了与图 5－6 类似的 p－i－n 探测器结构。该探测器也采用了双顶栅极的结构。只有入射光的光子的能量大于等于石墨烯纳米带的禁带宽度时,探测器才会有光响应。当单层石墨烯纳米带的宽度达到 2 nm 时,探测器达到最大响应度,约为 1.22 A·W^{-1}(77 K)。同样地,E. Ahmadi 还模拟了多层扶手椅边缘石墨烯纳米带的光响应情况，发现器件的探测度随厚度的增加而变大，此外探测度还与栅极电压大小呈正相关关系，与温度呈负相关关系。例如，同样使用 5 nm 单层石墨烯纳米带作为敏感材料，300 K 时，探测度为 2.2×10^{8} Jones，当工作温度降到 77 K 时，探测度增加至 2.2×10^{11} Jones。

H. Yan 等在 2013 年制造出一种周期性结构的石墨烯纳米带型中红外探测器，利用微结构带来的等离子激元增强效应来提高器件的性能，器件结构如图 5－15(a)所示，CVD 生长的石墨烯被转移到 Si/SiO_2 的衬底上，然后再利用电子束光刻技术以及氧等离子体刻蚀技术将石墨烯薄膜加工成周期性纳米带，图中纳米带的平均宽度约为 100 nm。通过改变石墨烯纳米带的宽度便可以调制等离子激元共振频率，两者之间的关系如图 5－15(b)所示。图中 T_{per} 和 T_{par} 分别表示入射光电场方向与纳米带垂直和平行的透射率。从图中可以发现，随着纳米带宽度的减小，等离子激元的强度开始色散和衰减，这是因为宽度减小使得石墨烯中的散射效应

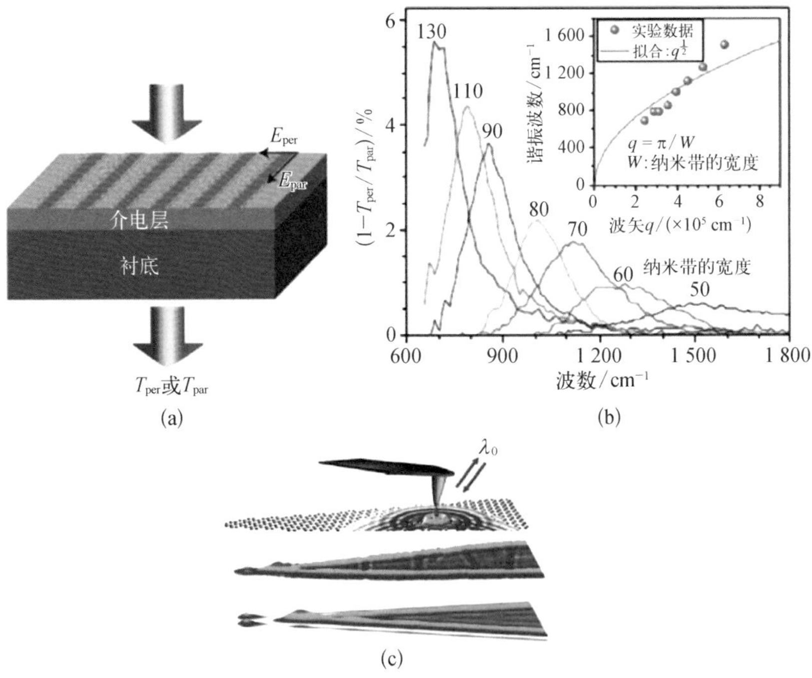

图 5－15 周期性结构的石墨烯纳米带型中红外探测器的性质

（a）石墨烯纳米带型中红外探测器的结构示意图；（b）不同宽度的石墨烯纳米带的消光光谱（1－ T_{per}/T_{par}）（插入图为等离子激元频率与入射光的波矢的函数关系，图中 W 表示纳米带的宽度）；（c）等离子激元的近场散射显微镜照片

加剧(尤其是边缘),此外等离子激元的色散和衰减还会受到衬底中的散射效应的影响。因此,选用合适的衬底材料以及声子的散射对等离子激元的强度和寿命至关重要,同时这两点也是在设计等离子激元型石墨烯基探测器中需要重点注意的。Z. Fei 和 J. Chen 2012 年分别报道了石墨烯表面等离子激元的运行方式的研究。他们通过近场散射显微技术,在红外辐射的激发条件下,观察到了等离子激元在实际空间中的图像,如图 5-15(c)所示。图中顶部是接收探测石墨烯中表面波的实验装置示意图;中间是负载在 6H-SiC 衬底上的锥形石墨烯纳米带的等离子激元的近场散射显微镜照片;底部是石墨烯纳米带表面的光学局域态的计算分布彩图。通过计算,发现激发出的等离子激元的波长大约是入射光的 1/40。此外,等离子激元的强度和波长还可以通过栅极电压的大小来调节。

除了在表面构建周期性结构来增强表面等离子激元效应外,使用纳米加工工艺制造一些纳米限制结构也是一种有效的手段。例如,2011 年 S. F. Shi 等使用对称金电极构成了一个纳米缺口,电极之间的石墨烯纳米带则成为等离子激元谐振的通道,整个结构如图 5-16 所示。等离子激元增强效应导致器件的光电流在 770 nm 的近红外辐照下被提高了 4 个数量级,相应的最大响应度为 6.11 $\mu A \cdot W^{-1}$。虽然这个结构能够增强表面等离子激元效应,理论上能够获得较好的器件性能,但是实测的器件响应度还是太低,还需要在器件结构设计和制造条件上进行优化。

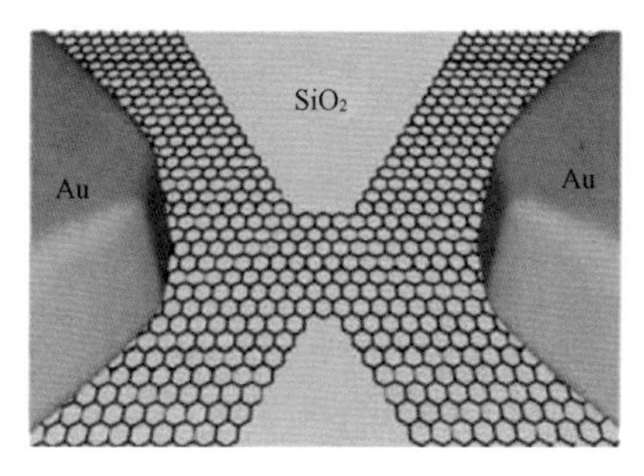

图 5-16 金电极纳米缺口内石墨烯纳米带的示意图

(7) 石墨烯复合结构红外探测器

尽管上述讨论的石墨烯基探测器具有很多优点,例如响应频带宽以及光响应速度快,都大大有益于高频应用,然而石墨烯对光的吸收效率依旧很低(单层石墨烯的光吸收率约为 2.3%),这也限制了器件响应度的提升。因此,将具有高吸收效率的纳米材料与纯石墨烯进行复合,便成为一种可以提高器件整体光吸收率的手段。根据具体器件工作原理的不同，石墨烯复合结构红外探测器大致可分成两大类。一种类型是石墨烯既作为光吸收材料又作为光生载流子的传输介质，之前介绍过的表面波导等离子激元增强结构便属于这一类。另一种类型则是光敏感层包含石墨烯层和窄带半导体。在这种情况下，石墨烯是作为光生载流子的传输介质，而窄带半导体则作为红外光的吸收材料产生光生载流子。这种复合结构往往能够获得比单一结构更加优异的性能。

2012 年，G. Konstantatos 等将机械剥离单层或者双层石墨烯与 PbS 量子点薄膜复合制造出了一种具有超高响应度的红外探测器，其响应度高达 10^7 A·W^{-1}。同时，这种复合器件还展示了高达 10^8 的电子-光子增益，以及 7×10^{13} Jones 的探测度。器件能获得如此高的性能表现，是由于被光辐射激发后，在 PbS 量子点中产生的空穴会顺着界面形成的势垒方向往石墨烯层中进行扩散，这些传导到石墨烯中的光生空穴就成了光电流的主要组成部分，整个过程如图 5－17 所示。由于空穴在石墨烯中具有很高的迁移率，这些光生空穴会在石墨烯通道中运行很长一段时间后才与电子进行复合，因此就能获得很大的电流增益。电流增益 G 可以表示为 $G=\tau_l/\tau_t$，其中 τ_l 是光生空穴的寿命，τ_t 则是空穴从器件源极运行到漏极所需要的时间。

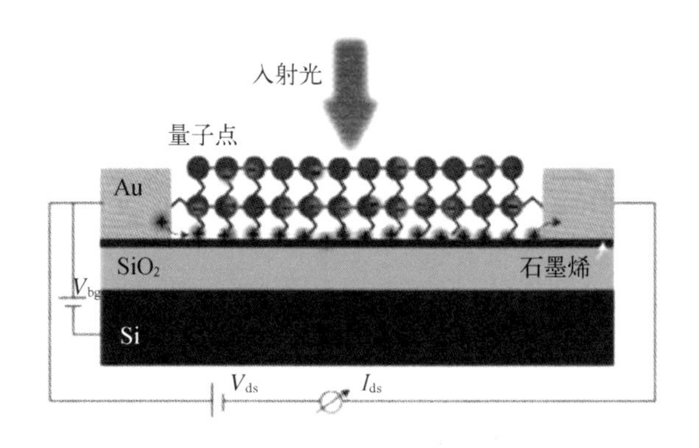

图 5－17 石墨烯-PbS 量子点复合结构红外探测器的结构示意图

机械剥离法由于自身的成本较高限制了其在产业化生产方面的进一步应用。相比来说，CVD 生长的石墨烯在大面积生长以及工艺兼容性上都有很大的优势。F. Fan 等在 2012 年报道了使用 CVD 生长的单层石墨烯与 PbS 量子点作为复合感应层的红外探测器。该器件的感应机理与上面讨论的机械剥离石墨烯与 PbS 量子点的复合红外传感器类似,最大响应度为 10^7 A·W^{-1}。这一数值比单独采用 CVD 生长的单层石墨烯和 PbS 量子点的探测器的响应度要高好几个数量级。

异质结也是一种复合结构传感器,例如石墨烯/Si 异质结的红外探测器。X. An 等报道了一种有两种工作模式(光电压模式和光电流模式)的石墨烯/Si 异质结的红外探测器。在光电压模式下,红外探测器对近红外光具有极高的响应度(约 10^7 V·W^{-1})和小于 1 pW·$Hz^{-1/2}$ 的噪声等效功率。在光电流模式下,器件的最大响应度为 435 mA·W^{-1}。此外,器件的响应度大小还可以根据栅极电压来调节。

从这部分内容可以看出,采用与其他半导体材料复合的方式能够有效提高探测器的光响应性能,可以为制造出高性能的石墨烯基红外探测器提供一种有效手段。然而,复合材料的引入会使得探测器的制造工艺变得复杂,同时也会在石墨烯与光敏材料的界面引入散射等影响因素,因此,在选用光敏材料时要注意与石墨烯性质的兼容性。

(8) 还原氧化石墨烯基红外探测器

相较于机械剥离石墨烯和 CVD 生长的石墨烯来说,化学法制备而成的还原氧化石墨烯由于表面存在结构缺陷、含氧官能团等使其载流子迁移率较低,作为红外探测器来说在性能上有一定的先天劣势。但是,由于其相对低廉的制造成本、简单的工艺以及性能调制的便利性,还原氧化石墨烯在用于红外探测方面也有着自身独特的优势。还原氧化石墨烯的禁带宽度可以通过控制含氧官能团的含量来调制,这对制造出针对某一特定波长的红外探测器将会非常便利。还原氧化石墨烯及其前驱体氧化石墨烯可以通过分散液的形式参与器件制造工艺,这将大大降低对制造设备和工艺加工的要求。此外,还原氧化石墨烯可以很方便地与其他窄带半导体材料进行复合,从而提高复合材料的整体光吸收性能。2010 年,S. Ghosh等第一次报道了使用大面积还原氧化石墨烯薄膜为基础的红外探测器。这种红外探测器的工作原理是还原氧化石墨烯/金属界面的肖特基势垒在光照下产生光生载流子，因此对红外辐照最敏感的区域是还原氧化石墨烯与金属电极的接触部分。然而，这类器件的光学探测性能却并不是太突出，其响应度和外量子效率分别只有 4 mA・W^{-1} 和 0.3%（在 1 550 nm 的红外辐照下）。另一方面，还原氧化石墨烯中有残留的含氧官能团，在空气中很容易受到湿度的影响，这会降低器件在空气环境中的稳定性。为了解决这一问题，T. Q. Trung 等将还原氧化石墨烯包裹在一层憎水的四十四烷中，通过这种封装方式来提高器件的稳定性。

为了提高还原氧化石墨烯基红外探测器的性能，需要对材料本身和器件的结构进行精心的调控。H. Chang 等对还原氧化石墨烯表面的含氧官能团和缺陷进行了仔细的设计，从而提高了器件的整体性能。器件的响应度和外量子效率分别达到了 0.7 A・W^{-1} 和 97%（近红外 895 nm 的辐照下）。这种器件的性能参数已经可以与之前讨论的基于机械剥离石墨烯和 CVD 生长石墨烯的红外探测器相比拟。

(9) 基于石墨烯量子点的石墨烯基红外探测器

另一类石墨烯基红外探测器是基于石墨烯量子点，石墨烯量子点具有和纯石墨烯完全不同的能带结构，因此在器件性能上也与纯石墨烯器件的性能有较大的差异。Y. Zhang 等在 2013 年报道了使用石墨烯量子点作为敏感材料的场效应晶体管型红外探测器，报道的响应度为 0.2 A・W^{-1}（近红外）和 0.4 A・W^{-1}（中红外），该探测器在红外辐射下展现了优于本征石墨烯探测器的响应度。这是由于石墨烯量子点中存在的束缚态会使光生电子空穴对的寿命变长。因此，这些光生载流子就能在沟道里行进更长的时间，从而获得更大的光电流。

5.3.3 石墨烯基可见光探测器

1. 可见光和可见光探测的基本概念

可见光是指波长范围为 400～750 nm 的电磁波（对应的频率范围为 4×10^{14}～7.5×10^{14} Hz）。太阳辐射主要集中在可见光波段，人眼对这一波段的电磁波最为敏感。可见光探测器主要应用在光通信、遥感、监控以及生物荧光成像等领域。其中,可见光探测器是目前图形影像技术的基础。我们生活中常用的手机摄像头以及相机等摄影设备就是可见光探测器的最典型的应用实例。

目前,商用可见光探测器主要使用 Si、Ge 和其他无机半导体材料。此外,基于量子点和有机半导体的新型可见光探测器在近几年也得到了很大的发展。其中,硅基可见光探测器由于具有灵敏度高、噪声低以及与现代集成电路工艺兼容性好等优点,得到了广泛应用。然而,硅基可见光探测器在工作时,像素点阵列之间很容易发生串扰,高温情况下这一现象更为显著,这会降低探测器的工作性能。从 2008 年开始,不同器件设计结构的石墨烯场效应晶体管型可见光探测器开始出现。与硅基探测器相比,石墨烯基可见光探测器具有制造工艺简单、易于图形化以及方便转移到目标衬底等优点。总的来说,石墨烯基可见光探测器的工作原理是石墨烯吸收可见光产生光生热载流子,从而产生光生电流,这与石墨烯基红外探测器的工作原理类似。

2. 石墨烯基可见光探测器

J. H. Lee、Eduardo 等在 2008 年第一次报道了使用石墨烯作为可见光探测器的敏感材料。他们使用机械剥离石墨烯作为研究对象,利用扫描光电流显微镜技术,发现在石墨烯与金属电极的接触部分有很强烈的光电流响应,如图 5-18 所示。通过这一现象可以理解光电流是通过石墨烯/金属界面的肖特基接触产生的。通过控制栅极电压,调整肖特基势垒的大小,就可以实现对光电流大小的调制。然而,使用单层石墨烯的可见光探测器的响应度仅能达到 1 $mA \cdot W^{-1}$(在波长为 632.8 nm 的光辐照下),响应度的数值远低于目前商用的硅基可见光探测器。

2009 年,J. Park 等使用扫描光电流显微镜技术,根据单层石墨烯可见光探测器的工作条件,观察到了光生电流和光致热电效应电流。他们观察到超过 30%的吸收光子转化为光电流,同时最大的响应度可约达

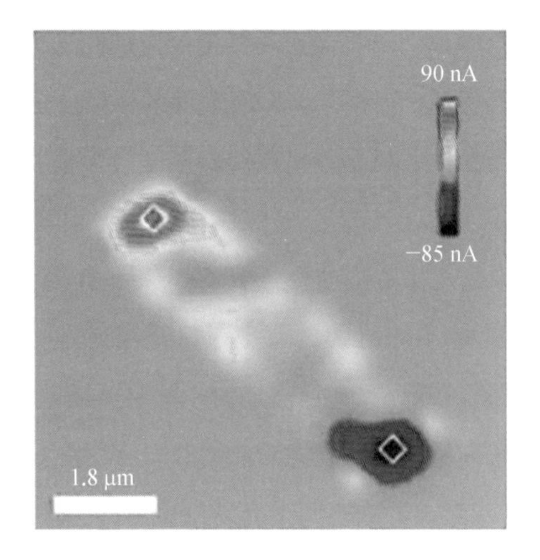

图 5-18 石墨烯基可见光探测器的扫描光电流显微镜图像

10 mA·W^{-1}(532 nm 的光辐照)。入射光的强度提高时,器件就会产生光致热电效应电流。入射的激光会被金属电极吸收,导致局部温度升高,从而在石墨烯沟道中产生光致热电效应电流。2011 年,M. C. Lemme 等也观察到了类似的现象。入射光强度较强时,器件会同时在光生电压效应和光致热电效应的作用下产生光电流。在这种情况下,光致热电效应被认为是光电流的主要产生机制。

为了进一步研究可见光产生光电流的机理,2010 年,X. D. Xu 等设计了一个巧妙的实验来进行研究。单层石墨烯与双层石墨烯的界面接触经过精心设计用来区分光生电压效应和光致热电效应产生的电流,整个实验装置如图 5-19 所示。根据研究者的设计,两种机制产生的光电流的传导

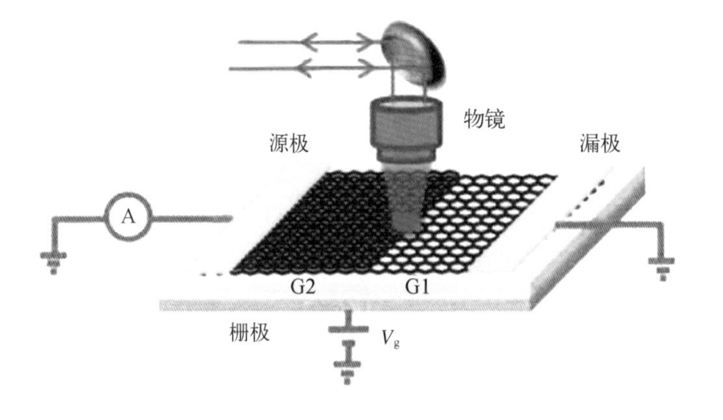

图 5-19 单层-双层石墨烯接触界面的装置示意图

方向完全相反，因此可以对这两种光电流的产生机制分别进行研究。如果在单层-双层石墨烯界面光电流是通过光生电压效应产生的，那么光电流将会从双层石墨烯流向单层石墨烯，这是因为单层石墨烯的光吸收效率要大于双层石墨烯；如果光电流是通过光致热电效应产生的，那么光电流将会从单层石墨烯流向双层石墨烯，这是因为双层石墨烯中有着更高的态密度，光致热电效应产生的热载流子数更多。通过实验，他们发现在单层-双层石墨烯接触部位的光电流主要通过光致热电效应产生。

光生电压效应只有在石墨烯轻掺杂的情况下起主要作用。2012 年，M. Fritag 等使用了轻掺杂的石墨烯基可见光探测器，响应度约为 2.5×10^{-4} A·W^{-1}（690 nm 的可见光辐照）。根据他们的研究，光电流主要是通过光生电压效应产生的。该课题组在随后的研究中，发现器件的衬底在光电流产生的过程中扮演着重要的角色。他们制造了具有悬空石墨烯薄膜的场效应晶体管，如图 5－20 所示，图中结构的沟道宽度为 300 nm。将这个具有悬空石墨烯的探测器放置在可见光激光的辐照下（波长为 514.5 nm 或 476.5 nm），他们估算出悬空石墨烯中的热载流子的温度是被衬底支撑的石墨烯的热载流子的 10 倍，这意味着悬空石墨烯中的热载流子的平均速度更快，这是因为悬空石墨烯不会与衬底发生散射。因此，石墨烯与环境（特别是衬底）之间的能量交换对器件的性能有很大的影响。同时，他们发现悬空石墨烯中的光电流主要是通过光致热电效应产生的。跟其他的场效应晶体管型探测器一样，悬空石墨烯的响应度也可以通过栅极电压来调节，室温下响应度最大能达到 10 mA·W^{-1}。

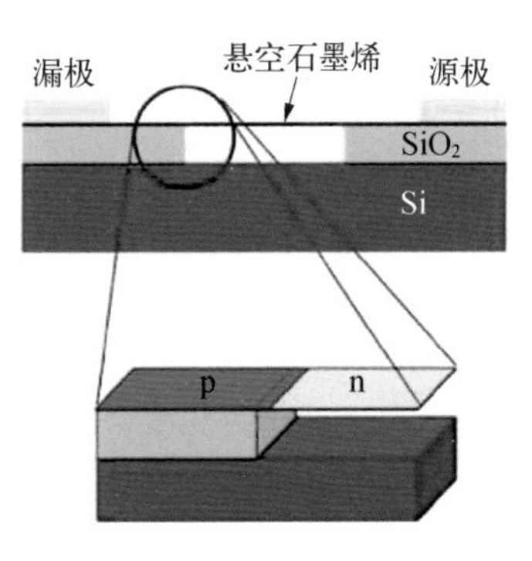

图 5－20 悬空石墨烯基可见光探测器的示意图

由于本征石墨烯的光吸收效率很低，之前介绍的可见光探测器的响应度等性能都不是很高，为了提高器件的性能，研究者对表面进行微结构化产生等离子激元来提高石墨烯与入射光的相互作用。这一思路与红外探测器利用等离子激元提高性能的想法类似。2011 年，T. J.

Echtermeyer 等报道了一种可以产生表面等离子激元的纳米结构，如图 5－21 所示，分布热图中蓝色代表 0 μV，为最小值，红色代表 20 μV，为最大值。他们通过实验观察到使用表面微结构的探测器比没有使用的探测器在 457～785 nm 的激光辐照下的光生电压要高得多。光生电压的增加倍数与入射光的辐照器件的位置和极化方向相关。在最优情况下，表面微结构化的探测器可以获得约 20 倍的光生电压的提升。

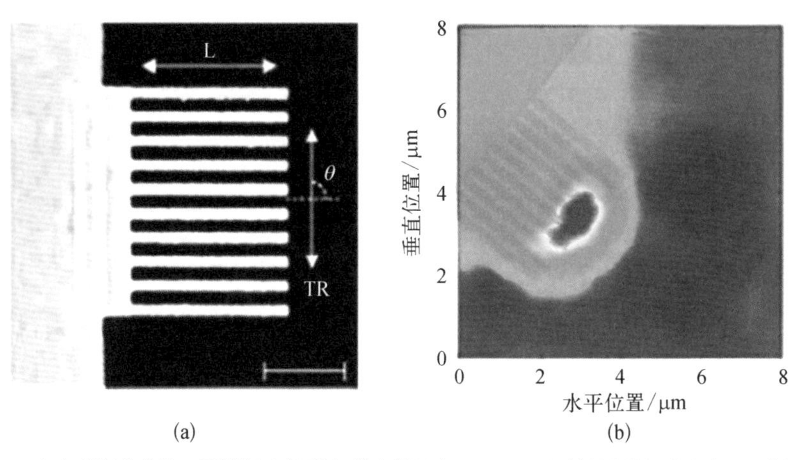

图 5－21 表面等离子激元的纳米结构探测器的性质

（a）微结构化的石墨烯基探测器的扫描电镜图（L 和 TR 是入射激光的极化方向，图中标尺为 1 μm）；（b）光生电压的分布热图

另一种提高探测器性能的方法是采用混合结构，即将石墨烯具有的高载流子迁移率与具有高光吸收率的材料进行复合，发挥各自的长处。2012 年，D. Zhang 报道了使用 PbS 量子点修饰的石墨烯基可见光探测器，并展示了良好的性能。探测器使用了典型的底栅结构，CVD 生长的石墨烯转移到 SiO_2 衬底上（同时也作为栅氧层），随后，使用电子束蒸发技术将 5 nm 直径的 PbS 量子点沉积到石墨烯上。石墨烯 /PbS 量子点复合器件对波长为 400～750 nm 的可见光具有非常高的响应度，最高约能达到 2.8×10^3 A・W^{-1}（负向栅极电压下）。在可见光辐照下，PbS 量子点会激发大量的光生空穴，这些空穴会注入石墨烯沟道中，改变沟道中载流子的浓度，从而在沟道中产生电流。而石墨烯沟道的高载流子迁移率是器

件获得高响应度的关键要素之一。

相比于无机半导体材料，很多有机半导体材料展现了更高的光吸收效率。2013年，S. Y. Chen等从仿生学的角度出发将叶绿素与石墨烯进行复合用来检测可见光。叶绿素分子是一种有机半导体，有着极佳的光吸收效率，是植物进行光合作用的关键。通过与叶绿素的复合，探测器展现了很高的可见光探测性能，其响应度高达10^6 A·W^{-1}，同时获得了10^6的光子-电子增益(在683 nm的可见光下)。在叶绿素中激发的光生空穴会向石墨烯沟道进行移动。而留在叶绿素中的电子则充当了负向栅极电压，可以在沟道中感应产生出p型的导电沟道，光生空穴在导电沟道中就可以形成光电流。考虑到器件的高性能和简单的制作工艺，石墨烯/有机半导体复合结构在可见光探测领域中展现了很大的应用潜力。

MoS_2是一种二维半导体材料，单层MoS_2带宽为1.9 eV，正好对应到可见光的范围，因此MoS_2在可见光范围具有很强的光吸收能力。2013年，K. Roy等报道了石墨烯/MoS_2双层复合结构的可见光探测器。这种探测器有很高的响应度，在130 K的温度下，响应度为10^{10} A·W^{-1}，室温下响应度为5×10^8 A·W^{-1}，两组数据均在波长为635 nm的可见光辐照下测得。这一数据使得石墨烯/MoS_2双层复合结构成为目前响应度最高的可见光探测器之一。

从上述内容可以看出，与其他半导体材料复合可以极大地提升器件的性能。考虑到材料复合的易用性，使用分散性好的氧化石墨烯或还原氧化石墨烯可以简化制造工艺、降低制造成本。目前，已多次报道了关于使用还原氧化石墨烯/纳米颗粒复合结构作为可见光探测器。Y. Lin等在2010年报道了使用还原氧化石墨烯/CdSe纳米颗粒复合材料作为光电探测器的感应层。研究者通过把还原氧化石墨烯添加到CdSe的反应溶液中，使最终产物CdSe与还原氧化石墨烯具有均匀、牢固的接触，导致CdSe与还原氧化石墨烯之间具有快速、有效的电荷转移，从而提升了器件的性能。器件的光电流大小是暗电流的17倍。此外，器件还具有快速的光响应，其响应时间小于250 μs。

ZnO是一种使用广泛的光吸收半导体材料，还原氧化石墨烯与ZnO复合材料用于可见光探测的情况也经常被报道。这种复合结构的一般制造流程是：首先，制备氧化石墨烯/ZnO混合分散液；然后，将氧化石墨烯/ZnO混合溶液旋涂在有图形化电极的SiO_2/Si的衬底上制成复合薄膜；最后，再将复合薄膜连同衬底在氩气环境下700℃退火30 min，这个过程会使氧化石墨烯得以还原。制造出的器件在白光的辐照下，光电流与暗电流之比达430，比之前介绍的还原氧化石墨烯/CdSe的要高很多。这是由于氧化石墨烯与ZnO混合度好，ZnO中会产生有效的碳原子掺杂，使ZnO吸收光谱被扩展。光电流的产生机制为ZnO表面吸附氧阴离子，这些阴离子束缚住光生空穴，从而使得光生电子能够传输到还原氧化石墨烯中产生光电流。然而，这些器件目前大多采用对称结构，根据之前的讨论，这种结构对器件的光电流产生效率会有影响。因此，采用非对称结构设计后，器件的性能还可以得到提升。

5.3.4 石墨烯基紫外探测器

1. 紫外光以及紫外探测器的基本概念

紫外光（UV）是指波长为400～10 nm的电磁波（对应的频率为$7.50\times10^{14}\sim3\times10^{16}$ Hz）。实际应用中，紫外光还可以细分为近紫外光（NUV，波长为300～400 nm）、中紫外光（MUV，波长为200～300 nm）、远紫外光（FUV，波长为100～200 nm）以及极紫外光（EUV，波长为10～100 nm）。紫外探测器被广泛应用于化学品检测、火焰探测、臭氧空洞监测以及国土安全导弹尾焰的监测。

总的来说，紫外探测器的工作类型可以分为光子探测器和热探测器。其中，光子探测器更为常用。光子探测器主要利用半导体吸收紫外光激发出光生载流子。由于紫外光光子具有较高的能量，使用窄禁带半导体材料（如Si）很难获得理想的光响应，因此商用的紫外探测器多使用SiC、GaP、金刚石、GaN以及AlGaN等宽禁带半导体材料，这些紫外探测器的响应度一般为 100～200 mA·W^{-1}。此外，一些宽禁带纳米材料，例如 TiO_2 纳米晶、ZnO 纳米颗粒以及 Nb_2O_5 纳米颗粒在紫外光探测中具有很高的响应度（10～100 A·W^{-1}）。石墨烯基紫外探测器近年来也被报道过，由于石墨烯能带结构的特性（零带隙），本征石墨烯对紫外光的吸收效率很低，因此，目前报道的石墨烯基紫外探测器大部分使用石墨烯复合结构或还原氧化石墨烯作为敏感材料。

2. 石墨烯基紫外探测器的发展概况

石墨烯基紫外探测器的研究始于 2010 年。与之前讨论的复合结构探测器的思路类似，石墨烯与宽禁带纳米结构（如 TiO_2、ZnO）复合既能发挥宽禁带半导体的紫外光吸收能力，又能发挥石墨烯的高载流子迁移率。2013 年，W. Guo 报道了一种石墨烯/ZnO 量子点紫外探测器，展示了良好的性能，该探测器在紫外光的辐照下能获得 10^4 A·W^{-1}的响应度和高达 10^4的光子-电子增益。石墨烯/ZnO 复合结构的探测原理与此前讨论的可见光复合结构的探测原理类似。空气中的氧分子被 ZnO 量子点吸附后，会在量子点的表面俘获电子，形成氧阴离子。当 ZnO 量子点被紫外光照射后，光生电子空穴对就会产生。由于表面氧阴离子的作用，空穴会与氧阴离子作用，氧阴离子吸收空穴失去电子变成氧气。同时，光生电子则会注入石墨烯沟道中，在石墨烯中形成 n 型掺杂。由于氧气在器件工作原理中扮演着重要的角色，这种紫外探测器的工作原理就决定其必须在有氧气的环境中工作。

氧气对器件的影响还可以通过 Q. Wang 等的研究工作来证明，他们使用 TiO_2 与单层石墨烯进行复合来检测紫外光。结果发现在同一强度的紫外光照射下，输出的光电流的大小随工作环境中氧气浓度的增加而增加。这也说明这种复合紫外探测器还可以被用作探测氧气浓度的气体传感器。

还原氧化石墨烯以及还原氧化石墨烯/半导体材料的复合物，由于具有带隙可调、良好的电导率和易分散性，也被用于紫外光探测。2010 年，

H. X. Chang 等制造了一种少数层还原氧化石墨烯基紫外探测器。还原氧化石墨烯的带宽可以通过热还原过程来调节，根据不同的还原条件，还原氧化石墨烯的带宽可以实现 0.5 eV～2.2 eV 的调节范围。该探测器的最大响应度可约达 0.86 $A \cdot W^{-1}$（370 nm 的紫外光照射）。

同在 2010 年，K. K. Manga 报道了一种具有高增益的还原氧化石墨烯 /TiO_2 紫外探测器。由于复合材料具有良好的分散性，这种器件的结果可以通过特殊的打印设备直接在衬底上进行打印。首先，使用打印机将氧化石墨烯 /TiO_2 分散液涂敷在目标衬底上，然后使用水合肼将氧化石墨烯还原。这种紫外探测器展现了高达 85%的光增益和 2.3×10^{12} Jones 的探测度，该探测度已经可以与目前商用的探测器相比拟。此外，由于石墨烯具有很高的载流子迁移率，这种氧化石墨烯 /TiO_2 紫外探测器还有 100 ms 的响应时间和回复时间，器件速度比使用纯 ZnO 和 TiO_2 要快。

参与复合的同种半导体的不同形态、不同比例对整体器件的性能也有很大的影响。H. X. Chang 等报道了一种使用还原氧化石墨烯 /ZnO 纳米棒复合结构作为感应材料的紫外探测器。这种结构的最大响应度为 22.7 $A \cdot W^{-1}$。与之相比，使用还原氧化石墨烯 /ZnO 量子点复合结构的响应度则为 0.35 $A \cdot W^{-1}$。还原氧化石墨烯 /ZnO 纳米棒能够获得更高的响应度，被认为是由于 ZnO 纳米棒与还原氧化石墨烯之间有更强的连接。类似地，Z. Wang 等发现 5%（质量分数）的还原氧化石墨烯 /ZnO 结构的光电流比纯 ZnO 结构的要高 700 倍。光电流的大小随还原氧化石墨烯的增加而变大，直到还原氧化石墨烯的含量达到 5%。当还原氧化石墨烯的含量超过 5%后，光电流的大小随还原氧化石墨烯的含量增加而减小。研究者认为还原氧化石墨烯可以在 ZnO 纳米结构中将光生空穴电子对传导出来，从而提高器件的光电流。随着还原氧化石墨烯含量的增加，这一效应也相对增强，但当含量达到一个临界值后，还原氧化石墨烯开始发生团聚，降低了与 ZnO 结构的接触面积，从而使得光电流减小。除使用复合结构外，对石墨烯表面进行结构修饰也是提高光吸收性能的一个途径，M. E. Itkis 等使用 HNO_3 对外延生长的石墨烯进行氧化，然后利用这种石墨烯材料作为紫外探测器的感应材料。其在 350 nm 的激光下，展现了超过 200 $A \cdot W^{-1}$ 的响应度，可与目前的商用探测器相比拟。石墨烯基紫外探测器开始研究的时间较短，虽然取得了一些成果，但为了能够更好地应用于今后的紫外探测领域，依旧还有很多问题需要解决。

5.4 本章小结

综合上述石墨烯基光电探测器的介绍，石墨烯本身由于有从紫外到太赫兹波段非常宽的吸收光谱，是一种非常适合作为光电探测器的材料。迄今为止，各种器件结构、不同工作原理的石墨烯基光电探测器被制造出来，这些器件展现了优异的性能。对太赫兹探测器来说，由于石墨烯具有极高的等离子波速度（远大于 10^8 $cm \cdot s^{-1}$），通过与天线集成的石墨烯场效应晶体管能够成功检测出太赫兹波段的信号。石墨烯基太赫兹探测器的工作原理是通过天线接收太赫兹信号，再与石墨烯中的等离子体波进行耦合。此外，太赫兹探测器的性能可以通过栅极电压进行调控。然而，目前报道的石墨烯基太赫兹探测器的性能远低于理论预期，同时也低于商用器件。今后，为了提高器件的性能，需要将器件结构的设计和制造工艺进行优化。目前来看，可行的改进方法包括以下三点。

（1）使用表面等离子激元技术增强器件的光吸收。

（2）设计更加先进的天线结构来提高太赫兹波与石墨烯中的等离子体波的耦合效率。

（3）制造出直接使用石墨烯沟道吸收太赫兹波的探测器，理论模型预测这种结构具有很高的灵敏度。

从紫外光到红外光，石墨烯基探测器的工作原理是非常相似的。根据器件结构和工作条件的不同，目前所报道的这些探测器大多基于光生电压效应、光致热电效应以及光辐射热效应等。石墨烯基红外探测器性能优良，近年来引起了广泛的关注。使用高品质的石墨烯可以在超高的工作频率(大于 40 GHz)下工作,展现了在高速光通信中的应用前景。石墨烯/半导体纳米材料复合的红外探测器能够获得高达 10^7 A·W^{-1} 的响应度,这一数值高于绝大多数红外探测器。对于可见光和紫外光的探测,石墨烯基探测器也展现了同样优异的性能。

为了进一步优化石墨烯基探测器的性能,可以对器件的结构进行更加合理的设计。很多报道都指出石墨烯/金属的接触部分、石墨烯/半导体异质结等结构对入射光非常敏感。所以,可以选择合适的金属电极、衬底材料来增强器件的光吸收效率。此外,表面等离子激元技术、利用微加工技术制造微腔和波导等手段都能够增强入射光与石墨烯的相互作用,从而提高器件的性能。另外,与以硅基光电探测器为代表的传统器件相比,石墨烯基探测器还具有机械可弯曲性、制造工艺简单等优点,这些优点对柔性光电探测器的制造和使用具有很大的便利性。

第6章

石墨烯基力敏传感器

本章将介绍力敏传感器的基本性质、分类、特性参数，以及石墨烯基材料在力敏传感器中的作用，重点介绍石墨烯基应变传感器、石墨烯基压力传感器的基本原理，以及相应传感器在柔性衬底上的性能和制造工艺等。

6.1 力敏元件和力敏传感器

6.1.1 力敏元件的基本概念及分类

通常来说，力敏传感器测量的物理量包括拉力、压力、重力以及压强（即单位面积上的压力）。在大多数情况下，这类传感器的输出形式主要是电量，例如电流、电压、电阻变化等。以压阻传感器为例，当外界压力作用在压敏电阻上时，电阻发生形变，从而导致电阻值发生变化，这种物理量转换的形式被称为一级变换；与之对应地，如果压力先通过弹性元件，使弹性元件发生形变，弹性元件再作用在压敏电阻上，使压敏电阻发生形变，从而获得相应的电阻变化量，这种变化方式被称为两级变换。严格来说，这种转换方式中的弹性元件是力敏元件，压敏电阻则是转换元件。但是，这类传感器的性能主要是由压敏电阻的性能决定的，因此压敏电阻在实际使用中被认为是力敏元件，对压敏传感器的研究以压敏电阻的研究为代表，而不是其中的弹性元件。

力敏元件和传感器的分类方法有很多种。根据测量对象的不同，可细分为拉力传感器、重力传感器、压力传感器以及差压传感器等。而根据具体工作原理的不同又可以分为应变传感器、压阻式传感器、压电式传感器、电感式传感器等。这种根据不同工作原理的分类方法在具体使用场合下更为实用。

6.1.2 力敏传感器的特性参数

本小节讨论的特性参数是大部分力敏传感器所通用的，这些特性参数很大程度上能够描述传感器的工作状态和性能。这些参数的具体含义如下。

① 测量范围：在误差的允许范围内，传感器所测得的最大值与最小值所确定的范围，其中最大值和最小值分别被称为测量范围的上限值和下限值。

② 准确度：传感器所测量的结果与待测物理量实际数值之间的一致程度。

③ 蠕变：当测量环境保持恒定时，在一定时间内输出量的变化。

④ 零点输出：在测量环境保持恒定时，传感器在输入量为零的条件下的输出，理想情况下，希望零点输出为零。

⑤ 满量程输出：在规定的条件下，传感器的测量上限与下限输出值之间的代数差。

⑥ 灵敏度：传感器输出量的变化量与被测物理量的变化量的比值，在图像上表现为特性曲线的斜率。

⑦ 温度漂移：简称温漂，指环境温度变化时，输出量随温度的漂移情况。

⑧ 零点漂移：简称零漂，指在一定的时间、温度的变化间隔内，零点输出的变化情况。

⑨ 工作范围：传感器在一定的温度、湿度环境中，传感器能够稳定工作、不会损坏的对应温度范围称为工作温度范围，对应的湿度范围称为工作湿度范围。

⑩ 过载：在实际使用中，能够加载在传感器上不会引起性能永久性变化的被测量的最大值。

⑪ 稳定性：传感器在规定情况下储存、使用，经过一定时间后，仍能保持原有特性参数的能力。

⑫ 零点稳定性：在规定的工作条件下，传感器能够保持零点输出不变的能力称为零点稳定性。

下面将通过不同工作原理的力敏传感器对这些参数进行进一步介绍。

6.1.3 应变式力敏传感器

应变式力敏传感器的感应元件在受到外力作用后，元件产生应变，从而改变感应元件的电阻大小。应变式力敏传感器又叫作应变计、应变片或者电阻应变计。应变式力敏传感器是发展和应用历史最长的一种元件，其制造工艺简单、使用方便，在应力分析、测力等领域有着广泛的应用。

1. 应变式传感器的工作原理

应变式传感器的工作原理主要是导体的应变效应。应变效应是指导体的电阻值随其所受到的机械形变大小而发生变化的现象。根据导体的电阻定律，电阻值 R 的表达式为

$$R=\rho\frac{l}{A} \tag{6-1}$$

式中，l 是导体的长度；A 是导体的横截面积；ρ 是导体的电阻率。当导体受到外力的作用时，假设在理想情况下，导体在外力作用下在轴线方向延伸 Δl，横截面积相应缩小 ΔA，电阻率相应变化 $\Delta\rho$。则导体电阻的相对变化量为

$$\frac{\Delta R}{R}=\frac{\Delta\rho}{\rho}+\frac{\Delta l}{l}-\frac{\Delta A}{A} \tag{6-2}$$

假设导体的截面是一个半径为 r 的圆形，根据材料力学的基本知识，

在弹性形变范围内，$\Delta l / l = \varepsilon$，$\Delta r / r = -2\mu\varepsilon$，$\frac{\Delta\rho}{\rho} = \pi\sigma = \pi E\varepsilon$，其中 σ 是应力值，将这些表达式代入式(6-2)中，可得

$$\frac{\Delta R}{R} = (1 + 2\mu + \pi E)\varepsilon \tag{6-3}$$

式中，ε 为导体的应变量；μ 是导体材料的泊松比；π 是压阻系数，与材料本身的性质有关；E 是材料的弹性模量。

通过式(6-3)可以看出，导体的应变系数与两个因素相关。第一是导体的几何尺寸改变量，即 $(1 + 2\mu)$ 项，这一项被称为几何效应；第二是受到应变后，导体本身电阻率发生变化引起的，即 πE 项，这种现象往往被称为压阻效应。一般来说，研究者把单位应变量引起的电阻值相对变化称为应变电阻的灵敏度 K_0（也称为量规因数），表达式为

$$K_0 = \frac{\Delta R / R}{\varepsilon} = 1 + 2\mu + \pi E \tag{6-4}$$

通常来说，金属导体的压阻效应很小，可以忽略不计，因此金属电阻的应变效应主要是几何效应，灵敏度 $K_0 \approx 1 + 2\mu$，近似等于一个常数。

2. 特性参数

除上面讨论的灵敏度以外，应变式传感器还有一些特性参数需要研究者注意。

(1) 应变电阻原始电阻值 (R_0)。应变电阻原始电阻值是指应变电阻未受外力时，处于自然状态下的电阻值大小。

(2) 应变极限。在一定测试环境下(温度、湿度)，指示应变与真实应变的相对差值不超过 10% 时的最大真实应变值被称为传感器的应变极限。

(3) 温度稳定性。应变电阻在测量时会受到温度的影响，会给测量带来额外的附加误差，器件设计时应当尽可能排除这种误差的影响。

(4) 零漂和蠕变。应变式传感器不承受机械应变时，在一定的温湿

度条件下，传感器输出随时间变化的特性称为应变式传感器的零漂。当应变式传感器承受了一定的机械形变后，在一定的温湿度条件下，传感器输出随时间变化的特性称为应变式传感器的蠕变。零漂和蠕变都是衡量传感器时间稳定性的特性参数。

6.1.4 压阻式力敏传感器

1. 压阻式力敏传感器的工作原理

压阻效应是指半导体受到外力作用时半导体电阻率发生变化的现象。当半导体受到外力作用时，原子阵列会重新排布，晶格间距发生变化，影响了禁带宽度的大小，导致载流子浓度发生变化，进而引起半导体电阻率的改变。这一变化可以通过式(6-5)表示，需要指出的是压阻式传感器的电阻变化主要是通过外力改变电阻率引起的，尺寸变化的几何效应可以忽略不计。

$$\frac{\Delta R}{R}=\frac{\Delta\rho}{\rho}=\pi_l\sigma=\pi_l E\varepsilon \tag{6-5}$$

式中，$\Delta\rho$ 表示受外力后半导体电阻率的变化量；ρ 表示半导体未受力时的电阻率；E 表示半导体的弹性模量；π_l 表示沿晶向 l 的压阻系数；σ、ε 分别为沿着晶向 l 的应力和应变。

从上述讨论可知，压阻式传感器的电阻变化主要是由电阻率变化引起的，而电阻率的变化又是由于受到应力作用引起的，那么压阻式力敏传感器的灵敏度 K_0 为

$$K_0=\frac{\Delta R/R}{\varepsilon}=\pi_l E \tag{6-6}$$

压阻式传感器的精度高、使用寿命长、重复性好、稳定性好，被大量用于压力压强的测量以及与压力和压强相关的应用。

2. 特性参数

压阻式传感器的特性参数与大部分应变式传感器的参数相同，在这

些参数中需要重点注意的是传感器的温度特性、稳定性以及静态特性。

6.1.5 电容式力敏传感器

这类传感器的原理是将外力的变化转化为电容变化，传感器的关键部分是具有可变参数的电容。

1. 电容式传感器的基本工作原理

假设在最理想的情况下，平行板电容器有两个金属极板，金属极板之间有一层电介质材料，不考虑边缘效应的情况下，这个平行板电容器的电容值为

$$C=\frac{\varepsilon A}{d} \tag{6-7}$$

式中，C 是平行板电容器的电容值；ε 是两极板之间电介质的介电常数，$\varepsilon=\varepsilon_0\varepsilon_r$，$\varepsilon_0$ 是真空介电常数，ε_r 是极板间介质的相对介电常数；A 是极板的面积；d 是两个极板之间的距离。从式(6-7)可以看出，改变 A、ε 和 d 三个参数的大小都能使电容值发生改变。根据具体参数改变的不同，电容式传感器又可以细分为变距离式、变面积式以及变介电常数式电容传感器。

(1) 变距离式电容传感器

变距离式电容传感器的工作原理如图 6-1 所示，图中的 A 极板固定不动，B 极板可动，当外力作用在 B 极板上时，B 极板就会发生移动。假设当 B 极板受到外力 F 作用时，产生 x 大小的位移，相应地，两极板之间的距离 d 会发生变化，从而改变电容大小，假设初始电容值 $C_0=\frac{\varepsilon A}{d_0}$，电容值大小与位移 x 之间的关系为

$$C=\frac{\varepsilon A}{d_0-x}=C_0\left(1+\frac{x}{d_0-x}\right) \tag{6-8}$$

式中，电容值变化量与位移量之间不是线性关系，只有当位移 x 的变化远

图 6-1 变距离式电容传感器的工作原理示意图

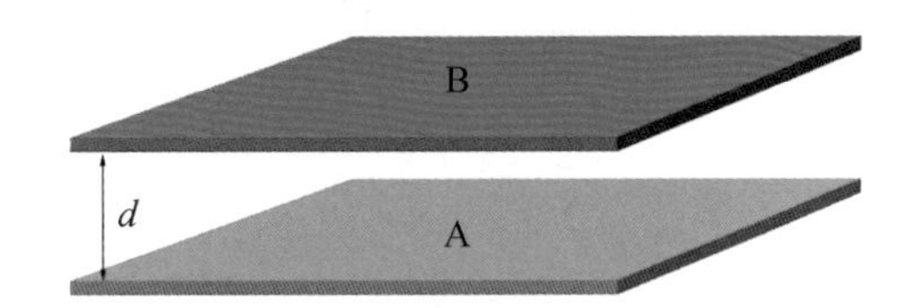

注：图中红色极板 B 是可动极板，蓝色极板 A 是固定极板。

小于极板间距离时，式(6-8)可近似写成

$$C=C_0\left(1+\frac{x}{d_0}\right) \tag{6-9}$$

可见，当位移量比较小时，电容值的变化量与位移量呈线性关系，这种情况下的灵敏度为

$$K_0=\frac{\mathrm{d}C}{\mathrm{d}x}=\frac{\varepsilon A}{d_0^2} \tag{6-10}$$

为了提高传感器的灵敏度，减小输出曲线的非线性现象，在实际应用中，变距离式电容传感器常常被设计成差动形式，其结构如图 6-2 所示。图中 A 与 A′是固定极板，B 是可动极板。当可动极板移动时，上下极板的间距均发生改变，但变化方向相反，一个间距变大，一个间距变小，电容 C_1 和 C_2 形成差动变化，整体的灵敏度变为

$$K_0=\frac{\mathrm{d}C}{\mathrm{d}x}=2\,\frac{\varepsilon A}{d_0^2} \tag{6-11}$$

图 6-2 差动式变距离电容传感器的工作原理示意图

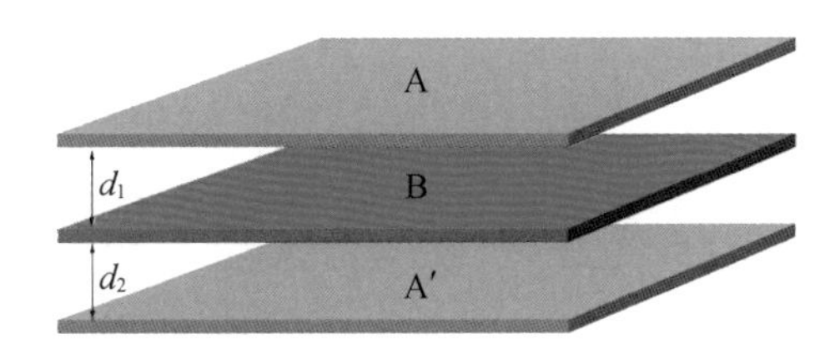

注：图中红色极板 B 是可动极板，蓝色极板 A、A′是固定极板。

(2) 变面积式电容传感器

改变平板电容电极之间的正对面积也是改变电容值大小的一种手段。假设两极板之间的正对面积为 A，当可移动的极板受外力后，沿着一

个方向发生了 x 大小的位移。相应地，电容值 C 也发生了改变。

$$C=\frac{\varepsilon b(a-x)}{d}=C_0\left(1-\frac{x}{a}\right) \tag{6-12}$$

式中，C_0 是初始电容；d 是极板间的距离；a 是极板的长度；b 是极板的宽度；x 是极板沿着长度方向发生的位移量；ε 是介电层的介电常数。变面积式电容传感器的灵敏度为

$$K_0=\frac{\mathrm{d}C}{\mathrm{d}x}=-\frac{\varepsilon b}{d} \tag{6-13}$$

可见，增大极板的宽度和减小极板的间距都能提高传感器的灵敏度。

(3) 变介电常数式电容传感器

不同的电介质材料具有不同的电介质常数，通过改变极板间电介质材料的介电常数也可以实现对传感器电容的调制。

2. 特性参数

电容式力敏传感器可以把外界的压力、位移变化转化为自身电容量的变化，在研究以及生产中，需要注意下列参数。

(1) 电容初始值 C_0。电容初始值是指敏感元件的基准电容，一般与初始设计的材料和尺寸有关。

(2) 过载压力。过载压力是指传感器的单向过压保护能力。

(3) 电容变化量。电容变化量是指敏感元件受到压力后发生形变，引起电容初始值的变化量。

6.2 石墨烯基力敏传感器以及石墨烯基力敏传感器的应用

6.2.1 石墨烯的力学性能

2008 年，Lee 等使用原子力显微镜对单层石墨烯的杨氏模量和断裂

强度进行了测量，并将结果发表于《科学》杂志。如图 6－3 所示，研究者将机械剥离制备的单层石墨烯转移到 Si 衬底上，Si 衬底预先通过干法刻蚀制造出具有微米面积尺寸的圆柱孔阵列。原子力显微镜的探针与悬空于微米孔之上的石墨烯膜相互作用，从而分别测量出石墨烯的杨氏模量约 1 TPa，三阶弹性刚度约－2 TPa，断裂强度约 130 GPa。石墨烯的力学性能研究证明了石墨烯是一种比较"刚"的材料，即要使石墨烯发生形变就需要使用比较强的力。

图 6－3 悬空石墨烯的力学性能测量图

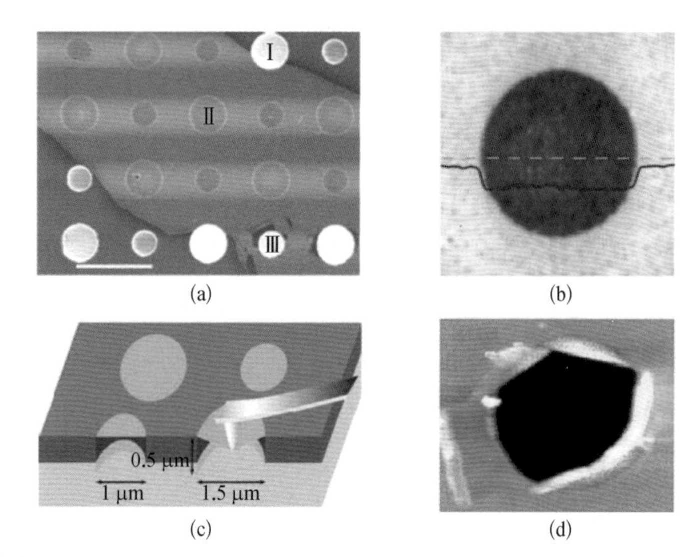

（a）悬空石墨烯的扫描电镜图片，Si 衬底的两种圆柱形孔的直径分别为 1 μm 和 1.5 μm。I：圆柱孔被石墨烯薄膜部分覆盖的区域；II：圆柱孔被石墨烯薄膜完全覆盖的区域；III：石墨烯薄膜被原子力显微镜探针压破的区域，比例尺为 3 μm。（b）当原子力显微镜工作在非接触模式时，石墨烯薄膜的电镜照片，圆柱孔直径为 1.5 μm，实心蓝线是沿着蓝色虚线方向的高度轮廓扫描曲线，石墨烯薄膜的厚度约为 2.5 nm。（c）探针对悬空石墨烯薄膜施压的示意图。（d）被压破的石墨烯薄膜的原子力显微镜图片

6.2.2 石墨烯应变电阻的模型

与 Si、SiGe 和 Ge 等传统半导体类似，外力引起的应变同样会使石墨烯的电学性质发生改变。2010 年前后，研究者通过理论模型计算出石墨烯在受到外界应力作用下的电学性能变化。其中，Li 等使用

紧束缚模型通过第一性原理计算分析了石墨烯以及石墨烯纳米带在多种应力条件下的电学性质，归纳出了统一准确的理论模型。根据这些结论，以下内容将介绍石墨烯在不同应变条件下的电学性能的变化。

1. 石墨烯应变模型的基本概念

考虑到石墨烯晶体的各向异性，作用于石墨烯的应变应该采用应变张量形式来分析，即

$$\varepsilon=\begin{pmatrix}\varepsilon_A & \gamma \\ 0 & \varepsilon_Z\end{pmatrix} \tag{6-14}$$

式中，ε_A 和 ε_Z 分别表示沿着扶手椅形边缘和之字形边缘方向的单轴向应变；γ 表示剪切应变，单轴向应变和剪切应变的机制如图 6-4 所示，其中，黑色箭头表示应变方向，所有的边缘碳原子用氢原子进行钝化。我们将还未发生应变的石墨烯片层方向(即长边)定义为 x 方向，与之对应地，纳米带的横向方向(即短边)定义为 y 方向。当 ε_A 或者 ε_Z 的取值大于 0 时，意味着石墨烯晶体正在承受拉应力；当 ε_A 或者 ε_Z 的取值小于 0 时，意味着石墨烯晶体正在承受压应力。

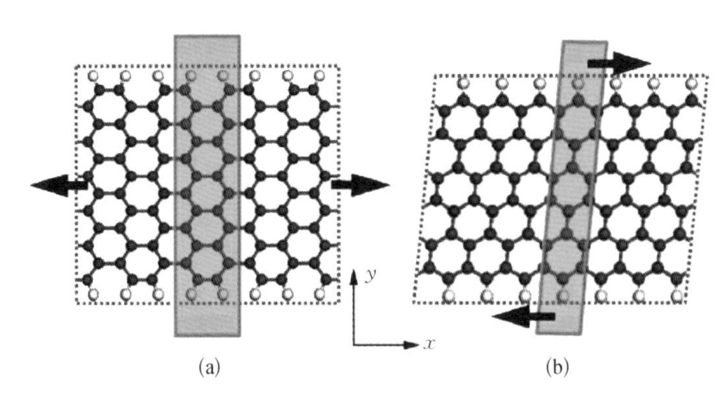

图 6-4 石墨烯片层受到应变的示意图

（a）10%左右的单轴向应变情况下的石墨烯片层的示意图，其中石墨烯片层的边缘为扶手椅形；（b）10%左右的剪切应变情况下的石墨烯片层的示意图，其中石墨烯片层的边缘为之字形

2. 理论模型的建立

根据 Hückel TB 理论，当石墨烯片层中有应变产生时，实空间的波矢将会变成 $r=(I+\varepsilon)r_0$，其中 I 是单位矩阵，ε 是应变张量，r_0 是未受应变时的原实空间波矢。那么，倒空间的波矢则在受到应变时就会变成

$$k^*=(I+\varepsilon)^T k_0 \tag{6-15}$$

由于应变的引入，布里渊区将不再保持原有的六边形形状，而通过引入变换后的波矢 k^*，以及式(6-17)的变换形式又可以获得等效的六边形，如图 6-5 所示，变换过程如下。

$$k \cdot r=k \cdot (I+\varepsilon)r_0=[(I+\varepsilon)^T k]\cdot r_0=k^* \cdot r_0 \tag{6-16}$$

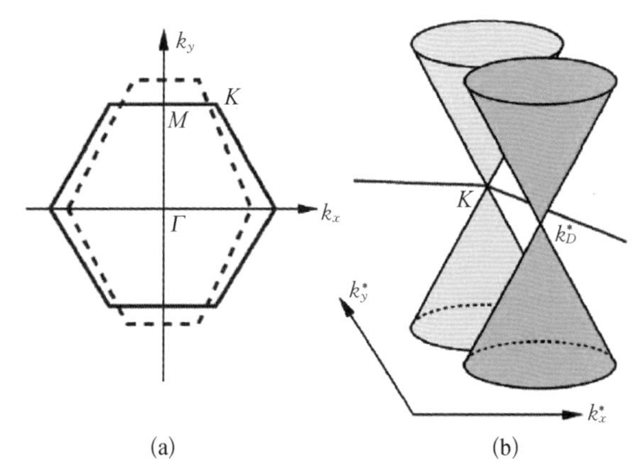

图6-5 应变引起的石墨烯能带结构变化的示意图

（a）布里渊区的变化；（b）石墨烯能带从 k 空间移动到 k^* 空间

通过引入 k^*，给整个模型的构建带来极大的便利性。例如，哈密顿量可以改写成

$$H(k)=\sum_{i=1,2,3} t_i \cdot e^{ik\cdot a_i}=\sum_{i=1,2,3} t_i \cdot e^{k^*\cdot a_{i0}} \tag{6-17}$$

式中，a_i 是石墨烯中碳原子三个化学键方向上的波矢；t_i 是跃迁系数，与化学键的长度有关。当应变引入时，化学键的长度会相应发生改变，从而引起跃迁系数的变化。如果引入的应变是对称的，那么 $t_1=t_2=t_3$，此时狄拉克点位于六边形布里渊区的顶点处。当石墨烯被施加单轴向或者是

剪切应力时，t_1、t_2、t_3 将不再相等，狄拉克点也将会从原来的位置发生移动。通过线性近似，狄拉克点的移动量 Δk_D^* 可以表示为

$$\begin{cases}\Delta k_{Dx}^* \cdot a_0 = S_t[(1+\nu)\sigma\cos 3\theta + \gamma\sin 3\theta] \\ \Delta k_{Dy}^* \cdot a_0 = S_t[-(1+\nu)\sigma\sin 3\theta + \gamma\cos 3\theta]\end{cases} \tag{6-18}$$

式中，Δk_{Dx}^* 和 Δk_{Dy}^* 分别表示移动量 Δk_D^* 沿着 x 和 y 方向的分量；θ 是石墨烯片层边缘与 x 轴之间的夹角；σ 是沿着 y 方向的单轴向应变的大小；ν 是石墨烯的泊松比大小；S_t 是一个引入的常量，用来反映 t_i 与 a_i 之间的关系。为简化推导过程，考虑特殊情况（哈里森跃迁系数关系），$S_t = 1$，那么，当石墨烯受到应变时，石墨烯在狄拉克点的色散关系就变成

$$E(k) = \pm \frac{3}{2} t_0 a_0 \mid k^* - k_D^* \mid \tag{6-19}$$

这就意味着当石墨烯受到应变时，其能带（形状为三角锥）将会移动到 k^* 空间。

3. 应变对石墨烯能带结构的影响

上述内容讨论了施加外部应变后石墨烯的狄拉克点发生移动的现象，这会导致石墨烯的能带结构发生变化。通过对无限大的石墨烯平面在不同应变条件下的密度泛函理论计算分析，研究者发现应变的引入会造成狄拉克点处的导带能量与狄拉克点处的价带能量不相等。未受力的石墨烯的带隙为零，狄拉克点处导带能量与价带能量相等，计算结果表明狄拉克点处导带与价带之间会产生一个大小约为 100 meV 的小带隙。然而，这并不意味着石墨烯的带隙可以通过施加应变来打开，因为导带和价带在狄拉克点附近仍然保持连接，整个能带依旧是零带隙的。受应变后狄拉克点能带间隙可以被称为赝带隙 $E_{gap}(k_V^*)$，赝带隙的大小与所受应变的大小和种类有关，关系式如下。

$$E_{gap}(k_V^*)=\begin{cases}3t_0S_t(1+\nu_A)\varepsilon_A & \text{(沿扶手椅形边缘的单轴向应变)}\\ 3t_0S_t(1+\nu_Z)\varepsilon_z & \text{(沿之字形边缘的单轴向应变)}\\ 3t_0S_t\gamma & \text{(剪切应变)}\end{cases}$$

(6-20)

使用密度泛函理论分析，数据如图6-6所示。剪切应变对赝带隙$E_{gap}(k_V^*)$大小的影响要小于单轴向应变造成的影响，这是由于这两种应变会导致石墨烯产生不同的泊松比。当石墨烯被沿着单一方向的应力拉伸时，石墨烯片层会在垂直于拉伸方向上发生收缩，这会导致狄拉克点发生更大程度的移动。

图6-6 不同应变影响下的石墨烯赝带隙$E_{gap}(k_V^*)$的变化情况

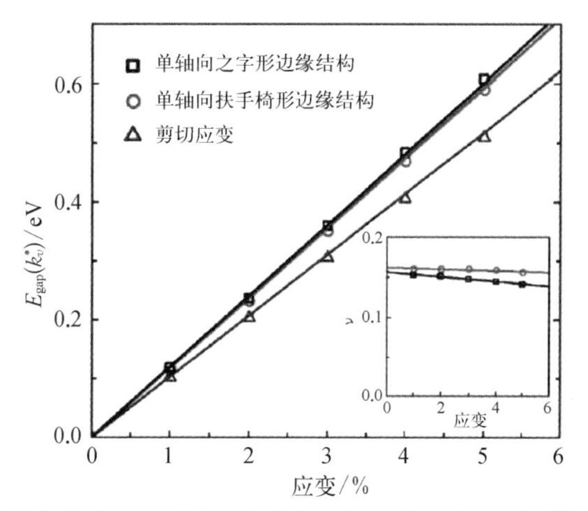

注：图中直线是根据式(6-20)的线性拟合。插入图为不同大小的单轴向(黑线：之字形边缘；红线：扶手椅形边缘)作用下的石墨烯的泊松比大小。

4. 应变对石墨烯电学性能影响的实验研究

上述理论研究证明应变的引入会使石墨烯的狄拉克点发生偏移，从而改变石墨烯的电学性能。与之对应地，Fu等于2011年对单层CVD生长的石墨烯在单轴向应变作用下的电学性能做了系统的实验研究。结果表明通过逐渐增加单轴向应变，石墨烯的电导会相应发生显著的改变。当承受的应变在4.5%以下时，石墨烯的电导变化是可以重复的，这种程度的应变属于弹性形变。当应变超过5%时，拉伸过的石墨烯片层的电导将不再恢复，这一范围的应变属于塑性形变。石墨烯受单轴向应变后的电阻变化的数据如图6-7所示。其中，图6-7(a)是石墨烯应变电阻变化测试的示意图，CVD生长的单层石墨烯被转移在柔性衬底PDMS (Polydimethylsiloxane，聚二甲基硅氧烷)上。图6-7(c)中的插入图是对应于图6-7(a)所示结构的扫描电镜图片，被测试的石墨烯片层的尺寸为40 μm×20 μm。定义单轴向应变 $\varepsilon_{xx}=\dfrac{L-L_0}{L_0}\times100\%$，其中 L 为被拉伸后的PDMS的长度；L_0 为未被拉伸的PDMS的长度；$\varepsilon_{yy}=-\nu\varepsilon_{xx}$ 则为PDMS拉伸方向的横向应变大小，石墨烯的泊松比取 $\nu=0.186$。那么，石墨烯所受的应变等效于两种应变的叠加，即 $\varepsilon=\varepsilon_{xx}+\varepsilon_{yy}=(1-\nu)\varepsilon_{xx}$。图6-7(b)是不同应变大小下，石墨烯的 $I-V$ 特性曲线。图6-7(c)和图6-7(d)是电阻与应变关系的详细数据关系。通过对数据的线性拟合，灵

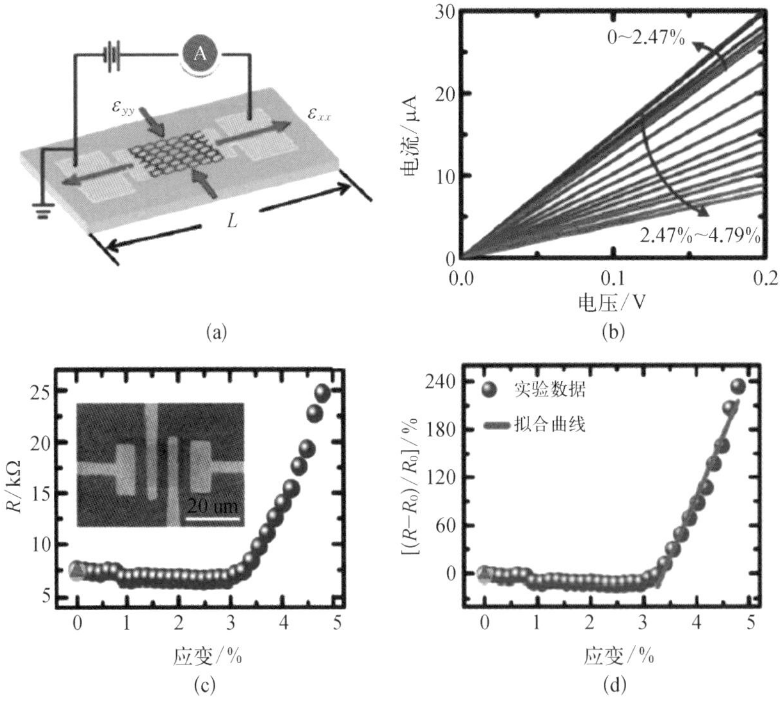

图6-7 石墨烯受单轴向应变后电阻值的测量结果

(a) 测试结果的示意图(通过拉伸PDMS施加应变在石墨烯上)；(b) 不同单轴向应变下，石墨烯的 $I-V$ 特性曲线；(c) 石墨烯的电阻随单轴向应变大小变化的数据曲线；(d) 石墨烯电阻的相对变化量随单轴向应变大小变化的数据曲线

敏度可以被计算为151。图6-7(c)显示了电阻随应变大小的变化趋势。首先,当应变小于2.47%时,石墨烯的电阻会轻微下降。这是由于在CVD生长的过程中,石墨烯表面会出现很多褶皱。在被转移到PDMS表面之后,这些褶皱依旧存在并且会引入一定的应力。当石墨烯受到拉伸时,这些预应力将会得到释放,导致电阻缓慢下降。这一阶段过后,当应变大于2.47%时,石墨烯的电阻将显著增大。当PDMS从4.5%的应变释放后,电阻值可以恢复到原来的数值,这意味着整个过程属于弹性形变的范畴。造成电阻变大的微观机理是应变的引入导致石墨烯晶格结构的扭曲,但是所施加应变的强度还不足以破坏石墨烯六边形蜂巢状结构。晶格结构的扭曲会打破晶体结构的平衡,从而改变能带的结构,进一步会导致能带的分裂以及削弱费米能级附近的电子传输效率,从而增大电阻。另一方面,石墨烯晶格结构的扭曲还会产生额外的散射中心,降低载流子的迁移率,从而导致电阻的升高。

在承受应变时,单层石墨烯的电阻变化非常显著,展示了良好的应变灵敏度。然而,单层石墨烯应变电阻的测量范围只有不到5%,同时石墨烯本身的刚度比较大,这意味着发生应变所需要的应力比较大。这些性质会局限单层石墨烯的应用范围,特别是对于人体健康监测和交互方面的柔性可穿戴领域,人体皮肤的应变范围为0～40%,大部分可穿戴设备为了与人体皮肤获得良好的接触从而获得可靠的测试数据,往往需要与皮肤具有同等级别的拉伸性能。同时考虑到单层石墨烯高昂的制造成本,在已报道的关于石墨烯的力敏传感器中,真正使用单层石墨烯的相对较少。大部分研究者往往采用石墨烯片层堆叠的形式来制造传感器,通过结构调制,这些传感器都具有极佳的灵敏度。例如,2012年,Li等使用CVD在预先制备好的铜网结构上制造出了石墨烯网状结构,其制造流程以及石墨烯网的结构如图6-8所示,其制造流程首先使用CVD工艺在铜网上沉积出石墨烯层,随后将铜网腐蚀,再将石墨烯网转移到PDMS柔性衬底上,最后沉积电极并进行封装。通过结构调制,这种石墨烯网状结构制造出的传感器有着高达10^6的灵敏度。

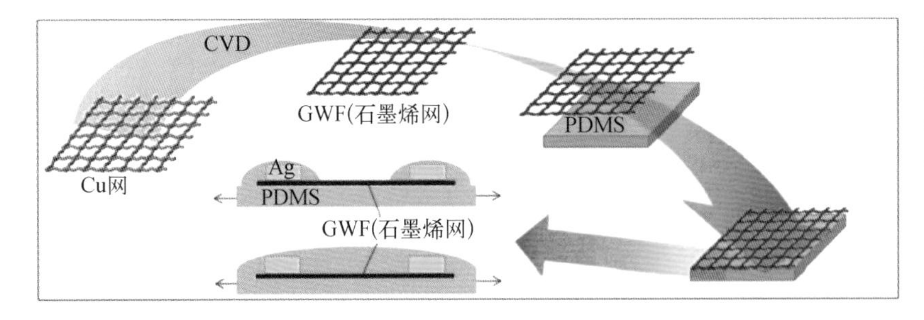

图6-8 石墨烯网状结构应变传感器

这种传感器展示出来的测量范围和灵敏度相较于单层石墨烯均有着很大的提高。

6.2.3 石墨烯基力敏传感器的类型

1. 柔性传感器的概念

作为力敏传感器，报道的石墨烯基传感器大多采用柔性基底作为弹性元件。这类采用柔性基底的传感器也可以归为柔性传感器的范畴。柔性传感器近年来取得了一系列重要的成果，受到同样是柔性的人体皮肤的启发，柔性传感器的研究逐渐向模仿人体皮肤的方向进行，包括可拉伸、可弯曲的机械性能以及类皮肤的传感性能。作为人体最大的器官，皮肤本身就是一个复杂的集成传感系统。类比于皮肤，人们将具有类皮肤传感功能的柔性传感器或者传感器系统称为电子皮肤(electronic skin, e-skin)。其中，柔性力敏传感器主要是实现电子皮肤的触觉感知功能。近年来，石墨烯电子皮肤领域取得了很大的发展，传感器的感应范围和灵敏度都远远超过了人体皮肤。这些优良的特性使得石墨烯基柔性传感器能够对人体血管的微弱搏动、声带振动等人体生理活动进行监测，在人体健康监测以及新型人机交互界面应用上有着很大的潜力。

2. 石墨烯基力敏传感器的类型

目前来看，石墨烯基力敏传感器主要包括压力传感器和应变传感器两种类型。根据传感机理的不同，压力传感器又可以细分为电阻型压力传感器、电容型压力传感器以及场效应晶体管型压力传感器。相应地，应变传感器则包括电阻型应变传感器、晶体管型应变传感器。表 6-1 是近年来石墨烯基压力和应变传感器性能的总结。所有器件均属于柔性器件，器件不能被拉伸或者拉伸性很差(应变范围小于 2%)，则认为器件只具有弯曲性。压力传感器的灵敏度计算公式为 $S=\frac{\Delta x / x_0}{\Delta p}$，即测量变量 x 的相对变化与对应的压力变化量的比值，单位为 kPa^{-1}。应变传感器的灵敏度计算公式为 $S=\frac{\Delta x / x_0}{\varepsilon}$，测量变量 x 的相对变化与对应应变变化的比值，是一个无量纲的物理量。

表 6-1 近年来石墨烯基压力和应变传感器的性能

分类	敏感材料	传感机理	拉伸性/弯曲性	最小探测限	最大探测限	灵敏度
压力传感器	还原氧化石墨烯海绵	电阻型	可弯曲	163 Pa	49 kPa	15.2 kPa^{-1}
	石墨烯 /PU 复合海绵	电阻型	可弯曲	9 Pa	10 kPa	0.26 kPa^{-1}
	还原氧化石墨烯微结构	电阻型	可弯曲	1.5 Pa	1.4 kPa	5.5 kPa^{-1}
	多孔还原氧化石墨烯海绵	电阻型	可弯曲	9 Pa	10 kPa	161.6 kPa^{-1}
	共面栅型石墨烯晶体管	晶体管型	可弯曲	5 kPa	40 kPa	0.12 kPa^{-1}
	氧化石墨烯海绵	电容型	可弯曲	0.24 Pa	4 kPa	0.8 kPa^{-1}
	CVD 石墨烯	电容型	可拉伸	—	450 kPa	0.002 kPa^{-1}
应变传感器	CVD 石墨烯	电阻型	可拉伸(5%)	2.47%	4.79%	151
	CVD 石墨烯	电阻型	可拉伸(7.1%)	0.015%	7.1%	14
	石墨烯膜	电阻型	可拉伸(30%)	2.5%	20%	2
	石墨烯网	电阻型	可拉伸(10%)	0.5%	10%	10^6
	石墨烯网	电阻型	可拉伸(30%)	—	2%	35
	石墨烯纳米片	电阻型	可弯曲	0.05%	0.37%	37
	石墨烯纳米片	电阻型	可弯曲	0.5%	1.6%	600
	还原氧化石墨烯	电阻型	可拉伸(10%)	—	10%	9.49
	石墨烯片层	电阻型	可弯曲	—	1.6%	100
	石墨烯复合物	电阻型	可拉伸(100%)	10%	100%	7.1

续　表

分类	敏感材料	传感机理	拉伸性/弯曲性	最小探测限	最大探测限	灵敏度
压力传感器	石墨烯复合物	电阻型	可拉伸(800%)	—	800%	35
	电化学剥离石墨烯	电阻型	可拉伸(5%)	0.2%	5%	1 037
	电化学剥离石墨烯	电阻型	可拉伸(48%)	0.4%	48%	1 697
	还原氧化石墨烯	晶体管型	可弯曲	0.02%	0.35%	7.5

6.2.4　石墨烯基应变传感器的结构及其制造工艺

1. 石墨烯基应变传感器的结构

图 6-9 是石墨烯基应变传感器的典型结构以及应变引起电阻变化的微观机理示意图。多层石墨烯呈“鱼鳞”状覆盖于柔性衬底上，由于石墨烯薄膜与柔性衬底之间的作用力很强，受到外界应力时，柔性衬底产生的应变能够很好地传递到石墨烯片层中。相邻石墨烯片层之间发生滑移，相互接触面积减小，从而造成片层之间的接触电阻变大。在弹性应变的范围内，电阻变化与应变大小呈正相关关系。

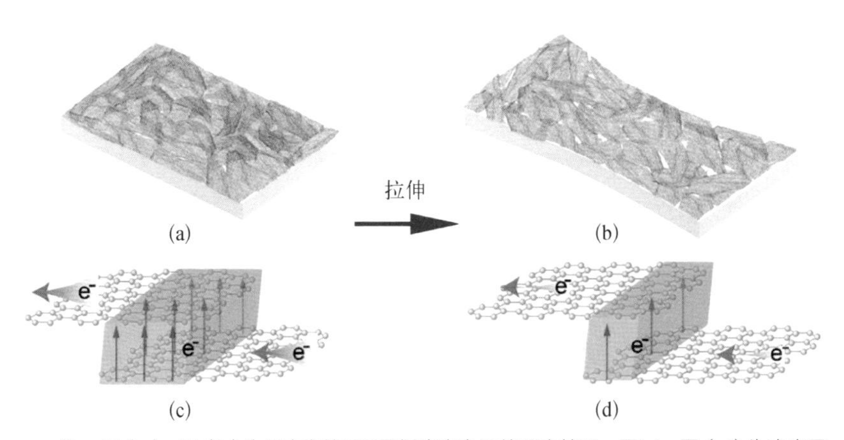

图6-9　石墨烯基应变传感器的典型结构

注：图（a）、图（b）为受应变前后石墨烯应变电阻的形变情况；图(c)、图（d）为应变导致电阻变化的微观机理示意图。

2. 石墨烯基应变传感器的制造工艺

目前报道的石墨烯基应变传感器的制造工艺种类繁多。从制造工艺的共性角度来讲，大致可以分为柔性衬底的制造以及石墨烯敏感材料的制造两个主要步骤。以下内容将对这两个步骤进行介绍。

1）柔性衬底的制造

作为弹性元件，柔性衬底的机械性能很大程度上决定了应变传感器的机械性能。因此根据具体的应用场合，选择或者制备合适的柔性衬底对制造应变传感器来说至关重要。目前，常用的柔性衬底材料有PDMS、聚乙烯醇（Polyvinyl Alcohol，PVA）、聚对苯二甲酸乙二醇酯（Polyethylene Terephthalate，PET）、橡胶和聚酰亚胺（Polyimide，PI）等。其中，PDMS具有良好的弹性、便利的可加工性以及生物安全性，被广泛使用。通常这些柔性材料以聚合物材料为主，往往需要从低聚物出发，通过一定的合成条件（如反应温度、时间以及溶剂等）来形成聚合物。聚合物材料的性质与制备条件息息相关。改变这些材料的制备条件，可以调制柔性材料的机械性能。以PDMS为例，通过控制交联剂与主剂的质量比，可以有效调制固化后PDMS的弹性模量。表6－2总结了不同交联剂与主剂质量比的PDMS在100℃下固化15 min的杨氏模量的变化。从表6－2可以看出，随着交联剂所占质量的增加，固化后的PDMS的杨氏模量显著增加，这意味着PDMS变得更“硬”。此外，改变固化时间和温度也可以调制PDMS的杨氏模量，增加固化时间和提高固化的温度都可以使PDMS变得更“硬”。研究者可以根据自己的实际应用需求来选择合适的制备条件，从而制造出能够满足应用需求的柔性衬底。

表6－2　不同交联剂与主剂质量比的PDMS的杨氏模量

交联剂的百分比（质量比）	杨氏模量/kPa
3%	49
5%	220
10%	900

除了控制柔性衬底的机械性能外，通过微加工技术将衬底表面进行微结构化也是柔性衬底的一项重要研究内容。对于可穿戴设备而言，与皮肤形成共形接触是器件正常工作的前提条件。布满纹理的皮肤表面十

分粗糙且不平整，平坦的柔性衬底很难与皮肤形成良好的共形接触。将柔性衬底微结构化，通过增大接触面积可以实现与皮肤的良好接触。图6-10是平坦衬底表面和微结构化衬底表面分别与皮肤接触的扫描电镜图片。图6-10(a)为平坦衬底表面与皮肤的接触情况，可以看到两侧有很明显的空隙。图6-10(b)为微结构化衬底表面与皮肤的接触情况，通过比较可以看出，微结构化衬底表面与皮肤形成良好的共形接触，微结构化衬底表面与皮肤之间接触面积更大，空隙更小。

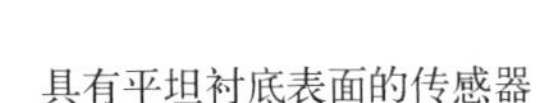

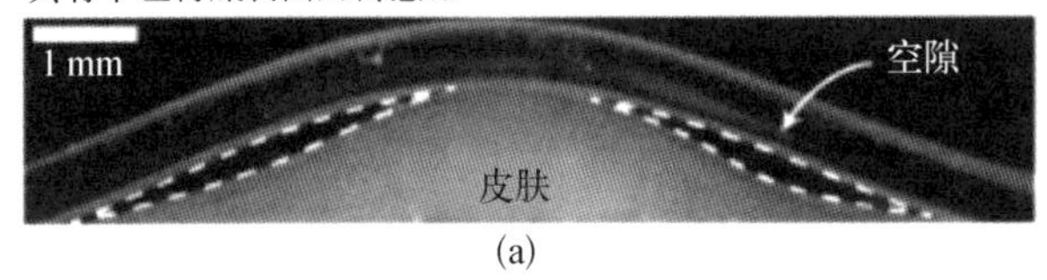

(a)

具有微结构化衬底表面的传感器

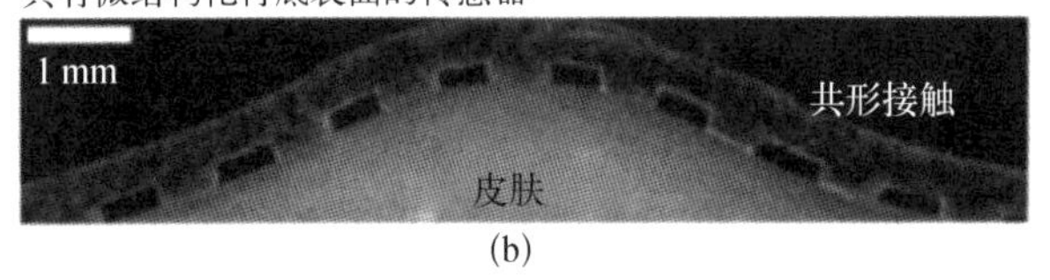

(b)

图6-10 平坦衬底表面和微结构化衬底表面分别与皮肤接触的扫描电镜图片

此外，形成共形接触的柔性传感器在抑制噪声的能力上也有了很大的提升。图6-11是具有平坦衬底表面和微结构化衬底表面的传感器对人体脉搏波的测量数据对比，从图中可以看出，微结构化衬底传感器相较

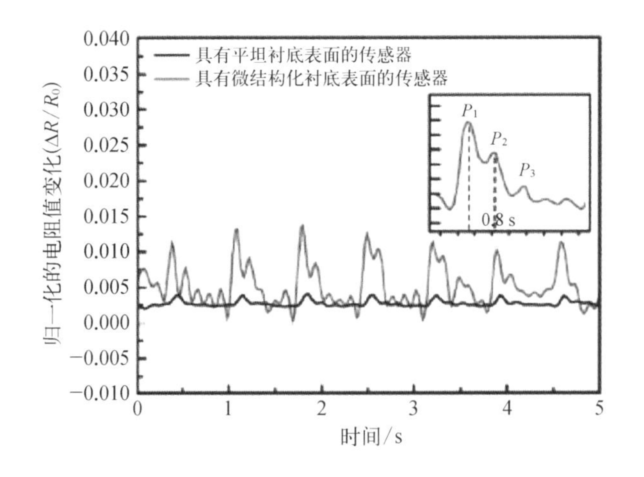

图6-11 具有平坦衬底表面的传感器（黑线）与具有微结构化衬底表面的传感器（红线）对人体脉搏波的测量数据

于平坦衬底传感器能够获得更加清晰丰富的曲线，这意味着衬底的微结构化有利于提高传感器的信噪比(Signal to Noise Ratio，SNR)。目前，石墨烯基应变传感器从体表上所测得的大多数人体健康数据(如脉搏波、颈静脉波、呼吸速率等)都是叠加在大噪声背景下(因为人是运动的)的小信号，采用衬底表面微结构化，提高传感器的信噪比，就可以获得更加准确的人体健康信号，从而辅助用户更好地分析和评价自身的健康情况。

以下内容将以 PDMS 为例介绍衬底微结构化的工艺流程。图 6-12 是工艺流程的示意图。大致可以分为反形模板制造、覆盖 PDMS、PDMS 固化以及脱模四个过程。第一步，使用硅片刻蚀技术(如湿法腐蚀、干法腐蚀)将平整硅片制造成具有反形微结构的阵列模具；第二步，使用旋涂等涂敷手段将液态 PDMS 覆盖于模板上，通过控制涂敷的参数，例如旋涂的转速，可以控制衬底的厚度；第三步，选择合适的温度和加热时间使 PDMS 固化；第四步，脱模，由于 PDMS 对硅片有着非常强的吸附力，为了使 PDMS 能够完整脱模，常常需要对硅片进行表面预处理，通常对硅模板做疏水处理，用氟硅烷溶液泡 2 h 以上，然后用烘箱在 150℃下烘干。

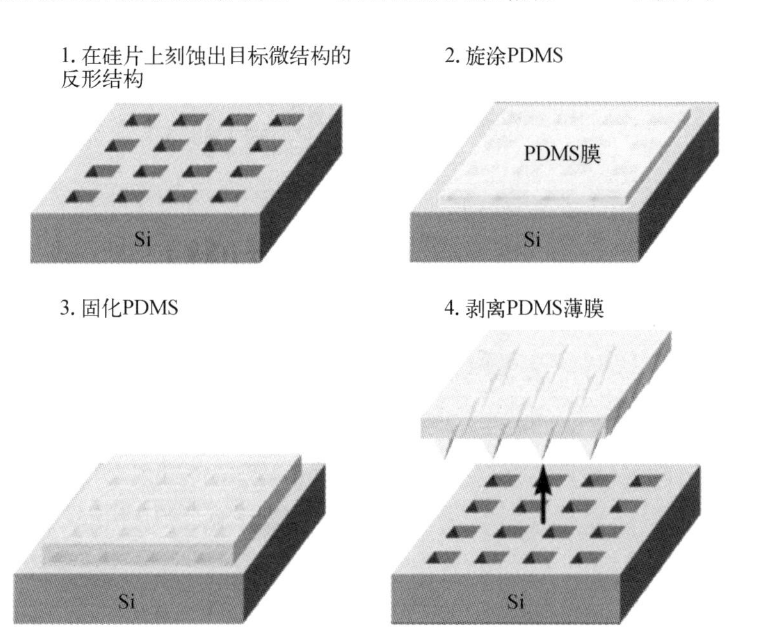

图 6-12 PDMS 衬底微结构化示意图

2）石墨烯感应薄膜的制造

与之前讨论过的传感器感应薄膜的制备技术类似，应变传感器的石墨烯感应薄膜制造往往也采用 CVD 转移法、旋涂法、喷涂法、马兰戈尼效应自组装成膜法、激光诱导碳化法、印刷法以及抽滤法等技术手段。由于大部分的柔性衬底都不能承受高温，薄膜在柔性衬底的沉积过程中通常在常温情况下进行。

（1）CVD 转移法

CVD 转移法常用于应变传感器的制造。通常的方法是先在金属衬底上生长出石墨烯薄膜，再把金属衬底腐蚀，将石墨烯薄膜转移到柔性衬底上。常用的石墨烯薄膜图形化手段大致分成预先衬底图形化（之前介绍的在铜网上生长石墨烯就是一个典型的例子）和成膜后的氧等离子体刻蚀法两种。另外，通过与卷对卷（roll-to-roll）技术的结合，CVD 制造工艺在应变传感器的大规模连续化生产上有着很大的优势，如图 6-13 所示。主要步骤包括：（1）使用热压法将石墨烯/铜箔与柔性衬底结合；（2）用电化学起泡剥离法将石墨烯与铜箔分离；（3）通过与连续化 CVD 石墨烯生长系统连接，将步骤（2）中的铜箔回收并重新用来生长新的石墨烯。另外，除了可以实现单一石墨烯薄膜的生产外，还可以在柔性衬底上添加其他纳米材料（如纳米线等）来制备复合薄膜。

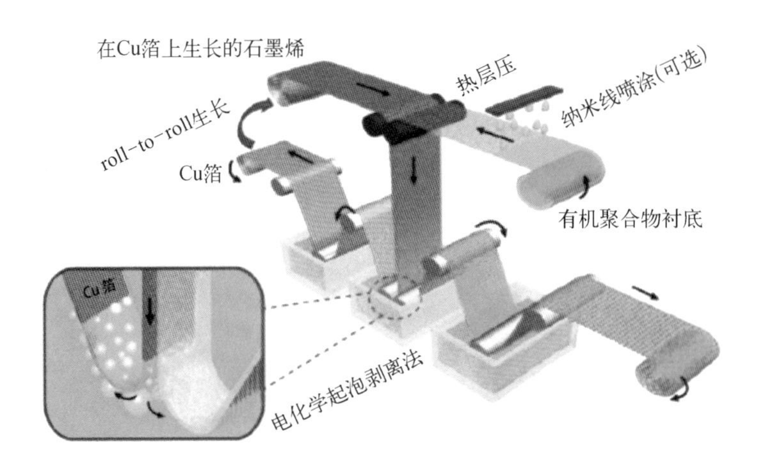

图 6-13　roll-to-roll 技术流程的示意图

(2) 旋涂、喷涂法

相对于CVD转移法，旋涂、喷涂法的制造流程相对简单，旋涂法是采用旋涂机以一定的转速将分散液匀开来形成薄膜；喷涂法是利用喷枪将分散液雾化成小液滴，喷洒在衬底上成膜。由于这两种方法都采用石墨烯分散液的形式，因此对这两种制造方法来说，石墨烯在液体中的分散性会对感应薄膜的性能造成很大的影响。采用上述两种方法的传感器制造技术，大多都从化学法制备氧化石墨烯出发，考虑到氧化石墨烯在水、酒精等极性溶剂中有着良好的分散性，将氧化石墨烯作为薄膜制造的前驱体。通过氧化石墨烯分散液以旋涂、喷涂的方式沉积在目标衬底上后，再利用强还原剂将氧化石墨烯薄膜还原成石墨烯薄膜。另外，除了使用易分散的氧化石墨烯外，添加表面活性剂也是一种能够增强石墨烯分散性的方法，但是这种方法会残留大量的表面活性剂，这会对石墨烯敏感层的电学性能产生影响。除了石墨烯的分散性问题以外，分散剂与衬底之间的浸润性也是需要考虑的重要问题，研究者可以根据实际需求选择合适表面张力的分散剂，以及采用氧等离子体处理、特殊化学试剂浸泡等方式改变衬底的浸润性来实现薄膜的均匀沉积。

(3) 马兰戈尼效应自组装成膜法

马兰戈尼效应自组装成膜法由于其快速、便捷且不需要高温条件的制造流程，以及良好的成膜性，引起了研究者的关注。所谓马兰戈尼效应是指在两种具有不同表面张力的液体的界面存在表面张力梯度，发生质量传送的现象。出现马兰戈尼效应的原因是表面张力大的液体对其周围表面张力小的液体产生强拉力，形成表面张力梯度，使液体从表面张力小的区域向张力大的区域流动。例如，将酒精滴入水中，由于水的表面张力比酒精的表面张力大，界面上局部酒精多的区域由于界面上的表面张力差就会向水多的区域流动，这就是马兰戈尼效应。利用这一效应，先将石墨烯分散到表面张力比水小的液体(如酒精)中，再将分散液滴入水中，由于马兰戈尼效应的作用，界面上的酒精会向水多的区域移动，同时分散于其中的石墨烯片层也会同时移动并铺开，最终在液体/空气界面处自组装形成石墨烯薄膜，整个过程如图 6－14(a)所示，先制备一定浓度的石墨烯分散液；再将石墨烯分散液滴入大表面张力的液体(如水)中，石墨烯片层会在液体/空气界面自组装形成薄膜；接着持续滴入石墨烯分散液使薄膜更加均匀致密；最后石墨烯薄膜形成，等待转移到目标衬底。石墨烯薄膜在界面形成后，将薄膜从液体/空气界面直接转移到目标柔性衬底上，转移过程和转移结果分别如图 6－14(b)和图 6－14(c)所示。这种方法制造工艺简单、所需时间短，适用于不同结构的衬底，并且可以大面积制造石墨烯薄膜。

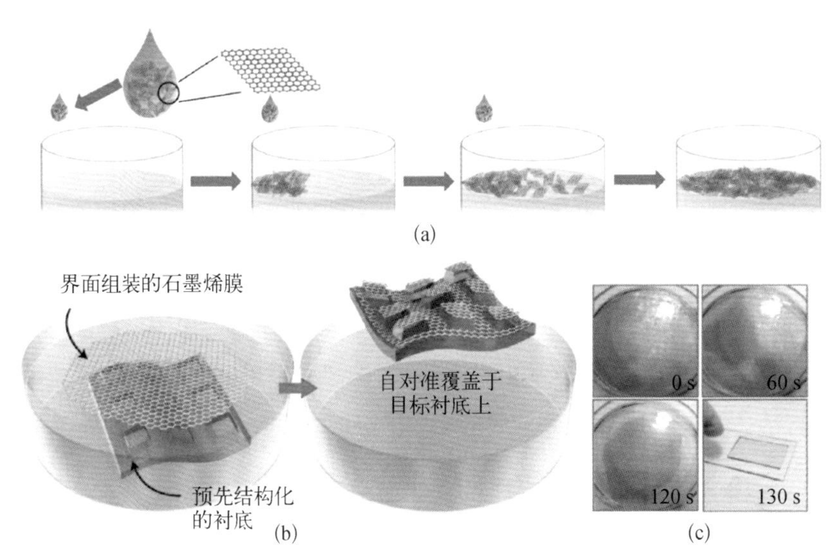

图 6－14　马兰戈尼效应自组装成膜法

（a）石墨烯薄膜自组装过程的示意图；（b）石墨烯薄膜被转移到目标衬底的示意图；（c）整个马兰戈尼效应自组装成膜法过程的光学图片（整个过程所需的时间约为 2 min）

(4) 激光诱导碳化法

激光诱导碳化法也是一种石墨烯的制备方法，该方法利用高功率激光辐射在柔性聚合物(如聚酰亚胺)上，在柔性聚合物上产生局部的高温，使得聚合物发生碳化形成石墨烯。制造工艺的示意图以及相应制备的石墨烯的扫描电镜图分别如图 6－15(a)和图 6－15(b)所示，在波长为 450 nm 激光的辐照下，聚酰亚胺被局部高温碳化成为石墨烯。这种制备方法的优点是可以直接在柔性衬底上制造出所需的器件结构，且制造时间短、标准化程度高，便于大规模生产。

图 6-15 激光诱导碳化石墨烯制备

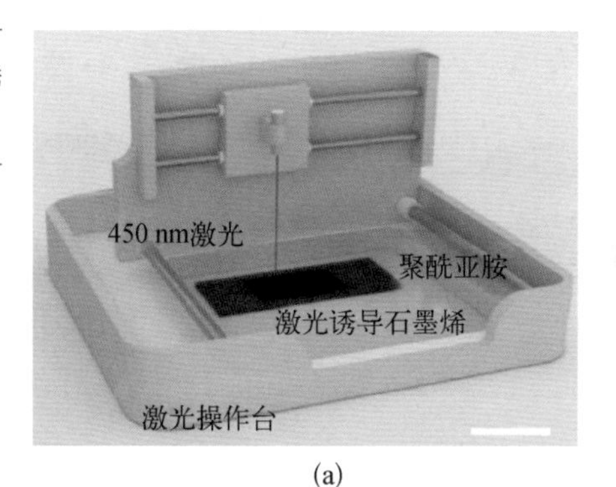

(a)

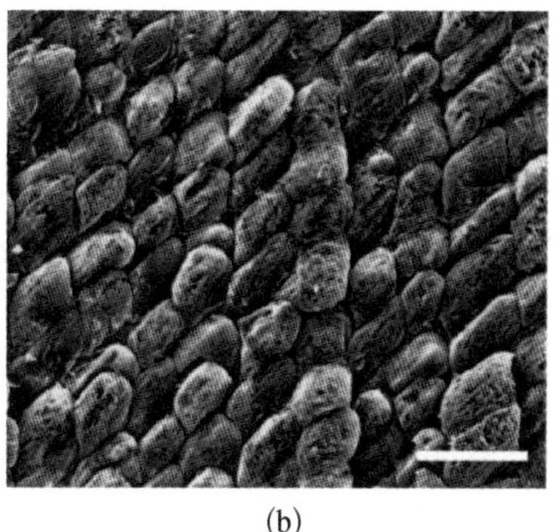

(b)

(a) 石墨烯制造工艺的示意图，图中比例尺：2.5 cm；(b) 用激光诱导碳化法制得的石墨烯的扫描电镜图片，图中比例尺：150 μm

(5) 印刷法

印刷技术(如丝网印刷、喷墨打印等)也是一种常用的感应薄膜制造技术，类似于传统意义上的打印，分散液通过微针头打印在目标衬底上，可以通过控制针头孔径来调整打印的线宽。印刷技术的制造工艺与喷涂技术有一定的相似性。印刷技术也需要重点考虑石墨烯的分散性和分散液的浸润性等问题。但是相较于喷涂技术，印刷技术的标准化、自动化程度更高。目前，已经有研究者通过印刷法实现了复杂电路的制造。

(6) 抽滤法

抽滤法也是制造石墨烯感应薄膜的一种常用手段。选择合适孔径和材质的滤膜，利用负压将分散液中的液体与石墨烯片层分离。由于负压和重力的作用，石墨烯片层像鱼鳞一样很均匀地铺在滤膜上形成石墨烯薄膜。薄膜的厚度可以通过控制所抽滤的分散液的体积来确定。将石墨烯薄膜从滤膜上脱膜后，可以以石墨烯薄膜为模板直接制造出柔性衬底，这种技术的制造流程如图 6-16 所示。先将石墨烯薄膜与滤膜剥离，再将液态的 PDMS 旋涂在剥离的石墨烯薄膜上，最后选择合适的温度将 PDMS 固化。

上面介绍的几种感应薄膜制造方法是石墨烯基柔性应变传感器中感应薄膜的常用制造方法。表 6-3 总结了这些方法的优缺点，研究者可以根据实际情况选择合适的方法来制造石墨烯基柔性应变传感器。

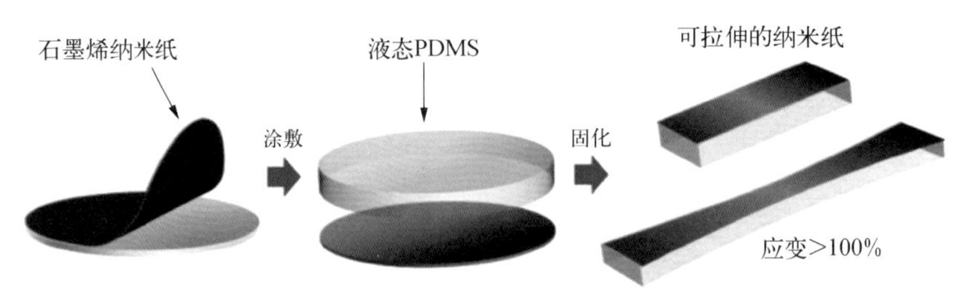

图 6-16 用抽滤法制造石墨烯感应层的制造流程示意图

表 6-3 石墨烯感应薄膜制造方法的优缺点

制造方法	优　　点	缺　　点
CVD 转移法	制备的石墨烯品质好，易于图形化，工艺的标准化程度高，通过与 Roll-to-roll 技术结合可以实现大规模连续化生产	制造成本高，转移所需要的工序多，而且在石墨烯转移的过程中易受污染
旋涂、喷涂法	制造工艺简单，制造过程不涉及高温等制造条件，成本低	工艺标准化程度较低，对前驱液体的分散性以及对衬底的浸润性有着额外的需求
马兰戈尼效应自组装成膜法	成膜的均匀性好，制造工艺简单，制造时间短，并且制造过程不需要高温等条件，能够制造大面积的薄膜，成本低	工艺标准化程度较低
激光诱导碳化法	制造工艺简单直接，制造时间短，易于图形化，方便大规模制造	成本较高，激光诱导制备的石墨烯品质一般，并且制造的成本较高
印刷法	制造工艺简单直接，不涉及高温等制造条件，易于图形化，方便大规模制造，成本低	前驱液体的分散性和对衬底的浸润性需要额外考虑
抽滤法	制造工艺简单，不需要高温等制造条件，成本低	工艺的标准化程度较低，需要额外考虑石墨烯薄膜与滤膜的剥离问题

3. 石墨烯基压力传感器的制造工艺

虽然石墨烯基压力传感器中部分制造工艺与应变传感器有类似的地方，但是压力传感器在设计思路上与应变传感器有根本的不同，跟应变传感器相比，压力传感器在结构上更为立体。压力传感器往往采用三明治结构，一般包含电极、衬底和敏感层三个功能层部分。由于压力传感器在结构上更为复杂，各功能层机械性能，特别是杨氏模量要相匹配。

1）柔性衬底的制造

压力传感器的柔性衬底制造与之前讨论过的应变传感器类似，也包括控制柔性衬底的机械性能、柔性衬底的微结构化以及皮肤的共形化接触，此处就不再赘述。

2）电极的制造

目前报道的压力传感器采用的电极包括金属或者金属纳米线、导电聚合物以及碳材料（碳纳米管、石墨烯等）。金属电极一般是通过溅射、蒸发以及电镀等微电子加工技术制造而成的，金属电极的导电性好，但是金属电极的机械性能与柔性衬底的匹配性较差，此外金属电极在制造过程中需要高温等条件，这会增加制造工艺的步骤。相比金属电极，导电聚合物[如 PEDOT/PSS（聚 3,4-乙烯二氧噻吩/聚苯乙烯磺酸盐）]与柔性衬底的匹配程度较好，并且与柔性衬底的制造工艺相兼容，然而导电性较金属电极差。金属纳米线（如银纳米线）、碳材料电极的制造工艺一般采用旋涂、喷涂的方法，石墨烯电极的制备还有 CVD 转移法等手段。这些制造技术比较简单，并且能够与柔性衬底实现良好的兼容。

由表 6-1 可知，目前大多数的压力传感器的拉伸性能都比较差。造成这一现象的原因一方面是由于器件各功能层的机械性能（特别是杨氏模量）不匹配，另一方面则是由于电极的不可拉伸性，当大尺度拉伸发生时，电极的电阻会发生剧烈的变化，会对压力传感器的性能产生很大的影响。因此，制造可以拉伸的电极对增强器件整体的拉伸性能十分关键。同时可拉伸的电极也是柔性器件发展的一个重要方向。目前，实现电极可拉伸的主要手段包括预拉伸技术、蛇形线电极制造技术以及可拉伸聚合物电极制造技术等。

3）石墨烯感应层的制造

石墨烯感应层的制造是压力传感器制造的核心技术。在有的石墨烯基压力传感器中，石墨烯敏感层可以同时充当弹性元件和转换元件。根据感应层制造方法的不同，可以分成石墨烯海绵感应层和模板辅助石墨烯感应层两类。

（1）石墨烯海绵感应层的制造

由于石墨烯海绵是多孔状结构，并且表观密度轻、弹性模量低，除环境领域外，石墨烯海绵在能源领域也有着很大的应用潜力。此外，因为这些特性，石墨烯海绵还可以感受轻小物体所产生的压力变化。在这种情况下，石墨烯海绵感应层既充当了弹性元件又充当了转换元件。当石墨烯海绵受到外界压力时，海绵会被压缩，海绵内部的接触面积增大，使得整体电阻减小。类似地，对于采用氧化石墨烯海绵的电容型压力传感器，在受到外界压力时，海绵被压缩，整体的混合介电常数发生改变，从而导致电容变大(氧化石墨烯的介电常数大于空气)。石墨烯/氧化石墨烯海绵受压力被压缩和撤销压力恢复的过程如图6-17(a)所示。石墨烯海绵中的孔洞是可以通过冷冻干燥技术、热处理技术制造出来的，冷冻干燥技术是先将水冷冻成冰晶，再通过真空干燥将冰晶升华，最终得到多孔结构。而热处理技术则是通过对氧化石墨烯薄膜进行加热，使氧化石墨烯薄膜发生热还原，这个过程会有气体产生，产生的气体会使薄膜内部发生膨胀，从而形成多孔状结构。用这两种方法制得的孔洞结构的扫描电镜图片分别如图6-17(b)和图6-17(c)、图6-17(d)所示。

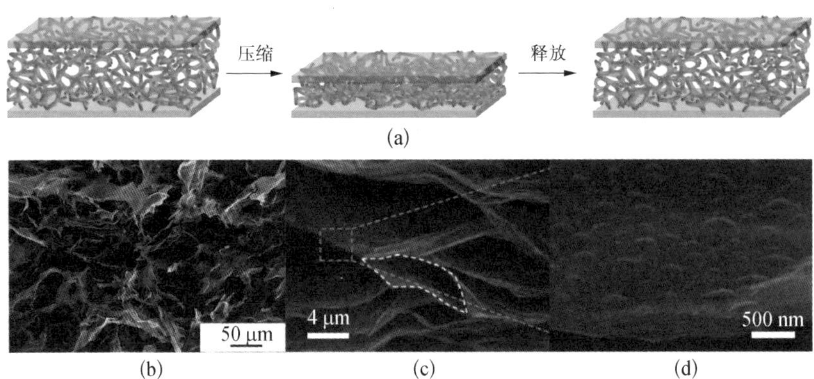

图6-17 石墨烯海绵感应层的结构

(a) 石墨烯海绵感应层受压力被压缩和撤销压力恢复的示意图；(b) 采用冷冻干燥技术制造出的石墨烯海绵结构的扫描电镜图片；(c) 采用热处理技术制造出的石墨烯海绵结构的扫描电镜图片；(d) 石墨烯海绵结构的高倍扫描电镜图片

(2) 模板辅助石墨烯感应层的制造

这种制造方法的思想是将弹性元件与转换元件分开，即通过外力作用在弹性模板(也可以是结构化的衬底)上并使之产生应变，同时将应变传递给附着于模板之上的石墨烯感应层，进而使石墨烯感应层的电阻发生相应的变化。这与石墨烯基应变传感器的原理类似。一般来说，模板辅助石墨烯感应层的制造需要注意选择合适的弹性模板以及石墨烯沉积技术。例如，可以将弹性海绵浸泡在氧化石墨烯分散液中，使弹性海绵附着氧化石墨烯片层，再通过还原便可以制造出具有弹性的石墨烯/海绵复合物，整个过程如图6-18(a)所示。另外，使用喷涂技术、CVD转移法在结构化的衬底上沉积石墨烯也是实现模板辅助石墨烯感应层的制造手段。CVD转移法的实现流程如图6-18(b)所示，第1步：使用光刻胶在铜箔上做出掩模；第2步：使用湿法刻蚀在铜箔上腐蚀出微结构；第3步：在铜箔上生长热氧化层；第4步：使用CVD在铜箔上生长出不同尺寸的石墨烯；第5步：往铜箔中倒模PDMS并固化；第6步：剥离PDMS并最终形成石墨烯基压力敏感层。

图6-18　模板辅助石墨烯感应层的制造过程

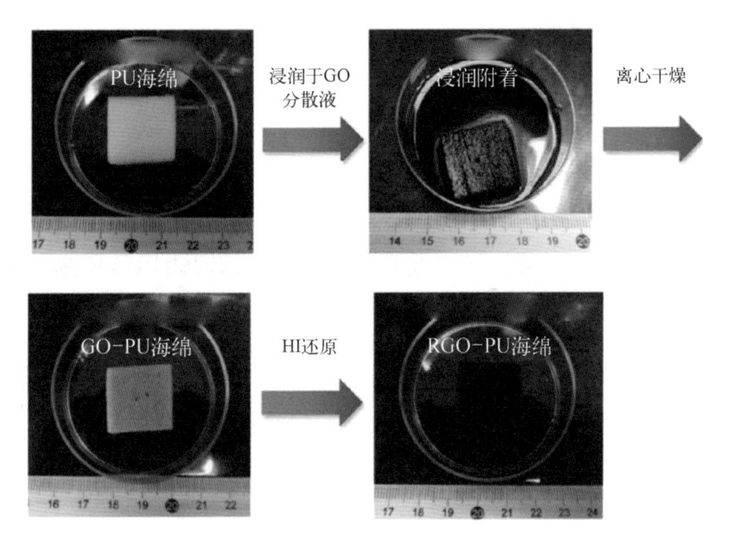

(a) 石墨烯/海绵复合弹性物的制造流程

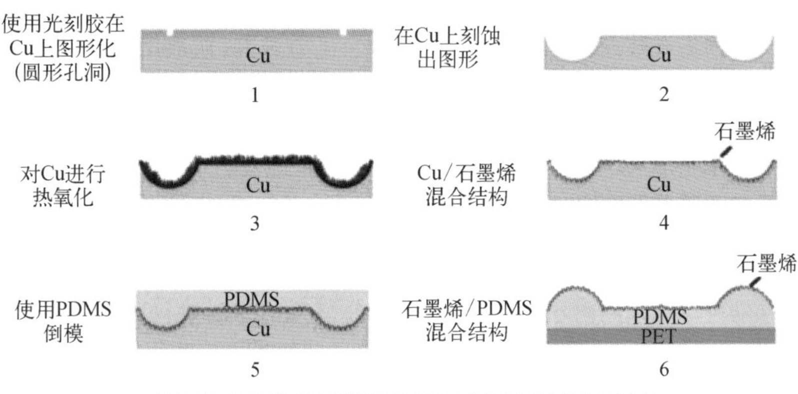

(b) 用CVD转移法制造石墨烯基压力敏感层的流程示意图

6.2.5 石墨烯基力敏传感器的应用

目前报道的石墨烯基柔性应变传感器和压力传感器主要应用于可穿戴电子领域。具体来说，主要应用于人体健康信号监测和实现新型人机交互方式这两大方面。

1. 人体健康信号监测

人体的器官和组织，例如血管，在正常的生理活动中会产生振动信号，例如血管的搏动，这一系列的振动背后蕴含着丰富的人体健康信息。人体正常生理活动产生的振动信号根据作用的强弱程度可以大致分为低压区（小于 10 kPa）、中压区（10～100 kPa）以及高压区（大于 100 kPa）三个区域。人体的不同器官和组织会产生不同强度的生理振动信号。例如，脑部活动产生的颅内压以及眼部活动产生的眼内压等身体内部的压力属于低压区域；呼吸、桡动脉、颈静脉以及声带产生的振动信号属于中压区域，而这也是绝大多数的石墨烯基力敏传感器针对的测量范围；属于高压区域的信号主要是由体重产生的对足部的压力。这些生理振动信号的实时监控对于辅助诊断以及健康数据的记录有着重大的意义。

（1）血管搏动信号的测量

正常人的心脏在平静的状态下以 60～100 次每分钟的频率通过血管向全身输送血液。心脏收缩时，心脏内的压力升高，血液从心脏流向血管；心脏舒张时，心脏内的压力下降，血液从血管回流至心脏。整个过程中，血管的搏动与心脏的搏动是对应关系，因此，血管搏动信号的测量可以反映心脏的健康状况。从目前已报道的结果来看，主要的测量部位是桡动脉和颈静脉，因为这两处的血管靠近体表，方便测量。石墨烯基力敏传感器可以直接贴附在皮肤上，对这两处血管的搏动进行无创式测量。图 6－19(a)是石墨烯基力敏传感器贴合在皮肤表面进行测量的示意，从图中可以看出，表面微结构化的衬底可以使传感器与皮肤表面实现良好

图 6-19 石墨烯基力敏传感器对血管搏动的监测

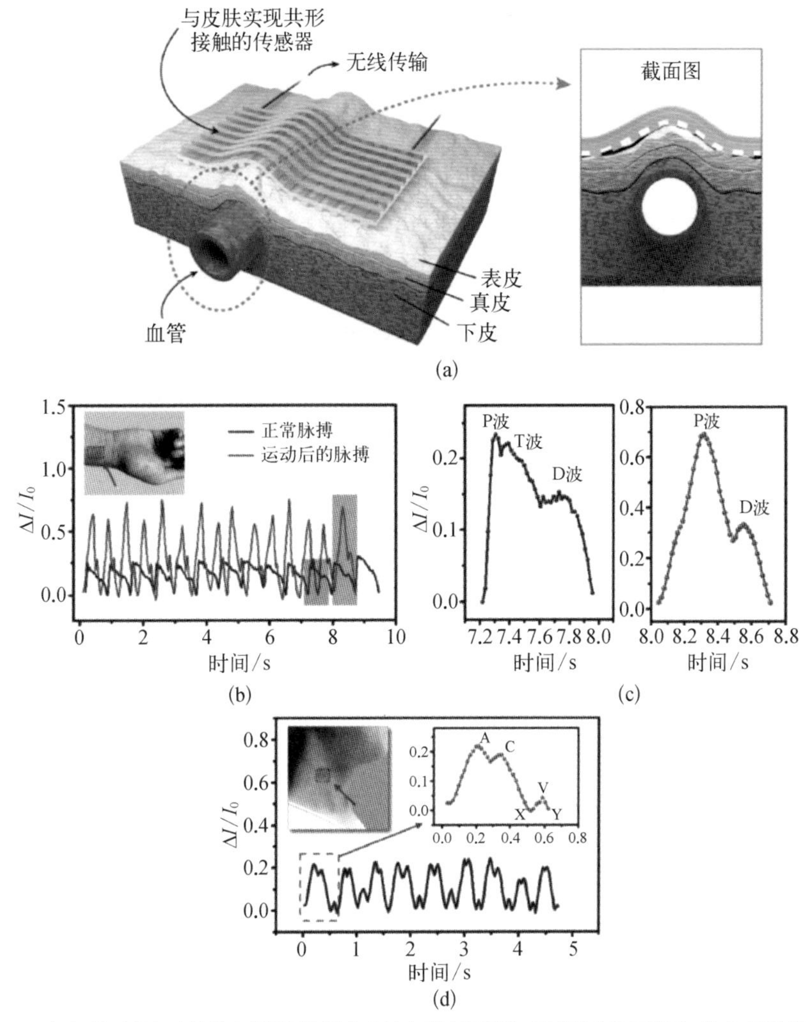

（a）传感器与皮肤贴合并测量靠近体表的血管（桡动脉、颈静脉）的示意图；（b）平静/运动状态下的桡动脉搏动（即脉搏）的测量数据；（c）平静/运动状态下单个桡动脉搏动（即脉搏）波形的测量数据；（d）颈静脉搏动的测量数据

的共形接触，这能够极大地提高信噪比。图 6-19(b)和图 6-19(c)是对桡动脉搏动在平静和运动两个状态下的测量数据(即脉搏数据)。图 6-19(b)是周期性脉搏波的数据，通过这些数据可以计算出心率。此外，从图 6-19(b)可以看出，运动后的脉搏比平静时要快，并且波动更大，这与人运动后的实际状态相吻合。图 6-19(c)是单个脉搏波的具体形状，在平静状态下，可以清晰地看到单个脉搏波有很多波峰和波谷，这些波峰

和波谷都有着特定的生理含义。例如,图中标注的 P 波即主波,表示心脏收缩向血管泵血;D 波即重搏波,表示心脏舒张,血液开始从血管中回流;T 波即潮波,它是由于左心室停止射血,动脉压开始下降,主切动脉受到左心室射血的冲击而产生的。运动后,潮波消失,这是因为运动引起的血管舒张,使得动脉膨胀,促进了血管和心室的耦合作用。

相比于桡动脉脉搏波,颈静脉的搏动能够提供更丰富的心血管信息。图 6-19(d)中波形的波峰和波谷代表着相应的生理含义。其中,“A”峰表示心房收缩,“C”峰表示右心室收缩,“V”峰表示心房充盈,“X”谷表示心房放松,“Y”谷表示心脏三角瓣打开。整个过程与心脏的心动周期对应。通过记录和分析每一个波峰和波谷的数据就可以对人体心脏和血管的健康状况进行评估,能够起到辅助诊断和早期治疗的作用。

(2) 声带振动的监测

喉咙中的声带是人体的主要发声器官,人通过声带的振动来发出声音。通过在喉咙附近贴合石墨烯基力敏传感器,如图 6-20(a)所示,声带的振动可以借由传感器监测并记录,这些测试数据可以用来分析声带的健康情况,辅助医疗诊断。除此之外,传感器还可以分辨出人发出的不同声音和喉咙做出的各种动作(如吞咽、咳嗽等),如图 6-20(b)所示,同一种运动的测量信号有很好的一致性,不同类型的运动在波形上有很明显的区别。这些数据还可以辅助语音识别,提高人机交互的效率。

(3) 呼吸的监测

呼吸的监测也是一项重要的生理指标监测,因为正常人每时每刻都在呼吸。人呼吸的过程是通过胸腔扩张,将气体吸入肺里,进行气体交换后,胸腔开始收缩,将气体排出。通过在胸腔上贴附石墨烯基力敏传感器,胸腔扩张和收缩的活动就可以被检测出来,这对分析人体呼吸功能有很大的意义。图 6-21 是测试得到的呼吸过程的数据,数据具有周期性,通过这些数据可以计算出呼吸速率,从曲线可以清晰地分辨出吸气(胸腔扩张)和呼气(胸腔收缩)的过程。此外,运动状态的呼吸频率和强度明显强于平静状态,这与人体在运动和平静状态下的实际感受相吻合。

图 6-20　石墨烯基力敏传感器对声带的监测

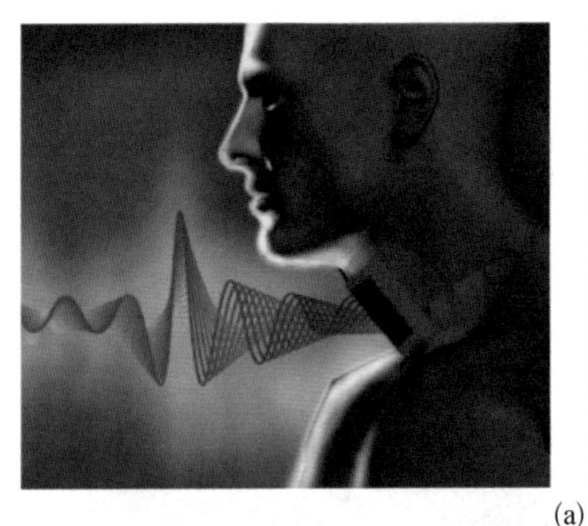

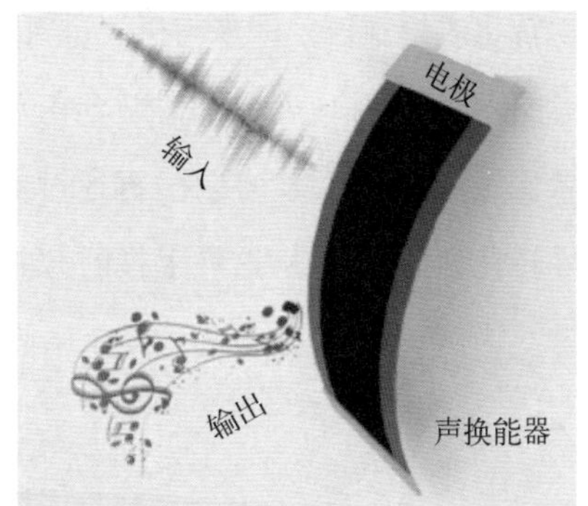

(a)

(b)

（a）石墨烯基力敏传感器测量声带振动以及声音转换的示意图；（b）石墨烯基力敏传感器对不同喉咙运动产生的信号的监测

图 6-21　石墨烯基力敏传感器对呼吸过程的监测

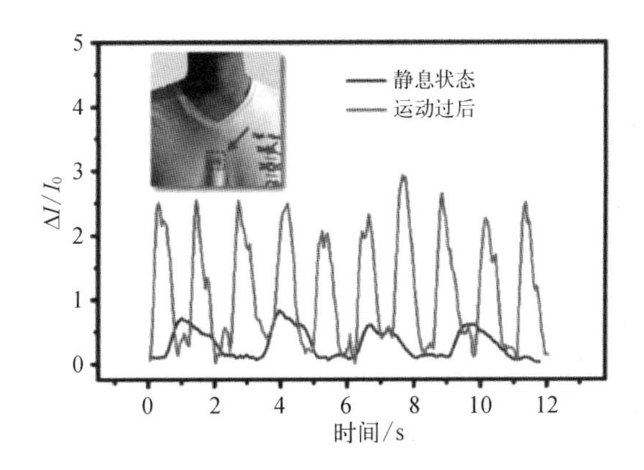

2. 新型人机交互方式

新型的人机交互方式也是石墨烯基力敏传感器的重要应用方向，将石墨烯基可穿戴力敏传感器贴合在人体皮肤上，可以将某些人体关节运动转化成控制信号用来与机器进行交互。图 6-22(a)就是这一思路的示意图,石墨烯基应变传感器贴合在人体指关节上,人的指关节的弯曲会导致传感器的电阻发生变化,再通过数模转化技术将指关节运动的模拟信号转化为数字信号,这样手指的弯曲就可以用来控制程序(这里以贪吃蛇游戏为例)中虚拟角色的运动了。图 6-22(b)和图 6-22(c)分别是实现

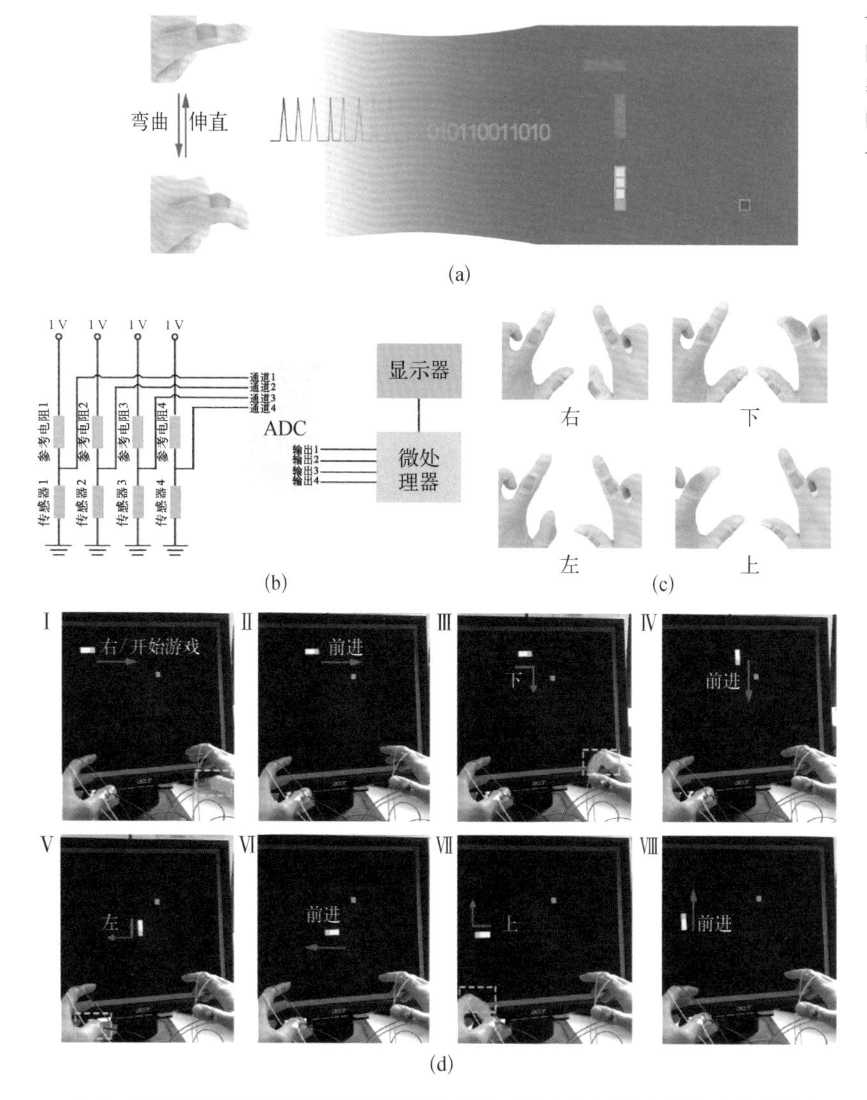

图 6-22 石墨烯基应变传感器辅助的人机交互

(a)人机交互(贪吃蛇游戏)实现的示意图;(b)人机交互实现的电路图;(c)人机交互的控制逻辑;(d)指关节操控虚拟角色的实际照片,Ⅰ~Ⅷ显示了虚拟角色的运动会根据不同指关节的弯曲而相应做出改变

人机交互的电路图和控制的逻辑图。最终的显示效果由图 6-22(d)中的一系列照片呈现,从这些照片可以看出,虚拟角色的运动完全根据现实中操作者不同指关节的弯曲来实现。近年来,石墨烯基力敏传感器在人机交互领域中取得的成果颇丰,这些成果与前面讨论过的人体健康数据采集技术协同发展,将人体的生理指标和动作指令转化为机器能够理解的语言,提高人机交互的效率,使机器能够更好地服务于人。随着科学技术的发展,以力敏传感器为代表的先进可穿戴器件最终会逐渐降低人和机器之间存在的交互壁垒,进而使得人与机器逐步融合。

6.3 本章小结

本章介绍了力敏传感器的基本概念、石墨烯的力学性能以及石墨烯在力敏传感器中的应用,重点介绍了目前最常见的两种传感器,即石墨烯基应变传感器和石墨烯基压力传感器,分别介绍了传感器的性能、结构以及相应的制造工艺技术。目前,石墨烯基力敏传感器的应用主要集中在可穿戴传感器领域,大量文献报道了石墨烯基力敏传感器被用于人体健康监测以及人机交互领域中,展示了极大的潜在应用价值。未来,石墨烯基力敏传感器会向着器件性能更好、多种功能相集成、各功能层之间的机械匹配程度更高以及与现有微电子技术兼容性更好等方面发展。

第7章

石墨烯基温度传感器

作为一个重要的物理量(温度是国际单位制的七个基本物理量之一),温度的测量对工农业生产、环境监测、家居生活以及健康医疗等方面都有重大的应用价值。近年来,石墨烯基温度传感器的研究取得了一系列的成果,给温度传感器的发展带来了新的发展机遇。本章将概述温度测量的基本概念,石墨烯基热敏元件的发展现状、分类以及基本测量原理、特性参数等。

7.1 温度测量的基本概念

7.1.1 温度的定义

物体的温度是表征其冷热程度的物理量。从热平衡理论的角度来看,温度是描述热平衡系统中冷热程度的物理量,它衡量着系统内部分子(或者原子)无规则运动的激烈程度,即温度高的物体内部的分子平均动能大,温度低的物体内部的分子平均动能小。理论上,在绝对零度时,物体内部的分子将不会运动(实际上,这是不可能出现的)。从能量的角度来看,温度是描述系统不同自由度间能量分配状况的物理量。

温度是一个标量,但是不同于长度这样的标量,温度有一定的特殊性。温度可以被称为一种“内涵量”,因为跟长度这样的物理量不同,温度是不能用简单的叠加法来进行计量的。例如,两杯 50℃ 的水倒在一起,不可能得到一杯 100℃ 的水。但是如果往一个 1 m 高的盒子上再叠放一个 1 m 高的盒子,高度就会变成 2 m。值得一提的是,在所有国际单位制的物理量中，温度是唯一具有这种特性的物理量，其他物理量（长度、时间、质量、电流强度、光强度及物质的量）均具有可叠加性，这些可叠加的物理量又称为“广延量”。

7.1.2 温标

什么是温标？温标就是温度的数值表示方法，是衡量温度的标尺。所有的温度计以及温度传感器所显示的数值都必须依据温标来确定。由于温度的测量在技术上并不能直接达到，需要通过别的物理量来间接表示（如热电阻），因此温度的标尺跟长度的尺子不同，温标必须将一些物质的“相平衡点”（如冰水混合物、水沸腾时的温度）作为温度“标尺”上的固定点，这些固定点的中间温度值是通过函数关系来描述的，这个函数被称为内插函数。通常来说，人们把温度计、固定点和内插函数这三个温标的必要条件称为温标三要素。

常见的温标有三种：热力学温标、国际温标以及经验温标。热力学温标（又称绝对温标、开式温标）是由物理学家开尔文提出来的，它的定义是：在可逆条件下，工作于两个热源之间的卡诺热机与两个热源之间交换热量之比等于两个热源热力学温度的数值之比。热力学温标定义下的温度被称为热力学温度，用符号 T 表示，单位是 K，定义为水三相点热力学温度的 1/273.15（273.15 K 为冰点）。热力学温度的 0 K 被称为绝对零度，根据热力学第二定律，绝对零度是不可能达到的。

热力学温标虽然准确，但是在使用过程中其实并不方便。人们在日常生活中需要一种兼具便利性同时又有一定科学依据的温标，因此催生出了国际温标。1989 年第 77 届国际计量委员会通过并决定在 1990 年 1 月 1 日开始正式实行国际温标，即 ITS－1990（International Temperature Scale of 1990），是一个国际协议性温标，它与热力学温标接近，而且复现精度高，使用更为方便。这种温标使用与 273.15 K（冰点）的差值来表示温度，这种方法表示的热力学温度被称为摄氏温度（用 t 表示），摄氏温

度的单位为摄氏度，符号是℃。摄氏温度的数学定义式为

$$\frac{t}{℃}=\frac{T}{\mathrm{K}}-273.15 \tag{7-1}$$

根据上述定义式，两种温标的分度大小是一样的，即1℃ = 1 K。温差的大小既可以用开尔文又可以用摄氏度来表示。我国从1994年1月1日起开始全面实行ITS-1990国际温标，至今仍如此。

经验温标是利用某种物质的物理特性和温度之间的变化关系来确定的温标。一些国家使用的华氏温标(℉)就是一种典型的经验温标。它规定，在一个标准大气压(1.01×10^5 Pa)下水的冰点为32℉，沸点为212℉，两个标准点之间被分为180等分，每等分代表1℉。建立一种经验温标需要三个必要条件：① 选择一种测温物质，确定它的测温属性(如水银的体积随温度变化)；② 选定固定的相变点(如对于水银温度计，若选用摄氏温标，则冰的正常熔点定为0℃，水的正常沸点定为100℃)；③ 对测温属性随温度的函数变化关系做出规定(例如摄氏温标规定0℃到100℃之间被等分为100小格，每一小格表示为1℃)。很明显，选择的测温物体不同会导致测温属性不同，因此经验温标并不严格一致。

相比之下，热力学温标与国际温标更为常用，科学论文中涉及热学部分时通常采用热力学温标。综合考虑实用性和科学性，本章主要介绍热力学温标和国际温标。

7.1.3 温度测量的基本原理和基本方法

1. 热平衡

两个热力学系统，一开始各自处于一个平衡态。当这两个系统相互接触时，会发生热交换，两个系统内部都发生了变化，这种接触被称为热接触。经过一段时间后，两个系统的状态达到稳定不再改变，这说明两个

系统又达到了新的平衡态。这种平衡态是在两个系统热交换的条件下形成的,被称为热平衡。

处于同一热平衡状态下的物体都具有某种共同的宏观性质,这一宏观性质就是温度。物体的温度仅仅取决于热平衡时物体内部分子(或原子)的热运动状态。换言之,温度可以用来表征物体内部大量分子的无规则运动的强弱,是衡量分子平均动能的物理量,即温度高的物体,所具有的平均动能大,反之亦然。

一切互为热平衡的物体都具有相同的温度,这是所有温度测量的基本原理。

2. 温度测量的方法

根据温度传感器的具体使用方法,温度测量通常可以被分为接触式测量和非接触式测量。

(1) 接触式测量

通过热平衡原理可知,两个温度不同的物体接触后,经过足够长的时间的热传递后会达到热平衡,两个物体的温度会相同。如果其中一个物体是温度传感器,那么通过这种接触方式便可以实现温度的测量。为了达到热平衡,温度传感器与被测物体必须要有良好的热接触,因此,这种测量方式的准确度较高。但是,温度传感器与被测物体接触时,也会带来一些问题。例如,破坏被测物体自身的热平衡;传感器受到被测物体表面带来的影响,特别是当被测物是液体时,这一影响会更为显著。所以,对于温敏元件的设计以及使用需要更多地考虑实际需求。

(2) 非接触式测量

非接触式测量方法是利用被测物体的热辐射随温度变化而变化的原理来测量温度,这种方法不需要与被测物体接触,所以称为非接触式测量。非接触式测量的特点是不改变被测物体的温度分布,温度传感器受被测物体的影响小。相较于接触式测量,这种方法适合高温(1 000℃)物体的测量。两种测量的比较见表 7-1。

表7-1　接触式与非接触式温度测量的比较

测量方法	接 触 式 测 量	非 接 触 式 测 量
传热方式	热传导	热辐射
测温范围	常用于1 000℃以下,对于1 000℃以上,特别是高于1 800℃的温度测量有困难	适合高温测量,对于高于1 000℃的温度测量比较准确
测量要求	温度传感器与被测物体接触良好,并且被测物体的温度不能被温度传感器改变	由被测物体的热辐射充分照射到温度传感器,被测物体的热辐射有效发射率必须要知道
响应速度	较慢,通常是分钟量级	较快,通常是秒量级
优缺点	优点:可以测量物体任何部位的温度,方便用于多点测量 缺点:对高温物体、比热容小的物体以及移动的物体测量有困难	优点:不改变被测物体的温度和表面结构,可以用于测量移动物体以及高温物体 缺点:测量易受干扰,特别是测量温度较低的物体,准确度不高

7.1.4　石墨烯基热敏元件与温度传感器

热敏元件是一种能对外界温度和热辐射具有响应并能将其转化为可测量参数的敏感元件,是温度传感器的核心部件。将感受到的温度转化为可以输出的信号的器件称为温度传感器。理想情况下,人们总希望一个温度传感器应具备测温范围广、灵敏度高、可靠性高、快速响应、体积小、可以批量生产等条件。

对于温度传感器,特别是热接触式温度传感器,声子(并非实际粒子,本质上是晶格的振动)以及自由载流子(电子与空穴)作为敏感元件中传热的媒介在被测物体与温度传感器之间的热传导中扮演着至关重要的地位。在这方面,石墨烯具有良好的热学性质,具有目前已知材料里最高的热导率,约为5 300 $W \cdot m^{-1} \cdot K^{-1}$,高电子迁移率以及完整的晶格结构,石墨烯依靠电子和声子进行传热,但主要传热媒介是声子。正因如此,石墨烯材料是一种比较理想的热敏元件材料,以石墨烯基材料为敏感元件的温度传感器被大量报道。这些热学特性有助于温度传感器性能的提高。

外界温度的变化会引起石墨烯电子结构的改变。对于不受任何外界作用的本征石墨烯来说,由于费米能级处于电中性点(即狄拉克点)处,这时的石墨烯呈现出最小的电导。通过施加外界激励,例如电场或者温度梯度，整个能带结构会发生倾斜。费米能级附近的态密度会随着外界能量的增加而线性增加。所以当石墨烯被施加温度梯度后，额外的电子-空穴对就会在石墨烯中产生(热激发)，进而使电导随温度增加。温度改变电导是石墨烯基电学温度传感机理的基础。因此，通过上述理论，为了更好地将石墨烯应用于温度传感领域中，石墨烯的热学模型、热导率以及声子-电子的散射机制需要优先研究。在实际传感应用中，石墨烯结构往往具有很多结构缺陷和杂质，这些缺陷和杂质往往会引入额外的散射机制，使得整个热传感模型变得更加复杂。

7.1.5 石墨烯的热学性质

热导率是材料的重要热学性质，是衡量物质导热能力的量度。热导率的具体定义为：在物体内部垂直于导热方向取两个相距 1 m，面积为1 m^2 的平行平面，若两个平面的温度相差 1 K，则在 1 s 内从一个平面传导至另一个平面的热量就规定为该物质的热导率，单位为 $W \cdot m^{-1} \cdot K^{-1}$。

在早期的石墨烯性质研究中，根据石墨烯在室温情况下具有高的电子迁移率这一现象，就有理论研究证明石墨烯在室温情况下也具有高热导率。随后，2008 年，A. A. Balandin 等利用光热拉曼光谱技术通过实验(图 7-1)第一次测得了单层悬空石墨烯的热导率约为 5 300 $W \cdot m^{-1} \cdot K^{-1}$。这一超高的热导率数值使得石墨烯被研究者称为“热的超导体”。

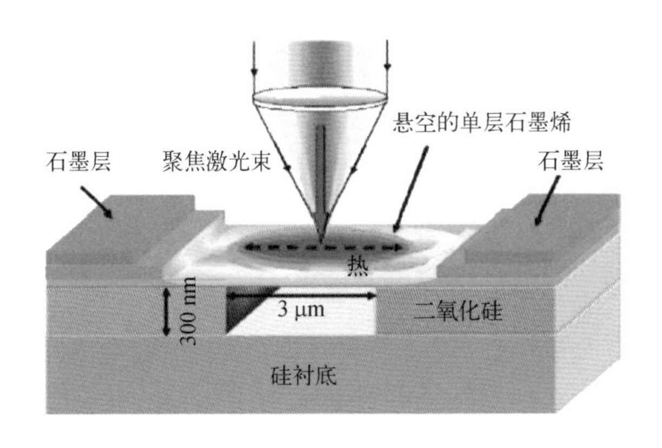

图 7-1 光热拉曼法测量石墨烯热导率的示意图

石墨烯的超高热导率是由其自身的结构所决定的，对于完美晶格的本征石墨烯来说，热的传导主要依靠自由电子以及面内的声学波声子。这些热的载流子在本征石墨烯的完美无缺陷的晶格结构中受到恒定且有规律的势场，因此声子和电子（主要是声子）由于很少受到散射，便具有很大的平均自由程，从而使石墨烯具有强大的导热能力。但是，由于石墨烯制造工艺的实际情况，除非是使用机械剥离法制造的石墨烯，这种理想情况一般很难实现，而缺陷的引入会使得声子的散射剧烈加强，这就导致石墨烯热导率严重劣化。从本质上说，散射增强是由于周期势场被破坏而造成的。我们可以从图 7－2 中清晰地看到这一变化。利用分子动力学模拟给石墨烯的结构制造空位缺陷，从图 7－2(a)的数据曲线可以看出，随着空位缺陷含量的增加，热导率显著下降。原因则通过图 7－2(b)直观表示出来，即空位的引入会显著影响声子的散射情况。除缺陷外，晶界以及片层和片层的交界的存在也

图7－2 缺陷引入对石墨烯的热导率以及声子散射的影响

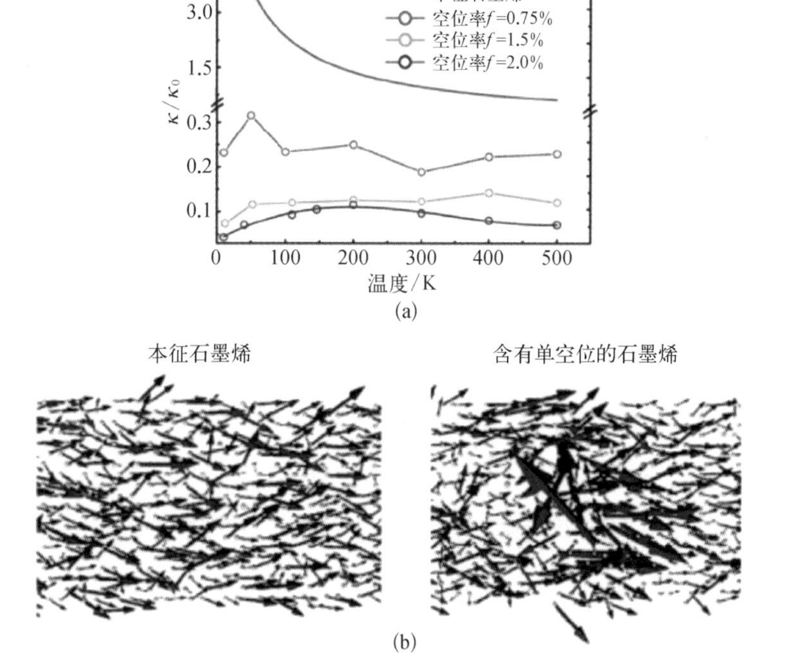

（a）图中 f 表示空位缺陷在结构中的比率，κ 表示热导率，κ_0表示在 300 K（即室温）下无缺陷本征石墨烯的热导率；（b）图中表示的是单空位缺陷周围的热流变化，这一变化可以反映出声子散射的变化

是散射增强的一个重要因素，所以对于多晶石墨烯薄膜，由于大量晶界的存在，其热学性能相较于单晶石墨烯薄膜会有很大程度的劣化。

7.1.6 石墨烯基温度传感器的发展趋势

下面将介绍石墨烯基温度传感器的发展趋势。

1. 适应于多种应用场合的温度传感器

将石墨烯制备技术与微电子加工工艺相结合，制造出具有尺寸小、响应时间短、稳定性高、测温范围广的温度传感器。特别是通过与 MEMS 技术结合，研发适合批量生产、稳定性好、一致性好的温度传感器。温度传感器的集成化是未来发展的趋势，就是将石墨烯温敏元件与信号处理电路（放大、滤波、模数转化）、带数字总线接口的微处理器集成在一起构成智能温度传感器系统。未来的石墨烯基温度传感器还要能在多种严苛环境中稳定工作，适用于还原性气体、惰性气体、真空以及核辐射等环境的温度测量。

2. 测量数据的无线化

传感器的无线化是未来技术的一大发展趋势。温度的测量更是如此，对一些在恶劣的环境下高速运动的物体进行温度测量时，使用传统有线测量技术具有相当大的困难，随着智能传感器的发展，并从布线节省的角度来考虑，温度的传感开始从有线传输向无线传输发展。无线传输的实现需要引入信号处理技术，通过专门的无线传输和接收模块来进行远距离信号传输，或者以具有无线传输的传感机制的温度传感器（如光纤温度传感器、声表面波谐振波温度传感器等）为基础元件来构造传感系统。

3. 温度传感的网络化

随着物联网技术的发展，温度传感也向着“由点到线、由线到面”的方向发展。传统的温度测量主要集中在“点”温度的测量上，人们需要知道整个物体的温度场的分布，就必须通过测量多“点”的温度，从而得到“线”状的温度分布。多节点、多线的温度测量便可以将整个待测物体的温度分布准确测得。同时，随着无线传输技术的发展，温度传感器形成的数据节点将会在智能家居、健康监控、工农业生产等应用领域扮演重要的角色。

7.2　石墨烯基温度传感器的工作原理以及感温特性

我们已经在上一节中大致介绍了石墨烯温敏元件和温度传感器的基本概念。本节内容将集中在目前主流的石墨烯基温度传感器上，重点介绍器件的工作原理、感应特性以及制造工艺。

7.2.1　石墨烯基热电阻型温度传感器

1. 热电阻

通常来说，热电阻是利用导体或者半导体的电阻值与温度变化的关系作为热敏元件测温的主要工作原理。通过将热电阻与显示仪表等辅助设备连接在一起可以组成电阻温度计。导体或者半导体的电阻随温度变化的关系一般由电阻温度相关系数来描述，定义为在一段温度区间内，温度每变化 1 K 时，电阻值的相对变化量，用字母 α 表示，单位为 K^{-1}。数学表达式如式(7-2)所示。

$$\alpha=\frac{R_T-R_{T_0}}{T-T_0}\times\frac{1}{R_{T_0}}=\frac{\Delta R}{R_{T_0}\Delta T} \tag{7-2}$$

式中，R_T 为温度为 T 时的电阻值；R_{T_0} 为温度为 T_0 时的电阻值。当 α 为正值时，我们就可以称热电阻具有正温度系数，金属一般具有正温度系数，即随着温度的升高，电阻值变大；当 α 为负值时，我们就可以称热电阻具有负温度系数，半导体一般具有负温度系数，即随着温度的升高，电阻变小。石墨烯有类似半导体的热学行为，一般具有负温度系数。

2. 热电阻型温度传感器的结构

图 7－3 是热电阻型温度传感器结构的示意图，其结构比较简单，通过在具有半导体型热敏特性的还原氧化石墨烯的两边制造出金属电极，整体形成一个三明治结构。金属电极与石墨烯薄膜形成良好的欧姆接触，相较于热敏电阻的大小，接触电阻的影响忽略不计。也就是说，整个器件相应温度变化的部分必须是还原氧化石墨烯薄膜。

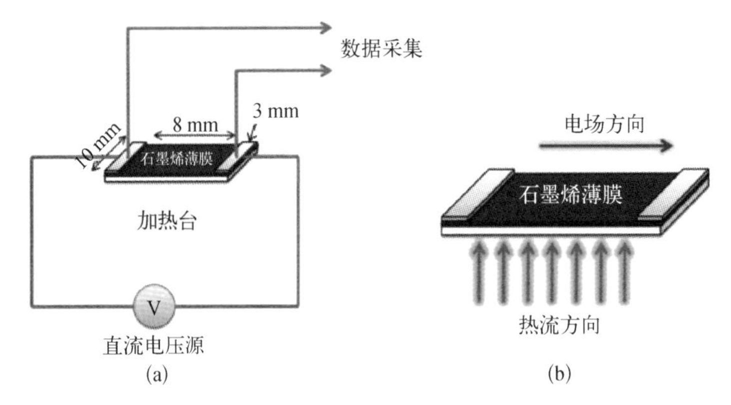

图 7－3 热电阻型温度传感器的结构

（a）热电阻型温度传感器的测试结构示意图；（b）热电阻受到的热流方向以及电场方向

3. 热电阻型温度传感器的工作原理

热电阻型温度传感器的工作原理主要是讨论电的载流子在热场作用下的行为，这一行为涉及材料的两个物理量的协同作用——热导率 κ 和电导率 σ。这两个物理量与材料的温度系数有关，所以与传感器的性能息息相关。温度系数的大小关系着器件的性能参数好坏，如灵敏度、分辨率、信号的漂移、响应时间和恢复时间等。而热导率 κ 和电导率 σ 之间的协同作用可以通过晶格振动模式与电场下的电载流子之间的相互作用来理解，也就是说在热场下，材料的热导率 κ 和电导率 σ 是相互依赖的物理量。

以本征石墨烯为例，当温度升高时，石墨烯吸收热量，原子间振动加剧使得价带中的电子跃迁到了导带中，增加了石墨烯的载流子浓度，这一过程在半导体物理中被称为热激发。对于表面有缺陷和杂质的还原氧化石墨烯来说，根据位置的不同，杂质和缺陷能级中的电子也可以被激发到导带中。当在石墨烯热电阻外加一个电场偏压时，激发出来的电子会在电场的作用下发生漂移，电子在定向运动的过程中会受到晶格振动、杂质缺陷的影响发生电子-声子散射、声子-声子散射。因此，载流子的速度受到这些散射机制的影响。载流子渡越时间的大小取决于散射截面的大小(描述微观粒子散射的概率)。这就意味着载流子的渡越时间决定了温度传感器与待测物体达到热平衡的速度。另一方面，传感器的温度响应速度还与热扩散的速度有关，而热扩散速度依然受制于载流子的散射。

综上所述，在温度传感中，载流子的漂移和扩散作用会同时发生且相互影响。声子的平均自由程(与扩散相关)和载流子的渡越时间(与漂移相关)也相互影响并相互关联。也就是说，当确定石墨烯基材料的声子平均自由程(可以通过测量材料的热导率来确定)后，需要通过控制外界电场来调整相应的渡越时间，从而获得更快的电载流子速度，以达到温度的快速测量。

温度变化时，载流子的浓度将发生变化，从而改变传感器的电阻。对本征石墨烯来说，电阻变化与电子、声子的散射相关。对于结构更为复杂的还原氧化石墨烯来说，除了电子与声子的散射，还会受到结构缺陷、杂质、晶界以及片层与金属电极界面之间的散射影响。上述这些散射都受到温度的影响，根据温度区间的不同，可以用不同的物理模型来描述电阻与温度的关系。在低温区这一温度范围内，是结构缺陷以及杂质等散射占据主导地位，可以用二维材料的变程跳跃(Variable Range Hopping, VRH)模型来描述载流子的行为。在高温区，电子-声子散射占据主导地位，这时的导电模型就需要通过阿伦尼乌斯模型来描述。

4. 热电阻型温度传感器的感温特性

为了探索合适的制造工艺，制造出性能更好的传感器，通过调整工艺参数(如前驱液体浓度以及涂敷时间等)，制备出不同厚度的感应薄膜，从薄到厚依次命名为 G1～G5。这些传感器的电阻与温度变化的函数关系见图 7－4(a)，从图中可以看出，当温度从 77 K 变化到 573 K 的过程中，所有器件的电阻都有很明显的下降，呈现出典型的负温度特性。根据之前探讨过的工作原理，在低温范围内(77～273 K)，电阻的温度函数模型可以根据二维材料里面的变程跳跃模型进行描述，这一模型的数学表达式为

$$R_T = R_0 \exp\left(\frac{T_0}{T}\right)^m \tag{7-3}$$

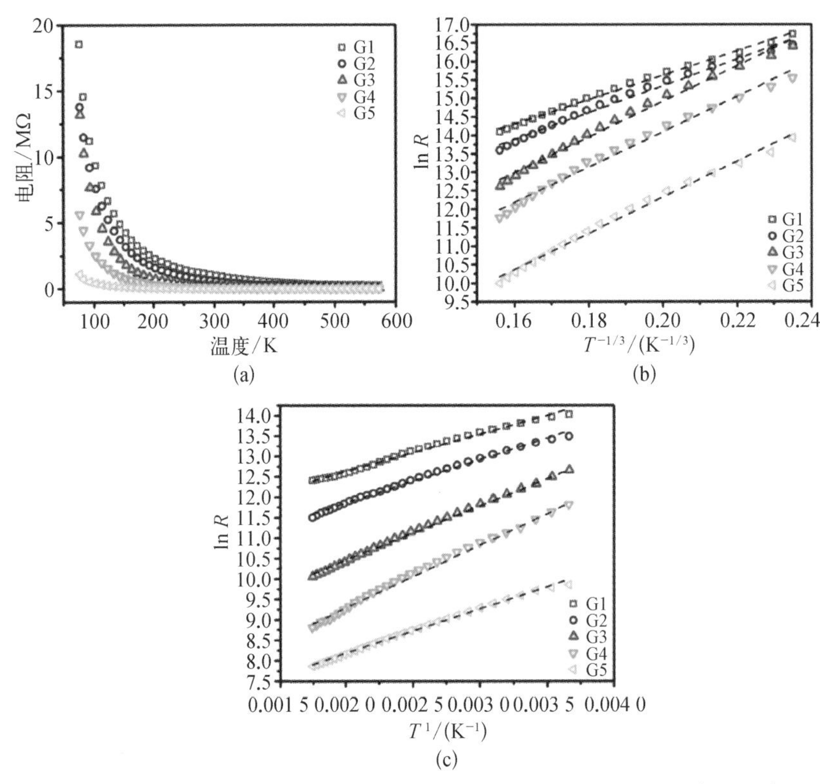

图 7－4　不同薄膜厚度的石墨烯基热电阻型温度传感器电阻随温度的变化趋势

(a) 温度区间在 77～573 K 之间的电阻变化；(b) 温度区间在 77～273 K(低温区)之间的电阻变化，纵坐标为电阻值的自然对数；(c) 温度区间在 273～573 K(高温区)之间的电阻变化，纵坐标为电阻值的自然对数

通过与实验数据进行拟合发现，当指数 m 取 $-\frac{1}{3}$ 时，模型与实验数据吻合程度最高。把式(7－3)等号两边分别取自然对数，便得到了图

7－4(b)。图 7－4(b)是低温区域电阻与温度关系的数据，纵坐标是电阻值的自然对数 $\ln R$，横坐标为 $T^{-\frac{1}{3}}$。实验数据与理论模型的吻合也反过来验证了前面所讨论的机理。

而对于高温区域(273～573 K)，电阻与温度的关系可以用阿伦尼乌斯模型来描述，关系式为

$$R_T = R_0 \exp\left(-\frac{E_g}{K_B T}\right) \tag{7-4}$$

式中，K_B 是玻耳兹曼常数；E_g 是电子激发能量，这一数值与材料结构有关。对不同厚度的薄膜，通过计算选取相应的数值，将电阻与温度变化的关系曲线绘制于图 7－4(c)中。其中，测得的实验数据与理论模型吻合良好。

从图 7－4 可以算出所有被测传感器的温度相关系数，根据温度相关系数的定义，这里选取 303 K(30℃)时的电阻值作为参考电阻。图 7－5(a)展示了所有传感器在不同温度区间的相关系数，从图中的数据以及插入图可以看出，处于中间厚度的 G4 传感器具有最高的温度相关系数，考虑到散射的影响，这是薄膜厚度与均匀性折中的结果。这也说明对于器件的性能来说，在器件制造的过程中，工艺参数存在最优值。

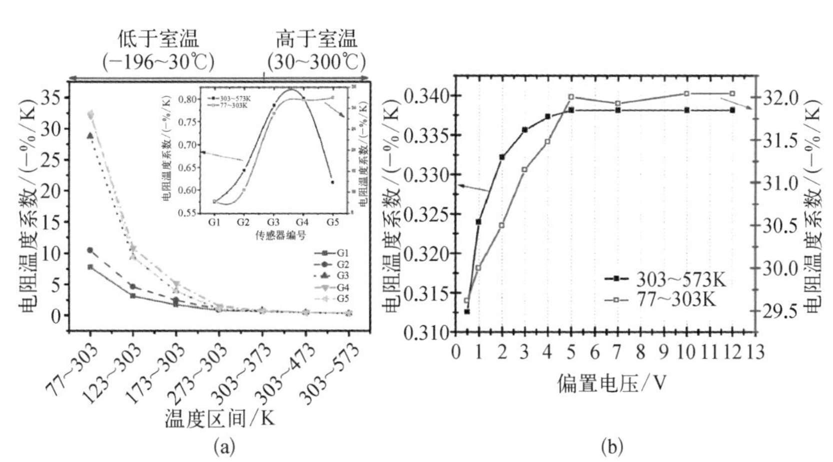

图 7－5　石墨烯基热电阻型温度传感器的温度相关系数以及随外部电压变化的情况

(a) 不同薄膜厚度的石墨烯基热电阻型温度传感器的温度相关系数；(b) 温度相关系数随外部电压的变化趋势

除了薄膜厚度对温度相关系数有影响外，外加电场也会影响这一数值的变化。根据之前讨论的机理，这种影响是通过改变电子在电子-声子散射过程中的漂移速度来实现的。图 7－5(b)显示在低温(蓝线)以及高温(黑线)区间内，外场偏置电压对温度相关系数的影响。从图中可以看出，对于这类传感器，在 5 V 偏置电压下能够获得最优的温度相关系数。这是声子的平均自由程与电子的渡越时间共同影响下的折中结果，使得传感器在一个稳定的状态下工作。

器件的热洄滞特性可以通过计算加热过程与冷却过程之间电阻的差值来描述，这个参数与器件的恢复时间密切相关，越小的热洄滞会使得器件有更短的恢复时间。图 7－6(a)与图 7－6(b)分别表示 77～303 K 以及 303～573 K 区间内，所有传感器的热洄滞情况，图 7－6(c)则是所有传感器在 77 K 和 303 K 温度下的热洄滞系数的计算结果。从结果可以看出，

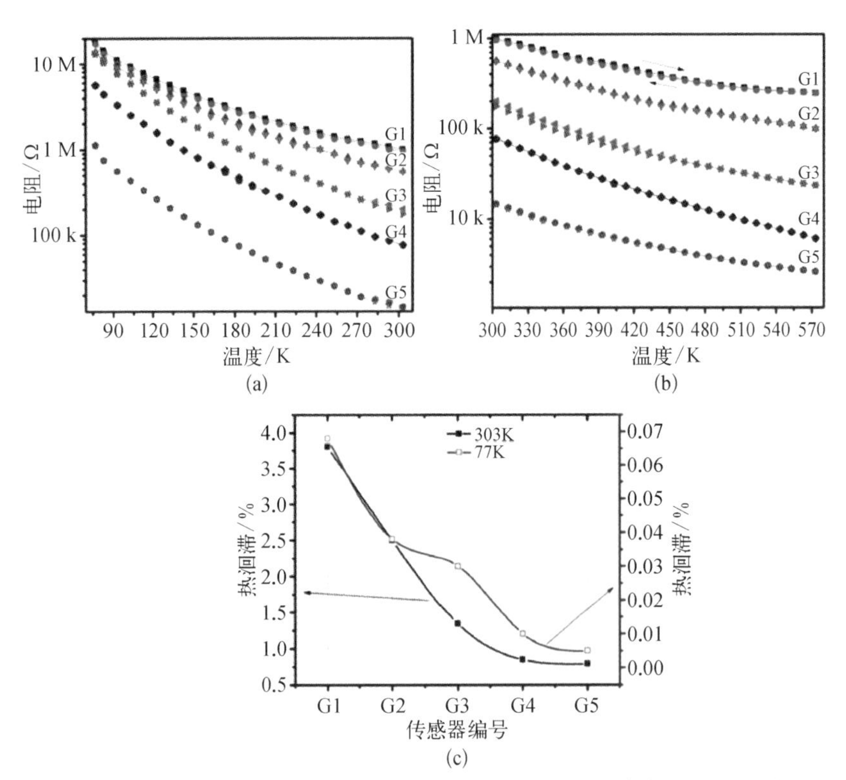

图 7-6　不同薄膜厚度的石墨烯基热电阻型温度传感器的温度洄滞

（a）77～303 K 的低温度区间；（b）303～573 K 的高温度区间；（c）不同薄膜厚度的传感器在温度为 77 K 和 303 K 时的热洄滞曲线

随着薄膜厚度的增加，热洄滞系数越来越小。这说明薄膜均匀性的提高会减弱界面间散射的影响，使得电子能更好地跃过相邻的片层。

图 7-7(a)是用 G4 传感器作为测试对象，对其进行稳定性循环测试的数据图。在不同的温度范围内，传感器都展现了良好的稳定性。传感器在反复加热-冷却的过程中，依旧能恢复到升温前的基线，并且没有明显的变化。此外，G4 在所有传感器中的响应时间与恢复时间也是最短的，分别约为 52 s 和 285 s，这是由于这个传感器具有适宜的厚度和均匀的还原氧化石墨烯薄膜，从而在所有的传感器中有着最高的温度相关系数和最小的热洄滞系数。

图 7-7 温度传感器稳定性测试图以及分辨率图

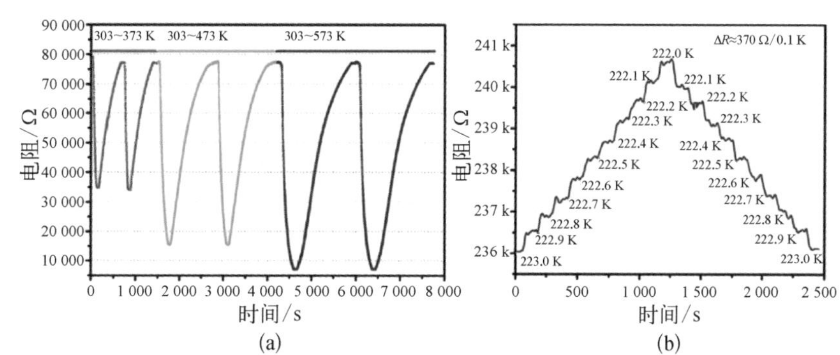

（a）温度传感器在不同温度区间下的稳定性循环测试数据图；（b）传感器的温度分辨率图，从图中可以看出，外界温度每变化 0.1 K，对应的热电阻值就变化 370 Ω

分辨率是传感器的一项重要指标，它的定义是传感器能重复稳定地测量物理变化的最小值，对于温度传感器就是能重复稳定测出来的最小温度变化。图 7-7(b)显示了 G4 传感器能够稳定重复地感应出最小变化为 0.1 K 的温度变化(所对应的电阻变化为 370 Ω)，这说明这种石墨烯基温度传感器至少能感应 0.1 K 的温度变化。

综上所述，以还原氧化石墨烯为敏感材料的温度传感器的感温特性被详细介绍。传感器在温度区间 77～573 K(即 -196～300℃)范围内展示了良好的感应特性。性能最好的传感器表现出来的电阻温度相关系数为 $-32.04\% \cdot K^{-1}$，比目前商业用的热敏电阻的数值要高出几倍(一般为 $0.5\% \cdot K^{-1} \sim 8\% \cdot K^{-1}$)。此外，这类石墨烯基温度传感器也具有很低的热洄滞系数(约 0.01%)和较好的温度分辨能力(0.1 K)。这些参数表明石墨烯材料是一种优良的热电阻材料。

7.2.2 石墨烯基光纤型温度传感器

与热电阻型温度传感器不同,光纤型温度传感器是一种典型的非接触式传感器,适合高温物体的测量,也适合构建光纤传感网络。石墨烯具有良好的非线性光学吸收性能、超短的响应恢复时间、超宽的工作波长范围以及与光纤的良好兼容性,这一系列光学特性使得石墨烯在光纤型传感器上有着广阔的应用前景。

1. 石墨烯基光纤型温度传感器的结构

图 7-8 是一种典型的石墨烯基光纤型温度传感器的结构示意图,这里的传感器基于法布里-珀罗干涉仪结构。以这种光学结构为基础的传感器具有高灵敏度以及高稳定性等优点,适用于高温危险环境中的温度测量(例如核反应堆),因此,在光纤型传感器中被广泛研究。在图 7-8 所示的结构中,石墨烯作为温度敏感材料通过陶瓷插芯与一个单模光纤相连接。石墨烯薄膜与单模光纤的一端分别作为两个端面,端面之间的间隙用空气来填充,这样便构成了一个典型的法布里-珀罗腔。由于石墨烯也具有良好的热稳定性,因此,这种传感器很适合用于高温场合的测量。

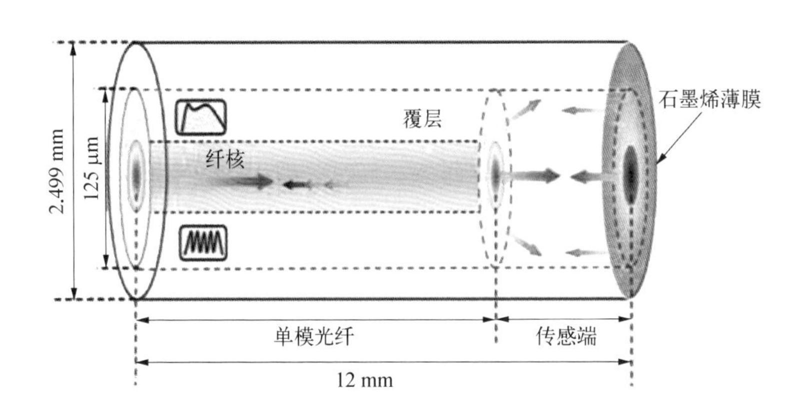

图 7-8 基于法布里-珀罗干涉仪结构的石墨烯基光纤型温度传感器的结构示意图

2. 石墨烯基光纤型温度传感器的工作原理

要介绍光纤型温度传感器的工作原理，首先需要把法布里-珀罗干涉仪的工作原理讲清楚。法布里-珀罗干涉仪涉及多束光的干涉行为，它的主要特性为当入射光满足共振条件时，出射光就会出现干涉增强。以下内容将通过最简单的两束光的干涉模型来介绍法布里-珀罗干涉仪的工作原理。式(7-5)是两束强度分别为 I_1 和 I_2 的激光发生干涉叠加的总光强的情况。

$$I = I_1 + I_2 + 2\cos\theta\sqrt{I_1 I_2} \tag{7-5}$$

式中的相位差 θ 与法布里-珀罗干涉仪的结构和材料的折射率有关，表达式为

$$\theta = \frac{4\pi n_{\mathrm{eff}} L_{\mathrm{eff}}}{\lambda} \tag{7-6}$$

当相位差 θ 满足相干增强条件即 $\theta = 2k\pi$，其中 k 为整数时，所得出射光强度最大。此时对应的波长为

$$\lambda_k = \frac{2 n_{\mathrm{eff}} L_{\mathrm{eff}}}{k} \tag{7-7}$$

此时的波长称为谐振波长，由式(7-7)可以看出谐振波长与材料的有效折射率 n_{eff} 以及有效长度 L_{eff} 有关。而石墨烯的折射率和厚度都是温度的函数，对应的表达式分别为式(7-8)和式(7-9)。

$$n_{\mathrm{eff}}(T) = n_{\mathrm{eff0}}(1 + \kappa_{\mathrm{g}} T) \tag{7-8}$$

$$L_{\mathrm{eff}}(T) = L_{\mathrm{eff0}}(1 + \xi_{\mathrm{g}} T) \tag{7-9}$$

式中，κ_{g} 和 ξ_{g} 分别为石墨烯薄膜的折射率温度系数和热膨胀系数，根据试验研究结果，分别为 $10^{-4}\ \mathrm{K}^{-1}$ 和 $10^{-5}\ \mathrm{K}^{-1}$ 量级。将式(7-8)和式(7-9)代入式(7-7)可得

$$\begin{aligned}\lambda_k &= \frac{2 n_{\mathrm{eff0}} L_{\mathrm{eff0}}}{k}(1 + \kappa_{\mathrm{g}} T)(1 + \xi_{\mathrm{g}} T) \\ &= \frac{2 n_{\mathrm{eff0}} L_{\mathrm{eff0}}}{k}[1 + (\kappa_{\mathrm{g}} + \xi_{\mathrm{g}}) T + \kappa_{\mathrm{g}} \xi_{\mathrm{g}} T^2]\end{aligned} \tag{7-10}$$

考虑到 κ_g 和 ξ_g 的量级，式(7-10)中2次项的系数是一个极小值，为方便计算式(7-10)可以简化为

$$\lambda_k = \frac{2\, n_{\text{eff0}}\, L_{\text{eff0}}}{k}\left[1 + (\kappa_g + \xi_g)\, T\right] \tag{7-11}$$

那么谐振波长的变化与温度变化的数学关系近似为线性变化。总结上述数学表达式，这一温度感应机理为温度的变化引起石墨烯薄膜的有效折射率和薄膜厚度发生改变，而这两项又决定了出射光的谐振波长，从而将温度与波长的变化联系起来。

3. 光纤型温度传感器的感温特性

利用非接触的方式，将光纤置于温度环境中，这里通过一个管式炉作为温度源。图7-9分别是传感器三个谐振波长附近的感温特性曲线，谐振波长为1 554.5 nm、1 572.5 nm和1 527.5 nm。测温范围分别是42～60℃

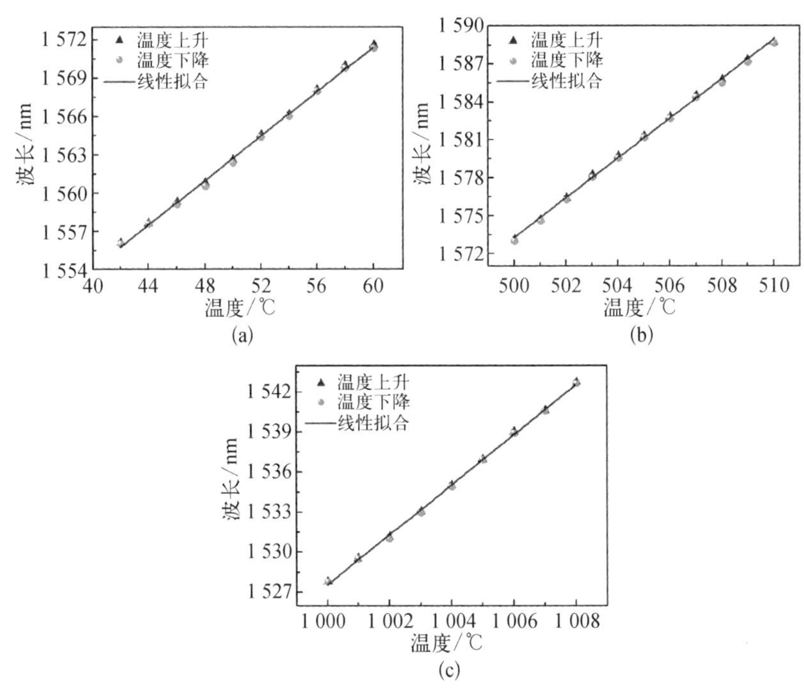

图7-9 光纤型温度传感器在不同谐振波长附近的感温特性曲线

(a) 1 554.5 nm; (b) 1 572.5 nm; (c) 1 527.5 nm (蓝色三角形标记表示加热时的数据，绿色圆形标记表示冷却时的数据，红色直线为线性拟合的结果)

(低温)、500～510℃(中温)和1 000～1 008℃(高温)。测得的实验数据有非常好的线性度,这一结果与之前讨论过的传感原理相符。三个温度区间所对应的灵敏度分别为0.87 nm·K^{-1}、1.56 nm·K^{-1}和1.87 nm·K^{-1}。相较于没有使用石墨烯的法布里-珀罗的光纤传感器,这种传感器的灵敏度要高三个数量级。这是由于石墨烯很容易受到温度的影响,石墨烯的折射率和厚度易受到温度的影响,从而引起谐振波长位置的改变。

7.2.3 石墨烯基热电偶型温度传感器

1. 热电偶

简单来说,热电偶由两种不同的导体组合而成。当两个导体间出现温度差时,导体之间会产生电势差,从而导致形成的回路中产生电流。由于温度的不同而产生电动势的现象称为热电效应,又称为塞贝克效应。热电偶产生的温差电动势由两个部分的电势组成,即两种导体的接触电势(珀尔帖电势)和单一导体的温差电势(汤姆孙电势)。基于热电偶的温度传感器被称为热电偶型温度传感器。在所有的温度传感器中,热电偶型传感器应用最为广泛。

2. 石墨烯基热电偶型温度传感器的工作原理

热电偶型温度传感器的工作原理见图7-10(a),器件结构主要是p型掺杂和n型掺杂的石墨烯pn结。入射激光照射到pn结上,使得被激光照射区域的温度相对于热电偶两端的温度升高。入射激光的光子将会把自身的能量传递给石墨烯中的电子和空穴,同时温度梯度的形成会造成pn结费米能级附近的电子和空穴分别向两端扩散,从而产生电动势。图中的热源由激光器提供,热载流子(实心原点表示电子,空心原点表示空穴)从热源向两边的冷端扩散。沟道的温度(即热端温度,$T_{热}$)与冷端温度($T_{冷}$)的差值由光的吸收效率α和衬底的热导率κ决定。电动势的大小与温度差以及两边石墨烯的塞贝克系数有关,表达式为

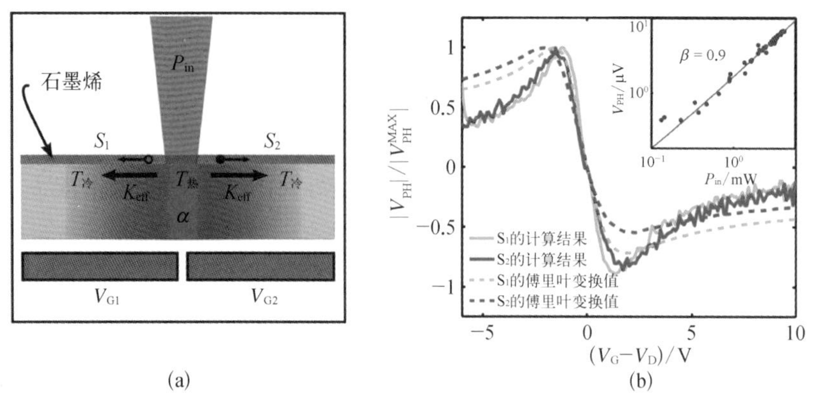

图 7 - 10　石墨烯基热电偶型温度传感器示意以及塞贝克系数计算

（a）石墨烯基热电偶型温度传感器示意图；（b）石墨烯塞贝克系数的计算值，插入图显示了输出的光电压与输入的激光功率之间的函数关系

$$V=(S_1-S_2)\Delta T \tag{7-12}$$

式中，S_1 和 S_2 分别表示两边石墨烯的塞贝克系数，而塞贝克系数可以通过栅极电压来调制，其与栅极电压之间的关系表达式为

$$S=\frac{\pi^2}{3}\cdot\frac{k_B^2}{q}\cdot\frac{1}{R}\cdot\frac{dR}{dV_g}\cdot\frac{dV_g}{dE} \tag{7-13}$$

式中，k_B 是玻耳兹曼常数；q 是电子电量；V_g 表示栅极电压；$\frac{dR}{dV_g}$ 表示栅极电压对石墨烯电中性点的改变。通过改变栅极电压调制材料的塞贝克系数，可以使器件获得很高的灵敏度。图 7 - 10(b)就是根据式(7 - 13)的计算结果与实验数据，插入图则显示了输出的光电压与输入的激光功率(P_{in})之间的函数关系，其拟合公式为 $\lg V=\beta\lg P_{in}+c$。计算出的塞贝克系数($\pm 50\ \mu V\cdot K^{-1}$)与一些标准的热电传感器的材料(如多晶硅、Sb 以及 Bi)相近。相较于这些常用的标准热电材料，使用石墨烯作为热电材料有一个重要的优点，即对于整个热电偶结构来说，石墨烯的单层结构增加的热重量可以忽略不计。

3. 石墨烯基热电偶型传感器的感温特性

图 7 - 11 表示不同衬底的热电偶型传感器在不同激光波长下的最大

输出电压与温度的关系。归一化的输出电压随温度的增加而降低，对于 Al_2O_3 和 SiN 来说，以 SiN 为衬底的热电偶有更高的灵敏度，波长越长的激光对应的输出数据的斜率也越高。所得的数据与材料热导率之间有内在的联系，灵敏度的提高就需要对导热材料进行优化，进一步降低声子的散射。

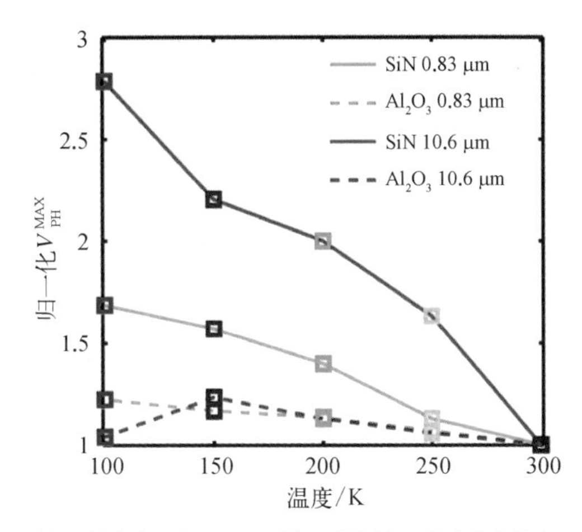

图 7-11 不同衬底和不同激光波长的最大输出电压与温度的关系

注：纵坐标的数据是输出电压与 300 K 时电压的比值。图中的实线表示使用 SiN 衬底的数据；点状线表示使用 Al_2O_3 衬底的数据。红色曲线代表 10.6 μm 波长的激光光源；蓝色曲线代表 0.83 μm 波长的激光光源。

7.2.4 石墨烯基热辐射测量计

1. 热辐射测量计

电磁波辐射到材料表面上时会对材料进行加热，改变材料的温度，从而引起电阻的变化。热辐射测量计是一种利用这一原理测量材料温度的仪器，最早的热辐射测量计是由美国天文学家兰利在 1878 年发明的。这种传感器是一种典型的非接触式温度测量仪器。

石墨烯作为热辐射测量计的敏感材料的工作已有报道，根据已有的实验数据，石墨烯基热辐射测量计比商用硅基热辐射仪的速度要快 3～5 个数量级并且有着更低的噪声等效功率。

2. 石墨烯基热辐射测量计的工作原理

一般来说，热辐射测量计需要受到外部辐射源（一般是光）的照射，那么，石墨烯电阻的改变就可能会有两个机制，一是光生电导效应，二是光热效应。第一种机制中，入射光的辐射会导致石墨烯价带中的电子吸收光子的能量，从而跃迁到导带，增加了石墨烯的电导率。增加的电导率 $\Delta\sigma$ 与增加的载流子之间的关系满足式（7－14）。

$$\Delta\sigma = \Delta nq\mu \tag{7-14}$$

式中，q 是电子的电量；μ 是电子的迁移率。额外增加的载流子又会引起电阻两端的电势差变化，两者的关系为

$$\Delta V = I_{dc}\Delta R = I_{dc}\frac{L}{W}\Delta\left(\frac{1}{\sigma}\right) = I_{dc}\frac{W}{L}R^{2}\Delta\sigma = I_{dc}\frac{W}{L}q\mu R^{2}\Delta\sigma \tag{7-15}$$

式中，$\frac{W}{L}$ 又称为宽长比，是半导体晶体管设计中的重要参数。

对于第二种机制，光的吸收会导致材料温度的升高，从而导致热激发电子的产生，引起电阻的变化，如式（7－16）所示。

$$\Delta V = I_{dc}\Delta R = I_{dc}\frac{\mathrm{d}R}{\mathrm{d}T}\Delta T \tag{7-16}$$

从相应的实验数据对比来看，热辐射测量计的工作原理主要依靠光热效应，也就是说绝大部分的光子能量会首先转移到热电子上，再转移到声学波声子上，这也说明石墨烯材料的光生载流子主要是依靠热激发产生的。

7.3 温度传感器的应用

上一节介绍了不同类型的石墨烯基温度传感器的工作原理和感温特

性，根据不同的应用场合（如高温或者低温），人们可以选择相应的传感器进行使用。除了基本的温度监测外，温度传感器还可以应用于流速测量（如风速）以及作为柔性温度传感器监测人体健康数据之一的体温，我们会在这一节对这两种温度传感器的应用实例进行介绍。

7.3.1 流量（风速）传感器

流量传感器主要用于监测流体的流速，因此广泛应用于气象、水文、汽车以及微流体等领域。其中，作为流量传感器的重要分支之一，基于热的流量传感器由于其简单的结构、高可靠性、高灵敏度等特点近年来被大量研究。热流量传感器本质上是热电阻型温度传感器，流体在传感器表面以一定的速度流过，会使得器件的温度分布发生变化，变化的温度会引起电阻的变化，而温度的变化速率又与流体的流速相关，因此热电阻电阻值的变化就可以反映流体速度的变化。一般热流量传感器使用正温度系数的金属作为电阻的材料，例如钨、铂等，基于这些金属的热流量传感器虽然有着良好的性能，但是这些正温度系数的热电阻会存在自加热效应（温度升高、电阻变大、器件自发热量增大），从而导致测量数据不准，并影响器件的寿命。而石墨烯由于具有负温度系数使得传感器本身具有自保护机制，同时也可以减小电流焦耳热引起的干扰。此外，相较于常用的钨和铂等热电阻，石墨烯有着更大的比表面积和更大的电阻温度系数数值，使得石墨烯热电阻具有更低的热惯性和更高的灵敏度。

图 7－12 是石墨烯热流量传感器的制造工艺示意图，其中传感器制造的关键部分是石墨烯热线电阻的设计。首先将机械剥离的石墨烯（双层或少数层）转移到 SiO_2/Si 衬底上，使用铜作为掩模对转移的石墨烯进行反应离子刻蚀（Reaction Ion Etching，RIE），没有被覆盖的石墨烯部分就会被氧等离子体刻蚀掉。随后，铜掩模可以用氯化铁溶液清洗掉。通过电子束光刻技术（Electronic－Beam Lithography，EBL）在制造好的石墨烯图形上制造出金属电极。最后，为了增强器件的性能，石墨烯薄膜往

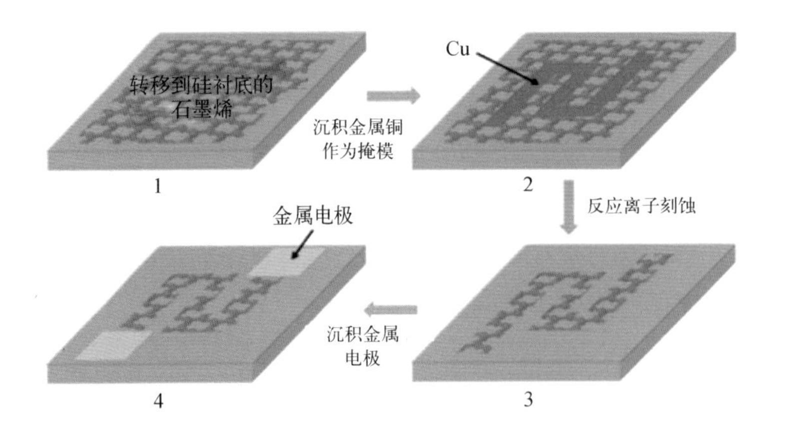

图 7－12　石墨烯热流量传感器的制造工艺示意图

往还需要在惰性还原性气氛(H_2/Ar)中进行退火处理来降低电极的接触电阻，去除制造工艺中的残留物。

流体在器件表面流过会改变器件表面的温度分布。那这一影响具体表现是什么呢？流速(如风速)是通过改变热传导系数来影响物体的温度的，根据流体中的金式定律，流速与热传导系数之间的数学表达式为

$$h = a + b V_f^c \tag{7-17}$$

式中，h 表示物体的热传导系数；V_f 表示流体的流速；a、b、c 是常数，需要根据实验数据来确定。

在最理想的热平衡条件下，根据能量守恒定律，热传导损失的能量应等于热电阻上电流产生的焦耳热，即

$$I^2 R_w = A_w (T_w - T_{ref}) h \tag{7-18}$$

式中，I 表示流过热电阻的电流强度；R_w 是热电阻的大小；A_w 表示热电阻在流体中的表面积；T_w 表示热电阻上的温度；T_{ref} 表示参比电阻的温度。根据之前的讨论，热电阻 R_w 是温度的函数，与参比电阻之间存在表达式 $R_w = R_{ref}[1 + \alpha(T_w - T_{ref})]$，式中的 α 就是电阻温度系数，根据这些数学表达式，我们可以得到流速与电阻变化之间的关系为

$$V_f = \left(\left[\frac{\alpha I^2 R_w}{A_w\left(\dfrac{R_w}{R_{ref}} - 1\right)} - a\right] \Big/ b\right)^{\frac{1}{c}} \tag{7-19}$$

通过实验数据，确定电阻温度系数 α 以及常数 a、b、c 后，热电阻的变化就与流体流速的变化形成一一对应的关系了。

这里的讨论仅仅是在最理想的热对流的情况下进行的，实际上，除了热对流以外，还需要额外考虑石墨烯与衬底的热传导，因此，实际测得的数据与理想公式之间会存在一定的偏差。

7.3.2 柔性可穿戴温度传感器

器件的可穿戴化是近年来传感器的一大发展趋势。石墨烯基材料很适合作为柔性可穿戴传感器的敏感材料，首先，相较于传统硬质的敏感材料而言，石墨烯拥有优良的机械特性，具备良好的可弯曲能力，因此石墨烯材料能够满足在柔性衬底上制造器件的基本条件。其次，相较于有机聚合物敏感材料，石墨烯也有很大的优势。有机半导体材料具有优良的弯曲和拉伸的机械性能，是制造柔性器件的重要材料之一。但是，目前的有机半导体材料电学性能并不好，电学性能最好的有机半导体的载流子迁移率仅仅与多晶硅相当(小于 100 $cm^2 \cdot V^{-1} \cdot s^{-1}$)，远远低于石墨烯的载流子迁移率(约 15 000 $cm^2 \cdot V^{-1} \cdot s^{-1}$)，因此以石墨烯为基础的传感器在电学性能上将优于聚合物传感器。

柔性可穿戴化同样也是温度传感器的发展趋势。人的体温作为一项重要的生理指标，能够给医疗监控提供重要的参考信息，所以监测人体温度的变化是温度传感重要的应用方向。

目前，已报道的石墨烯基温度传感器都是基于接触式热电阻型的。图 7-13(a)是这种传感器典型的制造示意，包括感应薄膜制造以及图形化，图 7-13(b)则是传感器与皮肤的贴合情况。需要注意的是，对于柔性可穿戴器件来说，能够与皮肤形成共形接触是实现性能的重要前提条件。对于温度传感器更是如此，如果衬底与皮肤之间不能形成良好的接触，那么产生的空气层将会对温度的传感造成干扰。

器件性能见图 7-14。图 7-14(a)是感温特性曲线，当温度从 0℃上

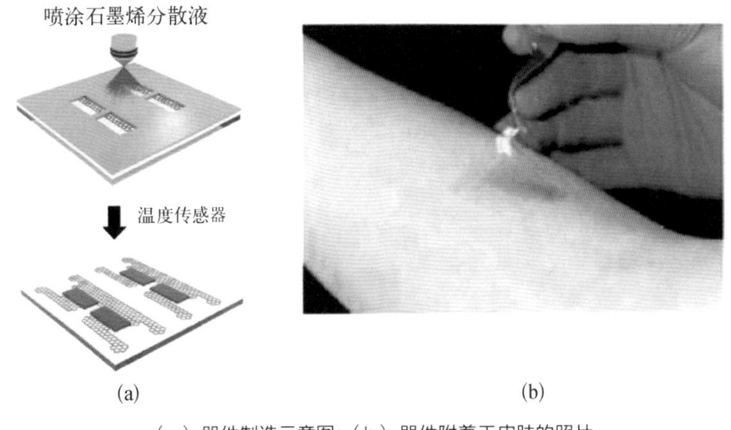

(a) 器件制造示意图;(b) 器件附着于皮肤的照片

图 7-13 柔性可穿戴石墨烯基温度传感器

升到 100℃ 时,敏感材料的电阻从 0.62 MΩ 近似线性地下降到了 0.28 MΩ,电阻温度系数为 $-0.0055\ K^{-1}$。在适合人体测温的范围内(也就是低温范围内),其导电机制依然可以用变程跃迁模型来解释,对于适合人体的温度测量范围,器件的灵敏度和分辨率还需要进一步加强,目前可穿戴温度传感器还无法达到医疗监控的要求。图 7-14(b)表示传感器对温度的实时测量情况,当温度呈阶梯状增加时,并在 30℃、60℃、80℃和 100℃这四个温度保持不变时,石墨烯温敏材料的电阻也相应呈阶梯形变化,并且电阻值在对应温度上保持一段时间,当温度降低到初始温度 0℃时,电阻值也恢复到初始值,展示了良好的重复性。

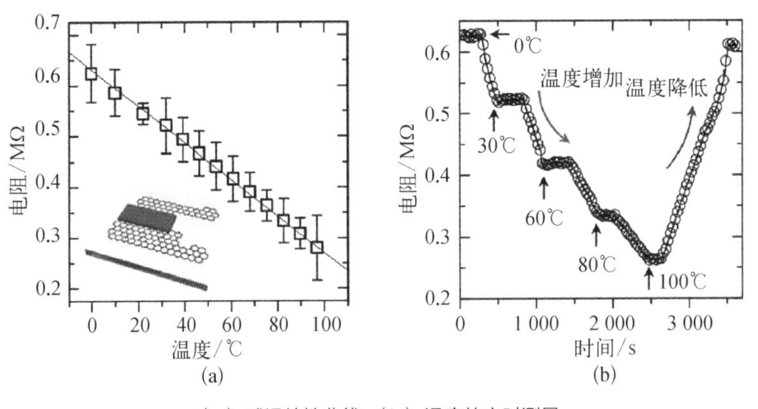

(a) 感温特性曲线;(b) 温度的实时测量

图 7-14 柔性可穿戴石墨烯基温度传感器的感温特性曲线

对于目前比较热门的柔性可穿戴传感器系统研究来说，温度的实时测量往往只是众多待测参量中的一个，因此温度传感器在设计时就需要考虑到其他信号（如应变、湿度等）造成的干扰，此外传感系统中多种信号的传输产生的串扰问题也需要额外考虑。关于柔性可穿戴传感器，我们将会在后续章节进行详细的介绍。

7.4 本章小结

本章介绍了温度和温度测量的基本概念，讨论了石墨烯作为热敏材料分别在热电阻型、光纤型、热电偶型以及热辐射测量计中的应用，并讨论了各类型温度传感器的工作原理和感温特性。相较于传统感温材料，石墨烯基材料在温度传感领域展示了一定的优越性，但是，目前在实验上，所报道的传感器的性能参数与石墨烯的理论值还有一定差距，还需要对石墨烯热学性能做更进一步的研究工作，从底层的材料结构调控来提高整个器件的性能。除此之外，系统的网络化、器件的智能化也将是未来温度传感器发展的重要趋势。

第8章

石墨烯基磁传感器

本章将介绍磁传感器的基本概念，石墨烯基磁传感器的基本性质、分类、工作原理、特性参数、制造工艺，以及石墨烯基磁传感器的应用等。

8.1 磁传感器的基本概念

8.1.1 磁传感器的定义

所谓磁传感器，是指用于检测磁场的大小、方向以及变化规律，能将磁场的变化转化为电信号的器件。磁传感器广泛应用于汽车电子、医疗、信息存储、智能电网等领域。我国是世界上最早使用磁性测量仪器的国家，早在12世纪的南宋，我国的航海家就已经在海船上使用磁罗盘来进行导航，而指南针则是我国古代的四大发明之一。现代磁传感器发展的标志性事件是1831年法拉第发现电磁感应现象。利用电磁感应，可以通过测量磁通量的变化引起的感生电动势来测量交变磁场的大小。在随后的1865年，英国科学家麦克斯韦建立的一组描述电场、磁场与电荷密度、电流密度之间关系的偏微分方程，将磁场与电场联系起来，为现代的电力、电子科技奠定了理论基础。

8.1.2 磁传感器的分类

目前，国际上磁传感器的类型根据传感原理的不同可以细分为电磁感应式传感器、磁通门传感器、霍尔传感器、各向异性磁阻（Anisotropic

Magnetoresistive，AMR）传感器、巨磁电阻（Giant Magnetoresistive，GMR）传感器、超巨磁电阻（Colossal Magnetoresistive，CMR）传感器以及隧道磁阻（Tunneling Magnetoresistive，TMR）传感器等。

8.1.3 磁传感器的特性参数

衡量磁传感器性能的特性参数包括灵敏度、非线性度、磁滞特性、分辨率、动态测量范围（即量程）、工作频率范围以及工作温度范围等。

1. 灵敏度

磁传感器的灵敏度是指输出电信号的微小变化与磁场信号微小变化的比值。

2. 非线性度

非线性度是指在一定的动态范围内，磁传感器的输出量相对于输入磁信号的偏离线性关系的程度。非线性度越小，说明传感器的线性特性越好。

3. 磁滞特性

磁滞特性是指磁传感器在正向（外加磁场增大）和反向（外加磁场减小）的行程间输入/输出曲线的不一致程度。通常用正向曲线与反向曲线之间的最大差值与满量程输出量的比值表示。

4. 分辨率

磁传感器能够感受到的最小磁信号的波动。

5. 动态测量范围

动态测量范围也被称作量程，指可以被磁传感器转换成为电信号的被测磁场信号的范围。在这个范围内，传感器的输出电信号的大小和频率被认为是可以接受的。

6. 工作频率范围

工作频率范围也被称为带宽，是传感器能够测量的磁信号频率的范围。

7. 工作温度范围

工作温度范围是指传感器能够正常工作的温度范围。

8.1.4 石墨烯在磁传感器中的应用

石墨烯由于具有极高的载流子迁移率和载流子浓度，受到磁场的作用时，大量载流子会受到洛伦兹力的作用而发生偏转，从而导致电阻发生变化，能够获得良好的器件性能。另外，石墨烯本身尺寸很小，有利于传感器的微小型化，石墨烯基磁传感器很适合对纳米尺度的磁畴进行探测。实现对纳米尺度磁畴的探测是扫描探针磁头场探测、生物传感以及磁性存储领域的重要课题。为了使传感器能够获得更高的空间分辨率和灵敏度，相应地，就需要磁传感器的尺寸尽可能地小，同时传感器的距离与纳米尺度磁畴的距离也要尽可能地近。这一前提条件对磁间距的尺寸有着非常严格的要求。举个例子，当磁存储的信息密度超过 1 Tbit・in^{-2}时，每一个 bit 的尺寸将会小于 25 nm。在如此高的信息密度下，磁场强度将会随着磁间距的减小而呈指数式下降($B \propto e^{-\frac{\pi d}{b}}$，其中 b 是每个 bit 的尺寸，d 是磁间距的大小)。目前，常用于信息存储的巨磁电阻和隧道磁阻器件的尺寸缩小受到热磁噪声以及自旋扭矩的不稳定性的限制。为了解决这个问题，一种有效的办法是使用高载流子迁移率的半导体材料异质结结构，在器件的沟道中形成二维电子气，这种结构可以提高磁传感器亚微米尺度的探测能力。然而，这种方案依旧存在着问题。一般来说，二维电子气沟道位于器件的绝缘栅氧层之下，也就是说考虑到栅氧层的厚度，二维电子气层与传感器表面至少会有 20 nm 的距离，而二维电子气本身也有 4～20 nm 的厚度。这样的厚度会导致磁场在结构内部发生快速衰减，从而使得传感器的灵敏度发生显著下降。与二维电子气沟道对应，使用石墨烯作为感应沟道将会使磁传感器的性能得到很大的提升，这是因为石墨烯在具有高电子迁移率的同时其单原子层厚度的感应沟道可以非常接近传感器表面。石墨烯具有的这些优点使得基于石墨烯的磁霍尔传感器、几何磁阻以及异常磁阻（Extraordinary Magnetoresistive，EMR）器件能够获得高信号输出。此外，异常磁阻传感器还可以通过背栅电压来调节灵敏度的大小。另外，应用于扫描探针时，由于石墨烯是非铁磁性的，石墨烯基传感器就不像磁力显微技术（Magnetic Force Microcopy，MFM）以及自旋极化扫描隧道显微技术（spin-polarized Scanning Tunneling Microscopy，sp－STM）那样会因为含有铁磁材料的元件对待测磁场产生影响。

8.2 石墨烯基磁传感器

我们将在这一部分介绍石墨烯基磁传感器的传感原理、器件结构、制造工艺以及传感性能。

8.2.1 石墨烯基磁传感器的传感原理

目前已报道的石墨烯基磁传感器的感应原理主要有霍尔效应和异常磁阻效应。

1. 霍尔效应

霍尔效应是电磁效应的一种，这个现象是由美国物理学家霍尔于

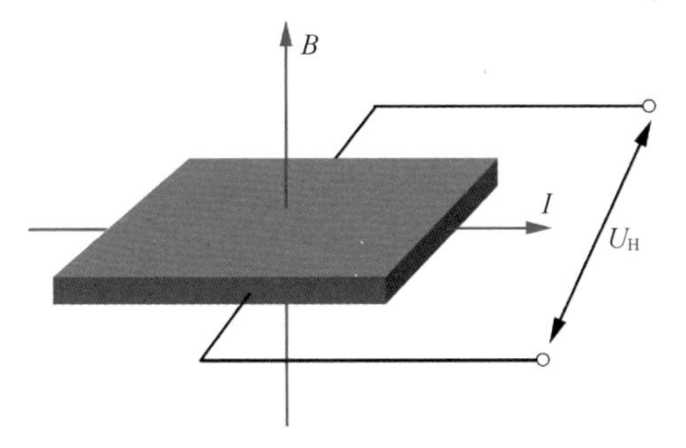

图 8-1 霍尔效应的示意图

1879 年在研究金属的导电机制时发现的。如图 8-1 所示，霍尔效应是指施加与通过导体或者半导体薄片的电流 I 相垂直的磁场 B 后，导体或者半导体中的电荷会由于磁场的作用在垂直于电流和磁场方向上产生电势差 U_H，这个电势差被称为霍尔电压。

当外加电场和磁场同时存在时，晶体中的电荷会发生偏转。根据动量定理，电荷的运动与电场和磁场之间的关系如式(8-1)所示。

$$mv = -m\tau^{-1} + F \tag{8-1}$$

式中，$F = e(E + v \times B)$，F 是洛伦兹力；m 是电子的有效质量；τ 是电子的弛豫时间。考虑特殊情况，当电子处于静止状态时，电场强度与磁场强度之间的关系可以表达成式(8-2)。

$$E = \frac{1}{\sigma_0}(J - \mu J \times B) \tag{8-2}$$

式中，$J = \dfrac{\sigma_0}{1 + (\mu B)^2}[E + \mu E \cdot B + \mu B(E \cdot B)]$，$J$ 是电流密度，$\sigma_0 = \dfrac{e^2 n\tau}{m}$ 是在无磁场时的电导率，$\mu = \dfrac{e\tau}{m}$ 是电子的迁移率，n 是电荷密度。

如果作用的磁场是静磁场，即 $B = Bz$，那么半导体两侧产生的霍尔电压为

$$U_H = R_H \frac{IB}{d} \tag{8-3}$$

式中，I 是输入材料的电流；R_H 是霍尔系数，单位为 $m^3 \cdot C^{-1}$；d 是材料的厚度。在这种情况下，霍尔电压的大小与输入电流和磁感应强度成正比，而且当磁场的方向发生改变时，霍尔电压的方向也随之改变。

如果施加的磁场为交变磁场,那么输出的霍尔电压也为同频率的交变电压。利用这一原理,磁场的强度和频率信息就可以通过测量霍尔电压的方法得到了。

2. 异常磁阻效应

为了解释这个概念,首先要阐明什么是磁阻效应。磁阻效应是指金属或者半导体的电阻值随外加磁场变化而变化的现象。金属或者半导体中的载流子在磁场中运动时,由于受到电磁场的变化产生的洛伦兹力作用,在宏观上引起导体或者半导体电阻变化。

与霍尔效应类似,磁阻效应也是由于载流子在磁场中受到洛伦兹力的作用而产生的。稳态时,当某一速度的载流子所受到的电场力与洛伦兹力的大小相等时,载流子就会在导体或者半导体的两端开始聚集,从而产生霍尔电场。而当有比这个速度慢的载流子通过半导体或者导体时,载流子受到的电场力将大于洛伦兹力,载流子将向电场力的方向发生偏转;同理,当有比这个速度快的载流子通过半导体或者导体时,载流子受到的洛伦兹力将大于电场力,载流子将向洛伦兹力的方向发生偏转。这种偏转会造成载流子的漂移路径增加,载流子被散射的概率也将大大提高,并最终导致电阻的增加。磁阻效应最早是由威廉·汤姆森(William Thomson,著名的开尔文爵士)在 1856 年发现的,在一般材料(非磁性材料)中,电阻的变化通常小于 5%,这样的效应后来被称为"常磁阻"。

一般而言,磁阻效应根据材料的不同可以分为巨磁阻效应、超巨磁阻效应、异向磁阻效应及隧道磁阻效应等。

(1) 巨磁阻效应

1986 年,德国的 P. Grünberg 研究组在真空环境下使用分子束外延技术,制备出一种"铁磁/非磁/铁磁"(Fe/Cr/Fe)三明治式薄膜结构,当 Cr 层厚度为 0.9 nm 时,这个结构便获得很高的磁电阻率。1988 年,法国的 A. Fert 研究组在 Fe(3 nm)/Cr(0.9 nm)金属超晶格多层膜中也发现了类似现象，在一定外磁场存在的条件下，该结构的电阻值发生急剧变化。由于Fe/Cr多层膜的磁阻效应非常明显，因此被命名为巨磁阻效应。当铁磁层的磁矩相互平行时，载流子与自旋有关的散射最小，材料有最小的电阻。当铁磁层的磁矩反平行时，与自旋有关的散射最强，材料的电阻最大。

(2) 超巨磁阻效应

超巨磁阻(Colossal Magnetoresistance, CMR)效应存在于具有钙钛矿ABO_3的陶瓷氧化物中。其磁阻变化随着外加磁场变化而有数个数量级的变化。其产生的机制与巨磁阻效应不同，而且往往大上许多，所以被称为“超巨磁阻”。与巨磁阻效应一样，超巨磁阻材料也被认为可应用于高容量磁性储存装置的读写头。不过由于其相变温度较低，不像巨磁阻材料可在室温下展现特性，因此离实际应用还有一定的差距。

(3) 异向磁阻效应

有些材料的磁阻变化，与磁场和电流间的夹角有关，这种现象被称为异向磁阻效应。这一现象与材料中s轨域电子、d轨域电子散射的各向异性有关。根据这些材料异向磁阻的特性设计的磁传感器，可用来精确测量磁场。

(4) 隧道磁阻效应

隧道磁阻效应是指在铁磁-绝缘体薄膜(厚度约1 nm)-铁磁材料中，隧道电阻大小随两边铁磁材料相对方向变化的效应。此效应首先于1975年由Michel Julliere在铁磁材料(Fe)与绝缘体材料(Ge)中发现。室温隧道磁阻效应则是在1995年，由Terunobu Miyazaki与Moodera两位科学家分别发现。室温隧道磁阻效应更是磁性随机存取内存(Magnetic Random Access Memory, MRAM)与硬盘中磁性读写头的理论基础。

(5) 异常磁阻效应

与巨磁阻、超巨磁阻、异向磁阻以及隧道磁阻的结构不同，异常磁阻不需要铁磁材料。异常磁阻效应是2000年由S. A. Solin等发现的一种新型磁阻效应，相应结果发表在《科学》杂志上。异常磁阻效应是指在窄禁带半导体与金属组成的复合结构中，外加磁场的作用会使得这个结构中的载流子发生偏转，部分电流无法从金属中流过转而流经半导体，由于半导体的电阻大于导体，这就导致磁阻值急剧增加。在室温下，异常磁阻效应能够获得更大的磁阻响应。半导体/金属复合结构中的异常磁阻大小在磁场强度较小的情况下与磁场强度呈二次方关系，表达式为

$$EMR(H)=\frac{R(H)-R_0}{R_0}=g(H)(\mu H)^2 \tag{8-4}$$

式中，$R(H)$为半导体/金属复合结构在磁场中的电阻值大小；H为磁场强度；R_0为半导体/金属复合结构在没有磁场情况下的电阻值大小；$g(H)$为结构的几何参数；μ为载流子迁移率。

8.2.2 基于霍尔效应的石墨烯基磁传感器

早在2007年，机械剥离的石墨烯基气体传感器就是根据霍尔效应实现了单气体分子的检测。而真正利用霍尔效应实现磁场强度检测是在2011年，研究者使用CVD生长的石墨烯制造的霍尔探针在室温下具有$0.031 \sim 0.12\ \Omega \cdot G^{-1}$的可调节灵敏度以及$0.43 \sim 0.09\ G \cdot Hz^{-1/2}$的磁场强度分辨率。这些特性参数已经与目前商用的霍尔传感器的性能指标相当了。

1. 石墨烯霍尔探针的结构

图8-2是石墨烯霍尔探针的结构示意图。制造流程为：首先通过CVD技术在铜箔上生长出石墨烯，然后利用PMMA将石墨烯转移到SiO_2/n-Si的衬底上，再利用光刻、氧等离子体刻蚀以及金属溅射等半导体加工工艺在石墨烯薄膜上制造出Au/Cr作为金属接触并制造出四电极结构，最

图8-2 石墨烯霍尔探针的结构示意图

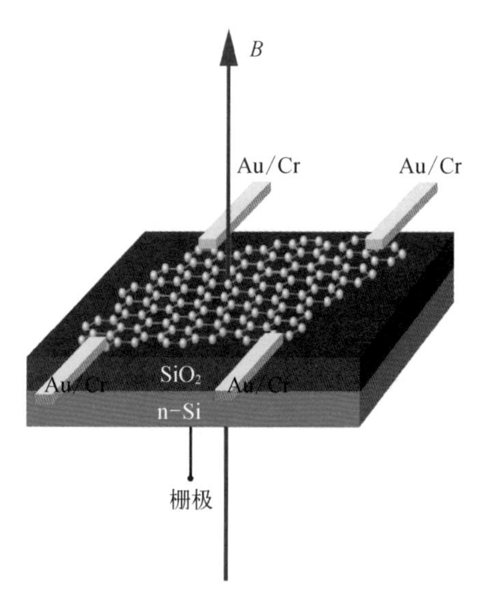

后在重掺杂的n-Si上做出栅极。向整个结构施加如图8-2所示的磁场，使用四个电极向石墨烯薄膜施加电场，并测量因磁场引入而产生的电流变化。

2. 石墨烯霍尔探针的传感性能

为了研究环境温度和载流子浓度对磁感应强度B的影响，可以改变测试环境的温度和栅极电压的大小，在不同的温度和栅极电压下测量霍尔探针的纵向电阻R_{xx}和霍尔电阻R_{xy}的大小。图8-3(a)和图8-3(b)分别是纵向电阻与霍尔电阻在固定温度(10 K)、栅极电压不同的情况下，跟不同磁感应强度之间的关系。其中，在图8-3(b)中，当栅极电压处于狄拉克点附近时，霍尔电阻接近0。当磁感应强度较低时，纵向电阻呈负值，这与载流子的弱局域化作用有关。载流子的弱局域化作用是一种在介观系统中的量子干涉效应。这种效应决定了因散射造成的电子失相现象。理论上，在石墨烯中，对载流子的行为进行量子干涉的修正是由三个确切的长度决定的，分别是非弹性散射长度L_ϕ、弹性能谷间散射长度L_i以及弹性能谷内散射L_*。图8-3(c)和图8-3(d)中的阴影部分是狄拉克区域，这个区域中的霍尔系数会发生突变。图8-3(c)展示了基于量子干涉理论的L_ϕ、L_i和L_*与栅极电压V_g之间的函数关系。L_ϕ在狄拉克区域(图中阴影部分)减小，与之对应，L_i和L_*的大小则在狄拉克区域增加。温度的变化也会引起磁阻大小的改变，L_ϕ随着温度的降低而增高，温度小于1 K时，L_ϕ饱和在350 nm左右，与之相反，L_i和L_*则对温度的变化不太敏感。图8-3(d)则是霍尔系数随栅极电压和温度变化的曲线，霍尔系数的大小可以反映石墨烯霍尔探针感应磁场的灵敏度。在理想情况下，即结构没

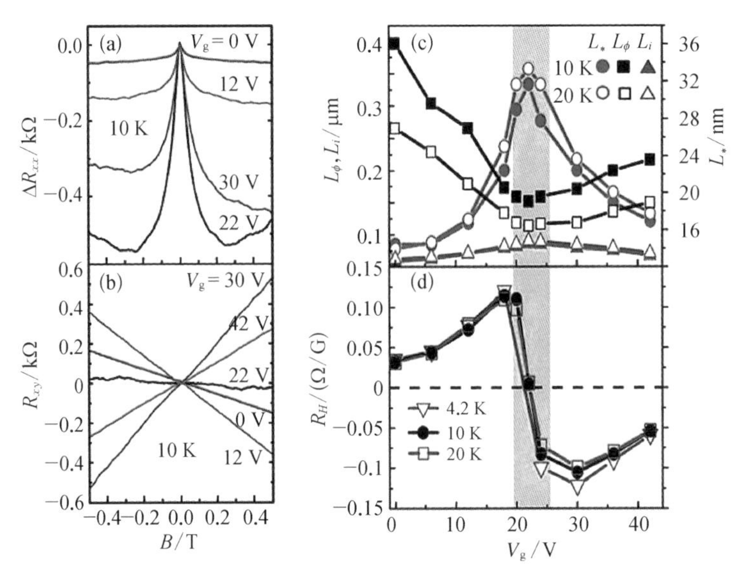

图 8-3 石墨烯霍尔探针的磁感应性能

(a) 纵向电阻 $\Delta R_{xx} = R_{xx}(V_g, B) - R_{xx}(V_g, 0)$ 随栅极电压变化的曲线，测试的环境温度为10 K；(b) 霍尔电阻 R_{xy} 随栅极电压变化的曲线，测试的环境温度为10 K；(c) 弱局域化作用中的特征长度与栅极电压的函数关系曲线；(d) 不同环境温度下测试的霍尔系数与栅极电压的关系曲线

有缺陷且表面没有吸附杂质的石墨烯，当栅极电压处于狄拉克点时，由于载流子浓度趋近零，这时的霍尔系数达到最大并且趋向无穷。然而，在实际情况下，由于石墨烯的结构缺陷以及表面吸附杂质，狄拉克点的霍尔系数要远远低于理论值。从图 8-3(d)可以看出，当栅极电压发生变化时，霍尔系数从 0.031 $\Omega \cdot G^{-1}$变化到 0.12 $\Omega \cdot G^{-1}$。霍尔系数的最大值在狄拉克点附近出现，而且这个数值基本不受温度变化的影响。

对于具有半导体性质的霍尔传感器来说，其最优的磁感应强度分辨率往往由器件的低频噪声决定。图 8-4(a)是当磁感应强度和栅极电压均为零时，不同激发电流的情况下霍尔探针的噪声功率谱 S_V，噪声的大小与环境温度有关，在温度从 77 K 增加到 300 K 的过程中，平带噪声的幅度也从 40 nV · $Hz^{-1/2}$增加到了 80 nV · $Hz^{-1/2}$，是一种典型的热噪声。图 8-4(a)中上 3 支曲线(0.5 μA、1 μA、3 μA)是在 300 K 的温度下测量出来的，下 2 支曲线(7 μA 和 4 μA)则是在 77 K 的温度下测量出来的。当频率 $f < f_c$ 时，噪声功率 S_V 随电流的增大而增大，其中 f_c 是交叉频率，在图中用虚线表

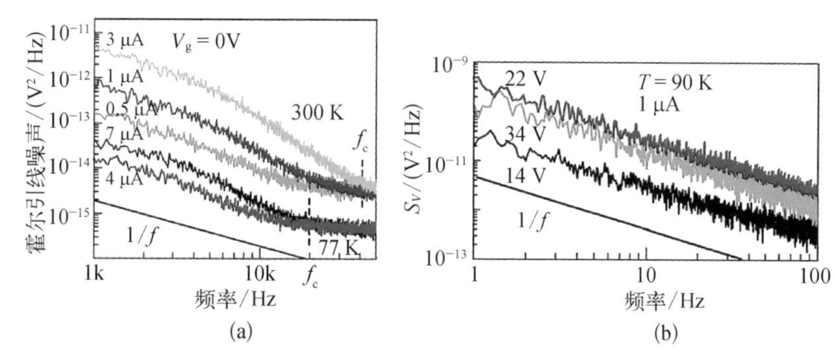

图 8-4 石墨烯霍尔探针的噪声功率谱

(a) 不同激发电流下的霍尔片的噪声功率谱，虚线标出了交叉频率的位置；(b) 不同栅极电压下的纵向磁阻 R_{xx} 的噪声功率谱的曲线

示，这时 S_V 遵循经典的 $1/f$ 噪声定律。而当 $f>f_c$ 时，S_V 则由白噪声决定。图 8-4(b)则是不同栅极电压下的纵向磁阻 R_{xx} 的噪声功率谱的曲线。综合分析图中的数据，温度为 300 K 时，最优场分辨率为 0.43 G·Hz$^{-1/2}$，温度为 77 K 时，最优场分辨率为 0.09 G·Hz$^{-1/2}$。

表 8-1 总结了石墨烯霍尔探针与常用的霍尔传感器在常温下的性能，这些传感器包括使用 GaAs/$Al_{0.3}Ga_{0.7}$ 异质结结构的霍尔探针以及 Bi 金属薄膜。通过与使用其他材料的霍尔探针性能相比，石墨烯霍尔探针在获得高的磁感应强度空间分辨率的同时还能够保持可观的磁感应强度灵敏度。

表 8-1 石墨烯霍尔探针与常用的霍尔传感器的性能

	GaAs/AlGaAs	Bi	GHP
磁感应强度灵敏度 R_H /(Ω·Gs^{-1})	0.3	4×10^{-4}	0.12
磁感应强度空间分辨率 B_{min} /(Gs·Hz$^{-1/2}$)	0.038	0.8	0.43
寄生电阻 R_s /kΩ	60	9.1	100

注：1 Gs = 10^{-4} T，Gs(高斯)也是磁场强度的单位。

8.2.3 基于异常磁阻效应的石墨烯基磁传感器

1. 基于异常磁阻效应的石墨烯基磁传感器的结构

在异常磁阻效应中，随着磁感应强度的增加，金属中的电流会在磁场的作用下发生偏移并离开金属流向半导体部分，相比于金属的电导率，载流子在半导体中会受到大量散射，从而导致整体电阻的增大。基于异常磁阻效应的石墨烯基磁传感器的结构与霍尔器件类似，其结构如图 8-5 所示。这种传感器依旧采用了四电极结构，一对电极向沟道输入/测量电流信号，另一对则用来测量/输入电压信号。这个结构的制造工艺流程为：首先在 n 型 Si 上热氧化生长出 SiO_2 作为栅氧层，同时在 n 型 Si 上制造出栅极（背栅结构）；然后使用机械剥离高定向热解石墨来制造石墨烯，并将制造好的石墨烯（1～2 层）作为传感器的沟道；最后利用电子束光刻技术制造出金属（Au/Ta）电极和相应的引线以及石墨烯薄膜上的金属图形。

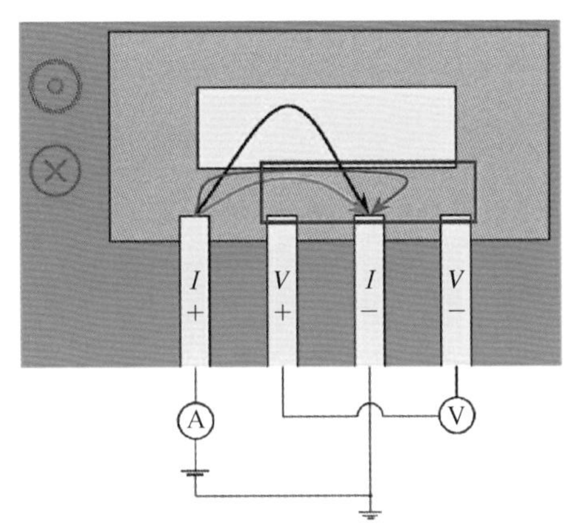

注：图中绿色和红色的图标表示磁场的方向，粉红色方块表示 Si 衬底，灰色方块表示石墨烯薄膜，黄色方块表示金属电极和石墨烯片层上的金属结构。

图 8-5　基于异常磁阻效应的石墨烯基磁传感器的结构示意图

图 8-5 中的黑线是在没有施加磁场的情况下空穴（即电流的方向）的导电通路。施加磁场后，空穴受到磁场作用发生偏转引起的导电通路发生变化，图中的绿色和红色曲线分别表示磁场方向是垂直纸面向外和垂直纸面向里时空穴的导电通路。

2. 基于异常磁阻效应的石墨烯基磁传感器的性能

EMR 器件磁场响应的获得既可以通过使用固定的电压来测量电流的变化，也可以通过使用固定的电流来测量电压的变化，这两种方法的测量结果类似。考虑到石墨烯沟道的几何结构，假设石墨烯层的厚度是 0.34 nm，那么石墨烯界面的电流密度就可以达到 $1.7\times10^{8}\ \mathrm{A\cdot cm^{-2}}$ 以上。当栅极电压和磁感应强度发生变化时，通过图 8-5 中的测量结构，可以测量出非局域化的电压信号，即 $V_{\mathrm{diff}}=V_{+}-V_{-}$，根据式（8-4）可以进一步得到非局域化的归一化磁阻大小。

$$MR=\frac{R_{nl}(B)-R_{nl}(B=0)}{R_{ii}(B=0)} \tag{8-5}$$

式中，$R_{nl}=\frac{V_{\text{diff}}}{I_b}$，是非局域化的电阻值大小，$I_b$ 为施加在结构上的偏置电流；$R_{ii}=\frac{V_b}{I_b}$，则为偏置电压与偏置电流之间的比值。需要指出的是，上式的定义与器件的信噪比有一定联系。对于一个测量系统，使用合适的测量定义对测量的准确性至关重要。这里的归一化处理可以综合考虑测量过程中电学噪声的影响，从而使得测量结果更加接近实际情况。根据这一定义式，磁感应强度的灵敏度就可以从归一化后的非局域化电压信号与磁感应强度的函数曲线中计算相应点的斜率得到。

与霍尔传感器一样，背栅电压对局域化电压的影响是通过改变载流子浓度引起的电阻变化来实现的。同样地，电压的最大值也是在栅极电压移动到狄拉克点附近取得的，当栅极电压高于狄拉克点电压或者低于狄拉克点电压时，载流子的浓度就会增加，使得局域化的电压降低。从图 8-6(a)的数据曲线可以看出，磁感应强度变化时，曲线可以分成两个区域。当载流子浓度很高时，即 $|V_g|>V_D$ 时，响应曲线近似线性，在这个区域内响应特性主要由霍尔效应决定。数学关系式为 $V_{\text{diff}}\propto\frac{GB\,I_b}{qn}$，式中，$G$ 为由器件长度和宽度决定的几何尺寸因数，n 为载流子浓度，q 为电子电荷。在这个区域中，曲线斜率的符号是由载流子的类型(电子为正，空穴为负)决定的。在狄拉克点电压附近，曲线开始变得非线性化，这是由于曲线中 B^2 项的引入。图 8-6(b)中的 R_{ii} 与栅极电压之间的关系可以更清晰地体现出这种二次曲线关系，这种现象不能用霍尔效应来解释。与产生这种二次关系响应相关的物理机制主要有两种。第一种机制是沟道中电子和空穴的同时存在在非规则的导电结构网络中会导致霍尔电压的抵消，石墨烯沟道中只有纵向磁阻的存在，而这个磁阻的大小与 B^2 成

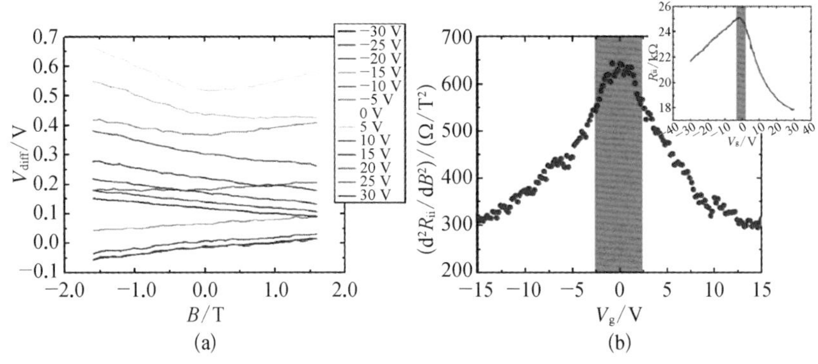

（a）非局域化电压信号 $V_{\rm diff}$ 在不同的栅极电压下与磁感应强度之间的关系曲线；（b）从电流电极处测得的电阻与磁感应强度的二阶导数 $\left(\frac{{\rm d}^2 R_{\rm ii}}{{\rm d}B^2}\right)$ 与栅极电压的函数关系

图 8-6 基于异常磁阻效应的石墨烯基磁传感器的磁感应特性

比例；第二种机制是磁场中石墨烯的电阻率增加会导致金属结构中的电流增大，就导致了异常磁阻效应的增强，并在关系式中提供一个与 B^2 成比例的物理量。正是在这两种机制的共同作用下，传感器表现出了强烈的异常磁阻效应。从图中可以看出，这种二次抛物线特性在栅极电压为 ±5 V的区间内(即狄拉克点电压附近)达到最大化。插入图是当磁场为零时，从电流电极处测得的电阻与栅极电压之间的函数关系。

图 8-7 是基于异常磁阻效应的石墨烯基磁传感器的灵敏度曲线，与之前非局域化电压的变化趋势类似，传感器的灵敏度也在狄拉克点附近获得，并且这种传感器的灵敏度的最大数值已经可以与目前最好的霍尔

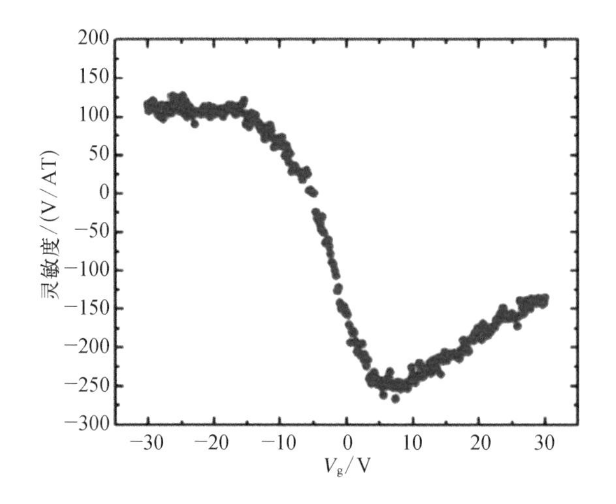

图 8-7 灵敏度与背栅电压之间的函数关系

传感器的灵敏度相当了。由于基于异常磁阻效应的石墨烯基磁传感器在同样面积的情况下厚度更薄，因此这种传感器在集成度和尺寸缩小方面更加具有优势。使用石墨烯基传感器还有一个好处是其器件的响应可以通过背栅电压控制，这是基于巨磁阻效应和隧道磁阻效应的磁传感器所不具备的，而基于这两种原理的传感器均会采用二维电子气沟道结构，这种结构由于顶栅结构的存在会导致磁间距显著增加，而对二维电子气沟道采用背栅控制结构目前还有一定的技术难度。

使用背栅电压可以改变沟道中的载流子浓度，从而改变器件的电阻值大小。这个特点允许研究者根据实际探测需求调制出最优的灵敏度、信噪比以及测量的带宽(磁扫描探针和生物传感的带宽为 kHz 量级，磁存储则需要 MHz 量级的带宽)。此外，背栅结构还提供了一种有效地补偿器件之间性能差异的解决办法，特别是在纳米尺度器件的批量化生产中，这种小尺度的不同批次器件间性能的一致性对加工工艺的标准化程度要求更高。

与之前讨论的霍尔传感器类似，室温下，石墨烯纳米结构的噪声主要来源于外来物的俘获与脱离过程，这会导致噪声与频率的倒数成正比(即热噪声)。传感器的探测下限就是被热噪声所限制的。而使这些外来物引起的缺陷钝化并屏蔽其在多层结构器件中的电荷作用能够将这种噪声减少一个数量级。对传感器进行合适的封装可以减少石墨烯表面被污染的可能，就能够降低热噪声的大小。这种方案对于提高磁存储和扫描磁探针的信噪比有极大的价值。

除了上述使用合适的封装工艺外，还有一些因素被认为有希望提高基于异常磁阻效应的石墨烯基磁传感器的灵敏度和信噪比。例如，进一步提高载流子的迁移率，目前用于磁传感器的石墨烯的迁移率为 1 000～5 000 $cm^2 \cdot V^{-1} \cdot s^{-1}$。减少石墨烯中的散射中心并将迁移率进一步提高，就能够增强器件的霍尔效应和几何磁阻效应，并提高传感器的磁响应。当器件尺寸进一步缩小，甚至器件的几何尺寸小于载流子的平均自由程时，石墨烯边缘的边界散射以及石墨烯与金属电极之间的接触界面的散射会对器件的性能造成重大的影响，而这时石墨烯的本征载流子迁移率的大小反而会处于次要地位。在这种情况下，由载流子散射引起的噪声将会减小。目前，对于载流子平均自由程超过器件几何尺寸对输出信号的影响还需要进一步研究，其作用机理还没有定论。

8.3 本章小结

本章讨论了磁传感器的基本概念以及几种基本的磁传感器原理，重点介绍了石墨烯基霍尔传感器和基于异常磁阻效应的石墨烯基磁传感器的器件结构、制造工艺以及传感性能。相比于传统霍尔传感器，石墨烯基霍尔传感器在拥有高磁场感应强度空间分辨率的同时还能够保持可观的磁感应强度灵敏度。基于异常磁阻效应的石墨烯基磁传感器的灵敏度已经与目前最好的基于二维电子气结构的霍尔器件的灵敏度相当了。

为了使传感器获得高灵敏度，目前用于磁传感器的石墨烯一般采用机械剥离、CVD生长以及外延生长等方法制备，这些方法都能够获得晶格结构较完整、具有高电子迁移率的少层石墨烯（1～5层）。此外，考虑到石墨烯的尺寸，使用石墨烯作为敏感元件对磁传感器的尺寸缩小非常有意义。

在器件结构上，石墨烯基磁传感器一般采用背栅场效应晶体管结构。这种结构可以通过改变栅极电压来控制沟道内载流子的浓度，从而可以调制传感器的灵敏度、带宽等性能。这种参数调节的便利性使得石墨烯基磁传感器能够更好地适应不同的测量环境，满足不同的测量要求。

影响磁传感器性能（特别是信噪比）的主要因素还是石墨烯结构的缺陷和杂质引起的载流子散射，同时，石墨烯的结构缺陷和表面吸附杂质也是其他基于高电子迁移率特性的传感器的主要限制条件。要突破这一限制还需要在高质量石墨烯制备和石墨烯器件的封装上继续深耕。除此之外，在尺寸继续缩小的前提下，石墨烯沟道中载流子的平均自由程与器件尺寸之间的关系也是值得关注的课题之一，还需要研究者在理论和实验上做进一步的研究。

第 9 章

石墨烯基生物传感器

石墨烯基材料在生物传感领域中有很多应用，本章内容包括石墨烯基生物传感器的基本性质、分类和特性参数，并将重点介绍石墨烯基生物传感器的基本原理、相应的性能和制造工艺等。

9.1 生物传感器的基本概念

使用固定化的生物成分或者生物体作为敏感元件，利用物理、化学或者生物效应，将生物信号转换成可测量的电信号的器件或者装置被称为生物传感器。通俗来说，生物传感器是一种对特定的生物物质敏感，并将生物物质的浓度信息转换为电信号继而进行监测的器件。这种器件的核心部件包括以下三个部分：① 作为敏感元件的固定化的生物敏感材料，如酶、核酸、抗体、抗原、细胞、组织以及微生物等生物活性物质；② 适当的理化转换器，例如氧电极、光敏三极管、场效应晶体管等；③ 相应的信号放大装置和分析工具、系统。

生物传感器不仅仅应用于生物技术领域，也可以应用于环境监测、人体健康监测以及食品安全等领域。

生物传感器以及生物芯片技术是 20 世纪 90 年代发展起来的集现代生物技术、信息技术以及微电子技术为一体的新兴技术。这项技术能够实现对生命机体以及生物组分的准确、快速、大信息量的检测，且已被公认为一项会给 21 世纪的生命科学研究带来革命性颠覆的技术，在现阶段，受到世界各国的学术界和工业界的瞩目。

9.1.1 生物传感器的构成

生物传感器具有传感器的典型结构，包括敏感元件部分与转换元件部分。

敏感元件主要用来识别待测目标，敏感元件与待测目标引起相应的物理变化或者化学变化。敏感元件的性能决定了生物传感器的性能。同时，它也是生物传感器选择性测定的基础。

转换元件部分是将有生物活性表达的信号转换为电信号的换能器。

几乎所有种类的生物传感器都有着以下共同结构：一种或者多种具有相关生物活性的材料（如生物膜），能将生物活性表达出来的信号转换为电信号的换能器，两者组合在一起，通过现代信号分析处理技术进行生物信号的再加工，从而组合成可用于测量各种生物信号的分析装置、仪器以及系统。

9.1.2 生物传感器的功能

目前，生物传感器主要实现以下三种功能。

① 感受。提取出动植物体内具有感知功能的生物材料。实现生物材料或者类生物材料的批量化、低成本的生产。

② 观察。将生物材料感受到的连续、有一定规律的信息转换为人们可以观察并理解的信息。

③ 反应。将生物材料感受到的信息通过光学、压电、电化学、温度、磁等形式展示给用户，为用户的决策提供重要依据。

生物体中能够选择性地分辨待测物质的有酶、抗体、组织以及细胞等。这些分子识别功能物质通过识别过程可以与被测目标结合成复合物，例如抗体和抗原的结合、酶与基质的结合等。

在设计生物传感器时，选择与待测物质匹配且具有对应识别功能的功能物质是实现有效传感的前提，这就需要考虑所产生的复合物的特性。根据分子识别功能物质制备的敏感材料所引起的物理、化学反应选择合适的换能器，这是研制高性能生物传感器的另一项重要环节。在敏感元件中，光、热、化学物质的产生会相应地消耗或者产生相应的变化量，根据这些具体变化量的不同选择适当的换能器。生物传感器在检测过程中的生物化学反应是多元化的，而现代微电子技术和现代传感器技术的成果已经为检测这些信号提供了丰富的检测手段。

9.1.3 生物传感器的技术特点

生物传感器的技术特点如下。

① 采用固定的具有生物活性的物质作为催化剂，价格高昂的试剂可以重复使用，克服了传统使用酶法分析试剂费用高和化学分析烦琐复杂的缺点。

② 特异性强，在选好敏感材料后，生物传感器只针对特定的被检测物发生反应，且不受检测物的颜色、浑浊程度的影响。

③ 检测速度快。

④ 准确度高。

⑤ 操作系统比较简单，易于实现自动化。

⑥ 成本低廉。

⑦ 部分生物传感器还能够可靠地指示微生物培养系统内的供养状况和副产物的产生情况，可以获得这些副产物的产生率等指标。

9.1.4 生物传感器的分类

目前，常见的生物传感器分类命名方式主要有以下三种。

（1）根据生物传感器中敏感元件的种类分类

按照这种分类方法，生物传感器可以分为酶传感器、微生物传感器、细胞传感器、组织传感器和免疫传感器。根据这样的命名方式，对应的传感器所用的敏感材料依次是酶、微生物个体、细胞、动植物组织、抗体和抗原。

（2）根据生物传感器的换能器的类型分类

生物传感器依据这种分类方法可以分成生物电极传感器、半导体生物传感器、光生物传感器、热生物传感器、压电晶体生物传感器等，换能器的类型依次为电化学电极、半导体、光电转换器、热敏电阻和压电晶体等。

（3）根据被测生物目标与敏感元件的相互作用方式分类

与生物活性材料组合的传感器可以是多种类型的物理或者化学传感器，例如电化学（电位测量、电导测量、阻抗测量）传感器、光学（光致发光、共振表面等离子体）传感器、机械（杠杆、压电反应）传感器、热（热敏电阻）传感器和电（离子或者酶场效应晶体管）传感器等。所有这些具备生物识别功能的组合体统称为生物传感器。

9.1.5 生物传感器的发展趋势

最早的生物传感器起源于20世纪60年代。1967年，Updike和Hicks将葡糖糖氧化酶（Glucose Oxidase, GOD）固定化膜与氧电极组装在一起，制造出历史上第一个生物传感器，即葡萄糖酶电极。20世纪80年代，生物传感器领域已经初步形成，标志性事件包括：1985年，《生物传感器》期刊在英国创立；1987年，生物传感器经典著作在牛津出版社出版；1990年，首届世界生物传感器学术大会在新加坡召开，并确定每两年召开一次。

生物传感器具有检测速度快、监测可连续等优点，越来越受到学术界、工业界以及普通消费者的重视。经过近30年的研究，生物传感器已经获得了不小的进展。然而，真正走向实际应用的例子并不多，这主要是由于目前的生物传感器还存在很多问题，例如使用寿命短、器件稳定性差、容易受到有毒物质的影响以及维护复杂等。未来生物传感器的发展方向主要集中在两个方面，即生物敏感检测元件的发展以及转换元件（换能器）的发展。

1. 多功能化

未来的生物传感器将会进一步涉及医疗保健、疾病诊断、食品监测、环境监测以及发酵工程等各个领域。生物传感器研究中的重要课题就是研究能代替生物视觉、嗅觉、味觉、听觉和触觉等感觉器官的仿生传感器，被称为以生物系统为模型的生物传感器。

研究新的应用芯片，如 1999 年美国环保局（Environmental Protection Agency，EPA）组织研讨会，讨论了毒理学生物芯片的发展策略。近年来，多种新的生物芯片不断问世，这是物理学、生物学以及微电子科学的共同结晶。芯片技术与其他技术组合使用，例如基因技术、纳米芯片技术以及聚合酶技术。不同生物芯片之间的综合应用，例如蛋白质芯片与基因芯片相互作用等，可用于研究蛋白质与基因之间相互作用的关系。

2. 微型化

随着微电子加工技术和纳米技术的进步，生物传感器将不断微型化，各种便携式生物传感器将会出现，给人们的生活带来极大的便利。

3. 智能化、集成化

提高生物探针的集成度，例如多家公司的芯片阵列的集成度已经达到了 1.0×10^5 左右，地球上大多数生物的基因数量在 1.0×10^5 以下，这就意味着绝大部分的生物体全部的基因检测仅用一块芯片即可实现。未来的生物传感器与计算机技术紧密结合，实现检测数据的自动采集、数据的自动处理，更加科学、更加准确、更有效率地提供检测结果。研究者的终极目标是实现生物传感器的全集成制造，即实现微型全分析系统或者是芯片上的实验室，实现采样、进样和最终结果一体化。这其中的关键一环便是信号的转换问题，如何在敏感元件的氧化还原中心与电极换能器之间建立有效的电子传递方式仍然是一个技术难题。

4. 向低成本、高灵敏度、高稳定性以及长寿命的方向发展

提高传感器检测的灵敏度和特异性。例如检测系统的优化组合和采

用高灵敏度的荧光标记。多重检测提高特异性,减少假阳性的数量。价格昂贵也是目前制约生物传感器应用推广的主要障碍之一,但是随着技术的革新,特别是制造工艺的提升,生物传感器的价格将会大大降低。

生物传感器在工作过程中,敏感元件与待检测物之间往往会发生不可逆的化学反应,这种情况的发生势必会影响传感器的性能,降低传感器的灵敏度。因此,如何延长元件的使用寿命,选择灵活性强、选择性高的敏感元件也是生物传感器发展的一个主要研究方向。其中,活性物质的固定化技术在研究生物传感器稳定性问题中占有重要地位,如果这个技术能够获得突破性的进展,势必将极大推动生物传感器的发展,提高其实用性。

生物传感器技术的不断进步,也将不断倒逼生物传感器向成本降低、灵敏度提高、稳定性提高和使用寿命延长的方向发展。这些特性的改善将会极大加速生物传感器的市场化、产品化进程。

5. 便携式

便携式微型化的生物传感器的研究也是未来的一个重要发展方向,新型生物材料的合成、纳米技术的应用等都将进一步推进生物传感器在人体健康监测等领域中的应用。

6. 产业化

对于技术已经相对成熟的生物传感器,相关产品的产业化是发挥传感器功能的最好途径。相关的产业,例如点样设备、检测设备的产业化也在跟进发展。然而,过高的成本依然束缚着这些产业的发展进程。

此外,对于中国生物传感器的发展来说,还需要额外注意以下三个问题。

1. 制造技术

生物传感器的制造原理其实并不复杂,就每项技术来说,中国已经具有相当的工业基础和研发实力，中国发展生物传感器的难点是如何将这些技术有机整合起来。

2. 基因、蛋白质等前沿研究

除去制造技术，对于传感器的研究最主要就是生物活性物质的固定化问题。最典型的例子是，基因测序可以诊断多种遗传病，关键技术就是将基因和蛋白质等物质在生物探针上进行固定。因此，制造这样的生物传感器首先就要解决DNA探针、基因以及蛋白质尽可能全面和快速收集的问题。

3. 专利和产权

以生物传感器技术为核心的各项相关产业正在全球崛起，那么知识产权问题就成了一个不能忽视的问题。世界各大发达国家已经开始有计划、大投入、争先恐后地对这一领域的知识产权进行了很多前瞻性的保护。我国如何建立起自主知识产权体系，打破壁垒具有非常大的战略意义。

9.1.6 石墨烯应用在生物传感器领域中的发展概况

石墨烯由于具有大比表面积、易于负载多种生物探针，在生物传感器领域有着很大的应用潜力。与传统的探针载体相比，基于石墨烯模板的生物探针可以实现生物目标免标记的探测，如图 9－1 所示。这两种方案都需要在衬底（玻璃）和石墨烯表面修饰上不可动的受体。对于传统的生物物质的探测来说，探测原理主要依靠光学探测，这就需要将一个荧光标记物标记在待检测的生物物质上，如图 9－1(a)所示。而荧光标记物的负载，一方面会增加检测的步骤；另一方面会改变待检测物的结构，对检测造成影响。同时，标记物的增加会增加待测生物体检测的检测限。与之相反，石墨烯作为生物探测的载体，可以不需要荧光标记物，待检测生物分子与受体可以直接结合，这会引起石墨烯载体电学性能的变化，直接检测待测生物物质，如图 9-1(b)所示。这是由于少量的待检测生物分子在石墨烯表面的存在将会直接引起石墨烯电学性能的变化。由于石墨烯的大比表面积和高电子迁移率，这种直接吸附的方式可以获得更低的检测限。

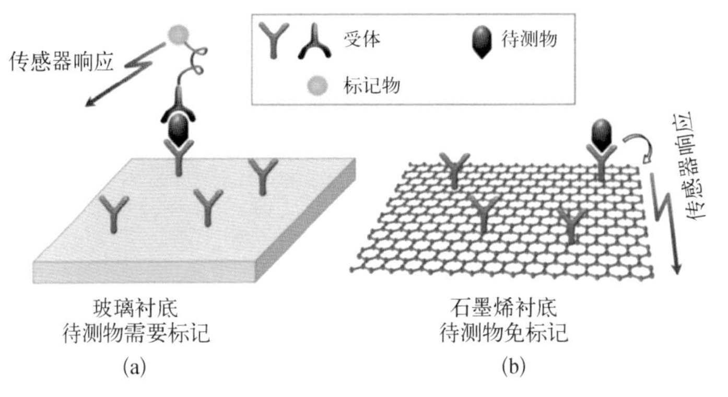

图 9-1 生物物质检测的示意图

（a）需要负载荧光标记物的检测方法示意图；（b）不需要负载荧光标记物的检测方法示意图

2009 年，Lu 等率先报道了使用石墨烯制造而成的 FRET 生物传感器。这种报道的传感器是由标记了羧基荧光素（FAM）的单链 DNA（ssDNA）与氧化石墨烯（Graphene Oxide, GO）构成的。在没有目标 DNA 时，FAM-ssDNA 会吸附到 GO 表面，造成 FAM 与 GO 之间发生荧光能量共振转移，使羧基荧光素中的荧光团的荧光被迅速猝灭；而当 FAM-ssDNA 与目标 DNA 杂交后，会改变双链 DNA 的构型，并且削弱了 FAM-ssDNA 与 GO 之间的相互作用，这就造成 FAM-ssDNA 从 GO 表面释放出来，增大 FAM 与 GO 之间的距离，阻碍了荧光能量共振转移这一过程，造成 FAM 荧光的恢复。这种方法提供了一种用于检测特定 DNA 序列的高灵敏度及选择性的荧光恢复检测的手段。

自此之后，使用石墨烯与生物活性物质复合的方式被大量研究。DNA 在通常情况下遵循碱基互配的原则，但是在某些离子存在的情况下，单链 DNA 之间会有错配发生。将单链 DNA 错配与石墨烯 FRET 传感器结合，可以实现特定离子的检测。Wen 等利用荧光标记的富含碳元素的 ssDNA 构建了银离子的荧光传感器。银离子的引入可以引起富含碳的 ssDNA 构型的变化，体系中没有 Ag^+ 时，DNA 为柔软的单链结构；体系中有 Ag^+ 存在时，碳元素与 Ag^+ 发生络合形成 $C-Ag^+-C$，DNA 链形成刚性的发卡结构的双链 dsDNA 结构。DNA 结构的改变使 DNA 链与 GO 的相互作用发生改变，从而引起整个体系的荧光改变。Liu 等也构建了类似的平台，利用半胱氨酸 C—C 错配竞争结合 Ag^+，实现对目标检测物半胱氨酸的检测。

除 DNA 外，核酸适配体也是一种常用的生物活性物质，核酸适配体是一种功能性核酸，它是一段筛选出来的 ssDNA 序列，能够特异性结合蛋白质、小分子或者离子，可作为方便的感应元件使用。核酸适配体与其特异性目标物结合会使它的构型发生改变，单链结构发生折叠，阻碍核酸序列中碱基与石墨烯接触，引起两者距离的改变。这种石墨烯-核酸适配体传感器无论是在缓冲溶液还是血清中均表现出优异的灵敏度和选择性。文献中报道了多种基于石墨烯的核酸适配体 FRET 传感器，分别用于赭曲霉素 A、三磷酸腺苷（ATP）以及黏蛋白 1（MUC 1）等物质的检测。由于核酸适配体能够选择性识别目标物质，区别其他结构类似物，所以核酸适配体传感器都具有较好的选择性，可用于检测稀释的实际样品中的待测物，如稀释的血清、细胞提取液、红酒等。

DNAzyme 是另一种功能性核酸，具有催化功能以及识别目标分子的能力。DNAzyme 可以与其对应的基底形成 DNAzyme-基底杂化体，在特定离子的共同作用下，DNAzyme 就会发挥其催化活性，将基底从断裂位点上剪切开。Zhao 等报道了一种基于 GO-DNAzyme 的 Turn-on 传感器，用于 Pb^{2+} 的荧光放大检测。与之相反，Wen 等则利用 8-17 DNAzyme 构建了一种 Pb^{2+} 的 Turn-off 荧光传感器。

石墨烯在生物传感领域中最引人注目的应用是 DNA 测序。快速、可靠、低成本的 DNA 测序是生物学家长久以来的梦想。使用石墨烯作为 DNA 测序的探针材料从理论上讲是完全可行的。四种碱基（A：腺嘌呤，T：胸腺嘧啶，C：胞嘧啶，G：鸟嘌呤）是构成 DNA 的基本单元，单层石墨烯的厚度(0.34 nm)与DNA中碱基对之间的间距接近,研究者构想在单层石墨烯上做出一个很小的纳米孔,这个纳米孔只能让一条DNA单链通过,由于厚度与单层石墨烯匹配,碱基可以一个一个地通过纳米孔,就像一串珠子穿过细小的铁丝网孔。例如,研究者利用石墨烯场效应晶体管(GFET)作为探针,显示吸附在石墨烯表面的DNA碱基的存在。GFET能够在吸附四种不同的DNA碱基后,测定不同的电导特征,这是由于纳米孔附近的碳原子产生了偶极场。从初步的研究成果来看,石墨烯DNA测序具有实现实时检测、高通量以及低成本等优点。然而,想要真正实现产业化还有诸多问题,例如石墨烯纳米孔大小的控制、抑制DNA单链的打结等实际问题。我们将会在后面详细介绍石墨烯DNA测序的相关技术。

9.2 石墨烯基生物传感器的传感原理和结构

根据检测对象的类型,将石墨烯基生物传感器分成生物量传感器(主要以蛋白质、DNA等生物大分子以及细胞组织等为检测对象)和生理量传感器(主要以人体生理活动中标志性物质为检测对象,例如血液中的葡萄糖、汗液中的盐分等)。我们将在下面详细介绍这两类传感器的结构、感应原理和制造工艺。

9.2.1 石墨烯基生物量传感器

1. 石墨烯基生物量传感器的工作原理

目前大部分的石墨烯基生物量传感器的感应原理主要基于以下四种:① 石墨烯/金属接触效应(肖特基结);② 生物大分子的吸附导致电荷转移或者掺杂效应;③ 生物大分子的吸附导致电荷屏蔽或者电容效应的产生;④ 吸附生物大分子后引起的石墨烯中电荷的散射效应以及迁移率变化。这些原理从本质上来说,都是被吸附物导致石墨烯结构的电学性质发生变化。这些原理在之前的章节已经进行了详细的介绍，这里就只针对生物分子的检测，简单介绍相应的原理。

(1) 石墨烯/金属接触效应

如果受体存在于石墨烯/金属接触部分，那么待测生物分子与受体之间的结合将会导致肖特基势垒的高度发生变化，从而会使传感器产生相应的电流变化。需要注意的是，对于不是采用这种原理的生物传感器来说，这种效应就需要尽可能地削弱，这就需要选用合适的金属电极使金属电极与石墨烯形成欧姆接触。

(2) 电荷转移效应

当石墨烯/金属接触部分的肖特基势垒效应被消除时，这时的电学响应主要是由于生物分子的吸附导致的电荷转移效应，采用这种原理的器件类型一般是场效应晶体管型。一般来说，生物分子的吸附会导致器件栅极电压向左或向右发生偏移，电荷变化引起的栅极电压偏移的真实机理可能是受到了双重影响。一是表面吸附的电荷额外增加(或者减少)了石墨烯场效应晶体管的栅极电压；二是生物分子的吸附导致了石墨烯中电荷转移效应的发生，从而影响了栅极电压的改变。这两重效应往往同时发生、共同作用，想要分辨它们，单单依靠转移特性曲线是很难实现的。

(3) 电荷屏蔽或者电容效应

当生物受体分子以非共价键形式与石墨烯表面连接时，电荷屏蔽或者电容效应是主要的感应机理。由于吸附生物分子导致表面电荷发生变化，从而引起界面的电容发生变化。这个现象会改变晶体管栅控的效率，进而影响传感器的响应。可以通过视觉化的吸附过程来理解这一效应，待测生物分子吸附在石墨烯表面后，整体介电常数改变，从而引起电容的变化，而电容的变化则会导致器件的转移特性曲线发生偏移。此外，根据这一效应的原理，利用霍尔棒以及相应的电容测量可以探究转移特性曲线发生偏移的真正原因。

(4) 散射效应以及迁移率变化

这种机制涉及生物大分子的吸附与石墨烯电子结构之间的直接作

用。生物大分子吸附在石墨烯表面，导致电子的局域态发生变化，会重新调制附近的电子分布情况，引入新的散射机构，造成石墨烯中电子迁移率的改变。一般来说，这种效应常见于受体与石墨烯表面形成共价键的情况。受体分子与待测生物分子之间发生作用，从而在下面的石墨烯表面产生新的散射中心。

2. 针对不同生物大分子的石墨烯基传感器的结构和制造工艺

1）DNA 测序技术

（1）DNA 测序技术的发展历程

DNA 基因组测序技术，简称测序，是一项对人类健康事业的发展有巨大推动作用的新兴技术，是实现个体化医疗的必须手段和重要技术之一。自 1980 年诺贝尔化学奖授予英国生物化学家 Sanger 和 Gilbert 等发明的第一代测序技术（双脱氧末端终止法，扩增后通过毛细管电泳读取序列，每次获取数据量少）以来，目前已经使用的第二代基因测序技术（高通量测序，采用微珠或高密度芯片边合成边测序，可一次获得数 GB 的数据）已经进入了高通量低成本的时代。为了进一步激励测序技术的发展，美国国家卫生研究院（National Institutes of Health，NIH）提供“革命性基因组测序技术”项目的基金，期望能够进一步降低测序成本，实现将人类基因组测序的成本降低到每基因组 1 000 美元以下，缩短测序所需要的时间在 1 d 以内。

第三代基因测序技术以低成本快速检测为目的，以单分子、非标记为其技术特征，其中最具代表性和发展潜力的是纳米孔测序技术。纳米孔测序是在一定强度的电场驱动下，使单个 DNA 分子穿过一个直径在纳米级尺度（通常直径为 50 nm 以下）的通道，同时检测穿过孔时离子电流的调制效应，就可以按照顺序记录每一个碱基通过纳米孔时电流幅度的变化。据理论测算，第三代测序技术有望将人类基因组全长测序的耗时减少至 1 d 以内，成本也将低于 1 000 美元。

1996 年，Kasianowicz 及其同事首次报道了单链 DNA 或 RNA 在电

场作用下通过 α-溶血素纳米孔，并且得到 DNA 分子通过孔时产生的阻塞电流现象，区分出四种碱基，获得 DNA 或者 RNA 分子的序列信息。生物纳米孔测序方法的原理如图 9-2(a)所示。这种方法原理上可以实现直接、快速地检测单分子 DNA 碱基序列。

图 9-2　基于纳米孔的第三代 DNA 测序示意图

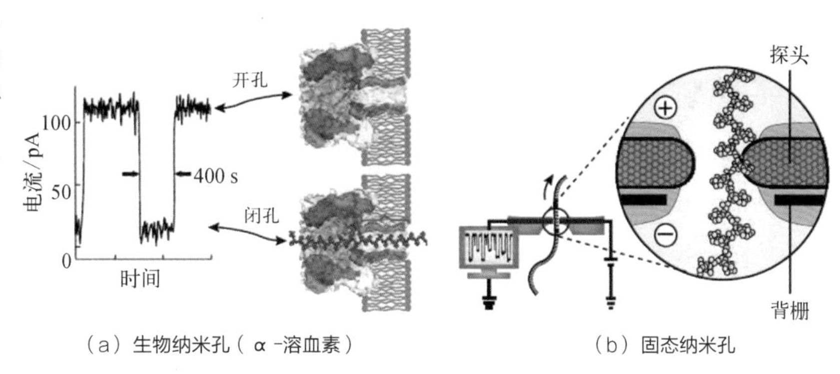

（a）生物纳米孔（α-溶血素）　（b）固态纳米孔

固态纳米孔是 DNA 测序中使用的另一种人造纳米孔，如图 9-2(b)所示，其检测原理与生物纳米孔相同。固态纳米孔是在绝缘性纳米薄膜材料上利用纳米加工方法制备的纳米级孔道。与生物纳米孔相比，固态纳米孔具有更高的机械强度和化学稳定性，而且其尺寸完全可控，对单链和双链 DNA 均可实现检测。固态纳米孔还可以实现与其他微纳米检测设备和探针或分析电路的集成制造，大大拓展了纳米孔的应用前景。

在纳米孔的制备方面，虽然电子束刻蚀，激光束、电子束诱导沉积等技术在氮化硅、氧化硅或其他金属氧化物等薄膜介质上都可以制备出稳定的固态纳米孔，但迄今为止，用固态纳米孔进行单碱基分辨率的 DNA 检测仍然面临很大的挑战。首先，由于目前使用材料的限制，固态纳米孔厚度通常都大于 5 nm，导致检测到的电流信号是数十个碱基的叠加信号。其次，固态纳米孔的噪声水平比蛋白质纳米孔高 1～2 个数量级，DNA 过孔速度亦远超出目前常用电流放大技术的检测范围。因此，目前国际上发表的实验结果多只是对 DNA 形成的高级结构和构象方面的研究成果。理论研究表明，在测序领域中，特征尺寸为 1～5 nm 的二维固态纳米孔有着明显的尺寸效应。该尺寸纳米器件可以大幅提高 DNA 的检测效率,并有望实现单碱基分辨能力。因此制备尺寸更小的纳米器件被认为是解决纳米孔单分子检测技术发展应用的关键技术。二维纳米材料由于只具有原子级厚度,且易于在辐照条件下发生结构演变形成纳米孔,因此被认为是最有可能率先实现第三代基因测序要求的理想材料。

目前,二维纳米材料应用于第三代基因组测序的研究以石墨烯纳米孔为代表。如上所述,石墨烯层的厚度与 DNA 两个相邻碱基的间距匹配良好,因此将石墨烯材料用作纳米孔测序器件的核心构件,将有望实现单碱基分辨能力。理论研究已经证明,石墨烯纳米孔可以显著提高碱基分辨率。2012 年初,北京大学报道了一种石墨烯纳米孔器件制备的新方法,也是利用聚焦电子束在自支撑石墨烯上通过溅射原理制备了石墨烯纳米孔器件。但由于常规转移工艺的限制,加之采用了 CVD 法制备石墨烯,杂质金属颗粒多,器件制备流程复杂,成本也很高。另外,该报道中并未见到对所制备器件的实际表征和测试。目前,在石墨烯纳米孔研究领域存在的挑战是,由于石墨烯微观尺度极小,且分散于液相中,因此将石墨烯向固相衬底上进行微观可控的转移操作,以及在石墨烯上加工高精度、高性能的纳米孔均十分困难。这使得石墨烯纳米器件无论在制备质量,还是加工效率上都受到了很大影响。近期的石墨烯纳米器件的报道,多是使用压印转移等手段将石墨烯固定在氮化硅膜上方。这样的转移方法只在宏观上可控,无法保证石墨烯与衬底结合的微观可控性,也无法保证结合质量,为纳米器件的集成加工带来了很大难度。对其性能测试的结果也表明,由于无法保证加工质量,该器件制备效率低,且噪声水平远高于传统的固态纳米孔设备的噪声。因此,发展一种微观可控的石墨烯转移方法,实现石墨烯在固相衬底上的定向转移和石墨烯纳米器件的按需构筑,将大大提高加工效率和质量,突破纳米孔测序技术在器件加工上存在的瓶颈。

(2) 石墨烯纳米孔 DNA 测序器件的结构

图 9-3 是石墨烯纳米孔 DNA 测序器件的制造流程图。这种生物化学自组装法采用的对象是氧化石墨烯或者石墨烯。首先在 Si /SiN 基底

上沉积一层 Au 薄膜，然后将特定生物分子附着在 Au 表面形成一层致密的分子膜，分子含有的特定官能团能够阻止石墨烯、氧化石墨烯沉积在生物分子表面；其次，利用聚焦离子束或者会聚电子束在 Au 表面刻蚀出一条纳米通道，并破坏通道周围的分子层，使石墨烯能够附着，然后在通道中央获得直径数十纳米的孔洞；再次，将石墨烯薄片定向转移到纳米通道处，通道外由于生物分子的存在抑制了石墨烯的附着；最后，利用电子束辐照获得所需孔径的纳米孔。这种方法的优点是石墨烯厚度和分布均匀、可控，可以制造大片石墨烯层（晶圆水平），操作流程标准化程度高，可以实现按需构筑石墨烯器件的要求，可重复性和稳定性高；缺点是制备步骤较烦琐。

图 9-3　石墨烯纳米孔 DNA 测序器件的制造流程图

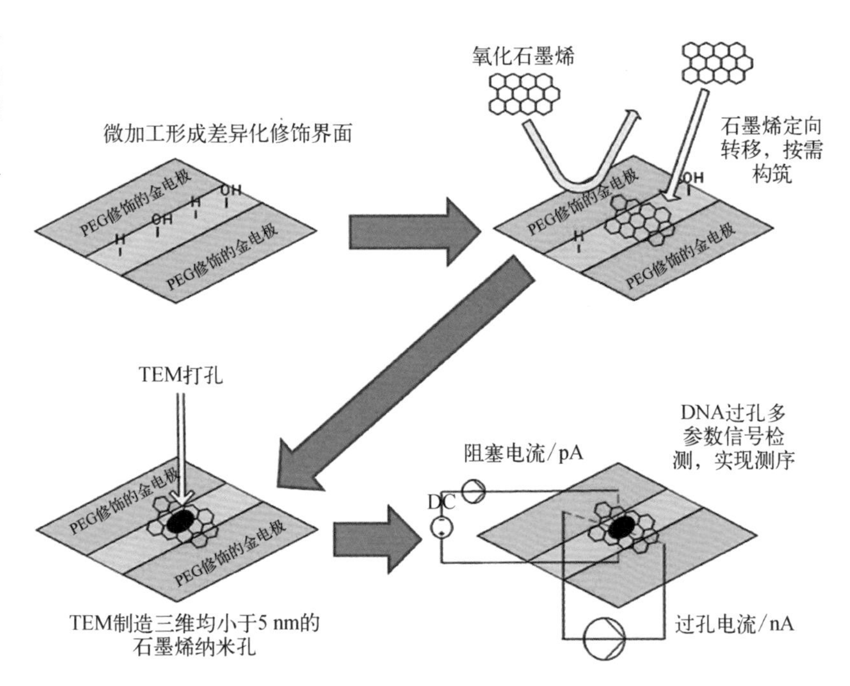

整个制造流程中最关键的技术是石墨烯纳米孔的制造。通过透射电子显微镜的电子束辐照，在石墨烯表面刻蚀出一定孔径的纳米孔。纳米孔的孔径可以通过电子束辐射的强度和时间来控制。刻蚀出的纳米孔的大小还会受到温度等外部环境因素的影响，另外，一些实际使用过程中存在的问

题还需要更加基础和细致的研究。纳米孔制造的难度和实际使用中的问题使得石墨烯纳米孔 DNA 测序器件离真正产业化还有一定的距离。

2）蛋白质、微组织和酶的检测

（1）蛋白质分子的检测

低浓度蛋白质成分的探测在生物成分分析、疾病诊断等诸多领域都有着广泛的用途。不同于 DNA 测序的要求，人们更加关心特定蛋白质的浓度信息，特别是在疾病诊断领域，确定某些特定蛋白质的浓度是诊断的重要前提。为了更好地对疾病做出早期预防，降低相应的蛋白质探测检测极限是非常有意义的。与核酸物质不同，蛋白质表现得更加具有“黏性”，因此在检测前需要对蛋白质分子进行钝化，防止蛋白质分子因为强黏性被吸附在电极和衬底表面。

研究者使用机械剥离的石墨烯以及相应的核酸适配体作为受体在低浓度（$\mu g \cdot mL^{-1}$）范围内成功检测出了免疫球蛋白，该蛋白质传感器的结构采用了液体栅结构的晶体管，其结构如图 9-4(a)所示。为了确保蛋白

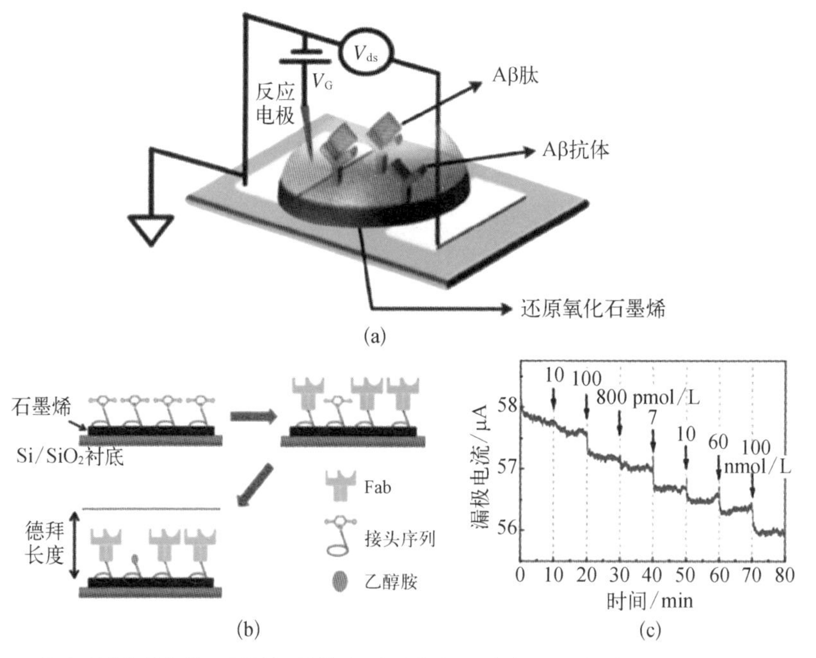

图 9-4 石墨烯基蛋白质传感器的结构

（a）液体栅结构的石墨烯基晶体管型蛋白质传感器；（b）受体分子与石墨烯之间的非共价键连接；（c）蛋白质分子浓度对漏极电流大小的影响

质分子与受体能够准确结合，还需要采用参考受体，这就需要与有抗原-结合效应的抗体进行复合。使用这样的结构，可以实现热休克的蛋白质在低浓度范围($\mu g \cdot mL^{-1}$)的检测。在这一结构中，受体与石墨烯表面是以非共价键的形式结合的，如图 9-4(b)所示。待测蛋白质浓度的变化会引起栅极电压的特性发生改变，如图 9-4(c)所示。

(2) 微组织(细菌)的检测

与蛋白质和DNA的检测一样，直接对细菌(或者微组织)检测也是生物量传感器的一大重要的应用领域。考虑到尺寸的匹配性，石墨烯基生物传感器很适合检测与片层大小处于同一尺寸范围的微组织，特别是单细菌。与检测蛋白质分子的原理类似，石墨烯依旧需要与特定的受体连接，这样的受体由针对待测微组织的抗体或者可以与细菌膜蛋白适配的核酸适配体构成。通常来说，微组织与受体的连接会使整个传感器发生剧烈的电学信号变化，这其中的具体机理还有待进一步研究。目前，微组织和细菌的检测所面临的主要瓶颈在于微组织和细菌的选择性检测。这是由于这些微组织对于黏附的衬底表面并没有特定的选择性。对于石墨烯这样的憎水表面，这种无选择性的黏附性会更加明显，从而导致无法区分目标待测物，微组织和细菌的非特异性结合对于需要对特定对象进行检测的应用场合无疑是致命的。除了直接检测细菌的存在外，生物量传感器还可以被用来实时监控细菌中生物电产生时带来的动作电位的变化。石墨烯由于具有低噪声、高跨导等电学性质，制造出的传感器件能够获得很高的性能。

(3) 酶活动的监测

对于单个酶分子活动的监测正是利用石墨烯的高跨导以及低噪声的特点的一个应用领域。为了实现对单个酶分子活动的监测，需要在石墨烯中引入缺陷，将单个酶分子(如溶解酵素)固定在缺陷上。同时在石墨烯表面相应地修饰肽葡聚糖，酶分子活动的实时监测就可以实现。当液体栅极施加一个电压常量，检测的电流是一个高频量时，分析输出量的电流信号，可以发现曲线会出现周期性的翻转，这个翻转与酶的活动有关。这是由于酶活动时产生的动态动作引起的电流脉冲信号。然而，这些脉冲的强度随着溶液中离子强度的减小而单调递增。这就意味着这些脉冲不能与酶的活动完全对应起来。其详细的机理仍需要进一步研究。

9.2.2 石墨烯基生理量传感器

生理量是指人体在正常生理活动中产生的一些特征量，例如心跳、脉搏、汗液、体温以及血糖浓度等。这些生理量能够反映人体的健康信息，并且有些生理量能够为一些疾病的治疗提供重要的信息（譬如血糖浓度）。此外，这些生理量的测量也是可穿戴电子器件的重要应用领域，我们在温度传感器、应变传感器部分已经讨论过体温和脉搏的测量。接下来将重点介绍石墨烯基传感器对心跳、汗液和血糖信号的监测。

1. 心跳的监测

心电图（Electrocardiogram，ECG）是利用心电电极从体表记录心脏每一心动周期所产生的电活动变化图形的技术。心电数据的实时监控对于心脏疾病的防治非常有意义。心电信号产生的基本原理是由于血液本质上是电解质，心脏每次跳动时，血液的定向移动会产生电势差。在体表的合适位置粘贴 ECG 生理电极（一般为 Ag/AgCl 电极），通过相应的滤波放大电路便可以将心跳产生的电势差测试出来。一个心跳周期包含很多具体的生理信息。由于心肌细胞膜是半透膜，当人处于静息状态时，膜外排列一定数量带正电荷的阳离子，膜内排列相同数量带负电荷的阴离子，膜外电位高于膜内，称为极化状态。静息状态下，由于心脏各部位心肌细胞都处于极化状态，没有电位差。当心肌细胞受到一定强度的刺激时，细胞膜通透性发生改变，大量阳离子短时间内涌入膜内，使膜内电位由负变正，这个过程称为除极。对整体心脏来说，由电流记录仪描记的心肌细胞从心内膜向心外膜顺序除极过程中的电位变化的电位曲线称为除极波，即体表心电图上心房的 P 波和心室的 QRS 波。细胞除极完成后，细胞膜又排出大量阳离子，使膜内电位由正变负，恢复到原来的极化状态，此过程由心外膜向心内膜进行，称为复极。由于复极过程相对缓慢，复极波较除极波低。心房的复极波低，且埋于心室的除极波中，体表心电图不易辨认。心室的复极波在体表心电图上表现为T波。整个心肌细胞全部复极后，再次恢复最初的极化状态，各部位的心肌细胞间没有电位差。整个心电周期的曲线如图9-5(a)所示。图9-5(b)为多个周期的心电数据，每分钟的心电周期的个数即为心率。

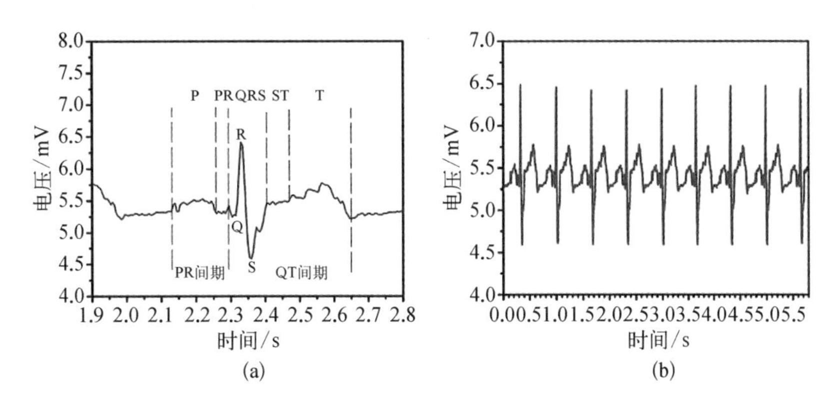

图9-5 心电图的波形

（a）单个心电周期的波形；（b）多个心电周期的波形（每分钟的心电周期的个数即为心率）

目前已报道的石墨烯ECG生理电极的实际使用效果已经可以与商用的Ag/AgCl相比拟了。与传统商用电极相比，石墨烯ECG生理电极更加轻柔，更能与人体皮肤良好贴合。此外，考虑到贵金属(Ag)的成本问题，石墨烯ECG生理电极更加具有应用潜力。

2. 血糖的监测

长久以来，实现无创/微创血糖浓度的实时监控一直是相关领域研究人员的愿望。血糖的实时监控对糖尿病患者有重大意义，目前常用的入侵式末端采血法显然不能满足实时监控的需求，而且这种入侵式的采血方式在给患者带来一定痛苦的同时还有伤口感染的潜在风险。因此，实现无创/微创的血糖浓度的实时监控，特别是集成在可穿戴设备中的相关传感器的研究引起了广泛的关注。

2016年,来自韩国首尔国立大学的研究团队研发出了一种基于石墨烯的电化学可穿戴传感器用于血糖浓度的监控。他们使用包含金蛇形线网状结构和金原子掺杂的石墨烯层的双层结构,与葡萄糖氧化酶一起构成了葡萄糖电化学传感器。这里面使用的蛇形线结构可以增强器件整体的拉伸性。所构成的器件整体结构如图9-6所示。葡萄糖分子在葡萄糖氧化酶的作用下,产生的过氧化氢分子被石墨烯基电化学传感器捕捉,从而实现了对葡萄糖分子的检测。从报道的数据来看,这种传感器的性能已经可以与商用血糖计比拟了。而与商用的Ag/AgCl电极相比,这种双层电极结构的拉伸性能更强,能更好地贴合在人体皮肤上,更能符合可穿戴设备的需求。

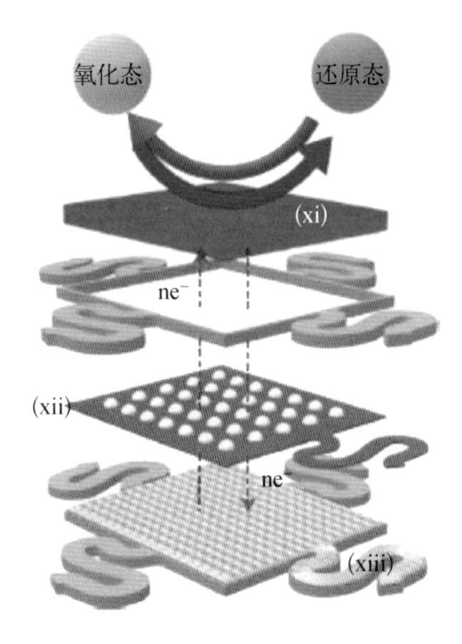

注:从上到下的结构依次是电化学活性材料(里面包含葡萄糖氧化酶)、金原子掺杂的石墨烯以及金蛇形线网状结构。

图9-6 石墨烯/金蛇形线混合结构葡萄糖电化学传感器的结构示意图

3. 汗液的检测

人体汗液的主要成分是水。除了水以外,还包含电解质,主要成分是尿素、钠离子、氯离子,以及少量的钾离子和钙离子。汗液成分的检测可以反映人体运动情况,也是实现对人体健康监测的一项重要指标。例如,分析汗液中的钠或钾浓度,可以表明我们是否存在脱水问题。器件的结构与离子传感器的类似,不过实际设计中还需要额外考虑器件的防水性能和抗腐蚀性能。

9.2.3 石墨烯的生物兼容性

当今科学界对石墨烯是否具有毒性依旧具有争议。有报道称石墨烯

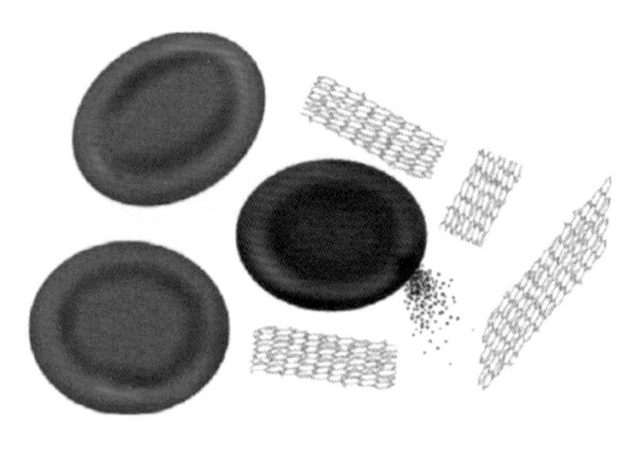

图9-7　石墨烯溶血性示意图

和石墨烯的衍生物具有细胞毒性。其细胞毒性取决于石墨烯的片层大小,片层越小的石墨烯对红细胞的溶血性越强,见图9-7。除了片层大小以外,石墨烯中官能团密度表面电荷的多少也影响着石墨烯的生物毒性。石墨烯的生物毒性主要体现在微小片层对细胞的物理切割作用,另外由于尺寸的缩小,微小片层的表面活性更强,也更易于与细胞、生物组织发生作用,具有很大的危险性。

也有研究者持不同观点,他们认为石墨烯是不具有生物毒性的,理由是自从人类开始用火烤制食物,一些细小的木炭灰尘就会附着在食物上,人就会不自觉地食用了附带有石墨烯片层的食物,这就意味着人类石墨烯"食用"已经有着几千年的历史。而且生物毒性的检验是一个较为长期的过程,目前证明石墨烯与生物体致病、致死的相关性并不显著。目前,对于石墨烯是否具有生物兼容性在学术界还依旧有着不小的争议。

9.3　本章小结

本章介绍了生物传感器的基本概念以及石墨烯在生物传感器中的应用,重点介绍了石墨烯基生物量传感器以及石墨烯基生理量传感器,讨论了石墨烯的生物兼容性问题。生物传感器的相关研究依旧是目前的研究热点,无论是与可穿戴设备的结合还是实现生物大分子的准确检测都将极大地推进相关科技水平的进步。

参考文献

[1] 徐开先，钱正洪，张彤，等.传感器实用技术[M].北京：国防工业出版社，2016.

[2] 徐开先.仪器仪表制造业强基战略研究[R].北京：中国仪器仪表学会，2014.

[3] 刘少强，张靖.现代传感器技术——面向物联网应用[M].2版.北京：电子工业出版社，2016.

[4] 万树，邵梓桥，张弘滔，等.石墨烯基气体传感器[J].科学通报，2017，62(1)：2-13.

[5] Geim A K, Novoselov K S. The rise of graphene[J]. Nature, 2007, 6(3): 183-193.

[6] May J W. Platinum surface LEED rings[J]. Surf Sci, 1969, 17(1): 267-270.

[7] Van Bommel A J, Crombeen J E, Van Tooren A. LEED and Auger electron observations of the SiC(0001) surface[J]. Surf Sci, 1975, 48(2): 463-472.

[8] Lu X K, Yu M F, Huang H, Ruoff R S. Tailoring graphite with the goal of achieving single sheets[J]. Nanotechnology, 1999, 10(3): 269-272.

[9] Novoselov K S, Geim A K, Morozov S V, et al. Electric field effect in atomically thin carbon films[J]. Science, 2004, 306(5696): 666-669.

[10] Schedin F, Geim A K, Morozov S V, et al. Detection of individual gas molecules adsorbed on graphene[J]. Nat Mater, 2007, 6(9): 652-655.

[11] Staudenmaier L. Verfahren zur Darstellung der Graphitsäure[J]. Berichte der deutschen chemischen Gesellschaft, 1898, 31(2): 1481-1487

[12] Hummers W S, Offeman R E. Preparation of graphitic oxide[J]. J Am Chem Soc, 1958, 80(6): 1339.

[13] Emtsev K V, Bostwick A, Horn K, et al. Towards wafer-size graphene layers by atmospheric pressure graphitization of silicon carbide[J]. Nat Mater, 2009, 8(3): 203-207.

[14] Berger C, Song Z, Li X, et al. Electronic confinement and coherence in patterned epitaxial graphene[J]. Science, 2006, 312(5777): 1191-1196.

[15] Li X, Magnuson C W, Venugopal A, et al. Large-Area Graphene single crystals grown by low-pressure chemical vapor deposition of methane on copper[J]. J Am Chem Soc, 2011, 133(9): 2816 - 2819.

[16] Capone S, Forleo A, Francioso L, et al. Solid state gas sensors: State of the art and future activities[J]. ChemInform, 2004, 35(29): 1335 - 1348.

[17] Jasinski P. Solid-state electrochemical gas sensors[J]. ChemInform, 2006, 37(44): 261 - 284.

[18] Bondavalli P, Legagneux P, Pribat D. Carbon nanotubes based transistors as gas sensors: State of the art and critical review[J]. Sens Actuators B, 2009, 140(1): 304 - 318.

[19] Yavari F, Koratkar N. Graphene-based chemical sensors[J]. J Phys Chem Lett, 2012, 3(13): 1746 - 1753.

[20] Kong J, Franklin N R, Zhou C, et al. Nanotube molecular wires as chemical sensors[J]. Science, 2000, 287(5453): 622 - 625.

[21] Wang T, Huang D, Yang Z, et al. A review on graphene-based gas/vapor sensors with unique properties and potential applications[J]. Nano-Micro Lett, 2016, 8(2): 95 - 119.

[22] You Y, Deng J, Tan X, et al. On the mechanism of gas adsorption for pristine, defective and functionalized graphene[J]. Phys Chem Chem Phys, 2017, 19(8): 6051 - 6056.

[23] Pearce R, Iakimov T, Andersson M, et al. Epitaxially grown graphene based gas sensors for ultra sensitive NO_2 detection[J]. Sen Actuators B Chem, 2011, 155(2): 451 - 455.

[24] Gautam M, Jayatissa A H. Gas sensing properties of graphene synthesized by chemical vapor deposition[J]. Mater Sci & Eng C, 2011, 31(7): 1405 - 1411.

[25] Nomani M W K, Shishir R, Qazi M, et al. Highly sensitive and selective detection of NO_2 using epitaxial graphene on 6H-SiC[J]. Sen Actuators B Chem, 2010, 150(1): 301 - 307.

[26] Ko G, Kim H-Y, Ah J, et al. Graphene-based nitrogen dioxide gas sensors [J]. Curr Appl Phys, 2010, 10(4): 1002 - 1004.

[27] Paul R K, Badhulika S, Saucedo N M, Mulchandani A. Graphene nanomesh as highly sensitive chemiresistor gas sensor[J]. Anal Chem, 2012, 84(19): 8171 - 8178.

[28] Dua V, Surwade S P, Ammu S, et al. All-organic vapor sensor using inkjet-printed reduced graphene oxide[J]. Angew Chem, Int Ed, 2010, 49(12): 2154 - 2157.

[29] Chu B H, Lo C F, Nicolosi J, et al. Hydrogen detection using platinum coated graphene grown on SiC[J]. Sen Actuators B Chem, 2011, 157(2): 500 - 503.

[30] Wu W, Liu Z, Jauregui L A, et al. Wafer-scale synthesis of graphene by chemical vapor deposition and its application in hydrogen sensing[J]. Sen Actuators B Chem, 2010, 150(1): 296 - 300.

[31] Lange U, Hirsch T, Mirsky V M, et al. Hydrogen sensor based on a graphene-palladium nanocomposite[J]. Electrochimica Acta, 2011, 56 (10): 3707 - 3712.

[32] Johnson J L, Behnam A, Pearton S J, et al. Hydrogen sensing using Pd-functionalized multi-layer graphene nanoribbon networks[J]. Adv Mater, 2010, 22(43): 4877 - 4880.

[33] Chen C W, Hung S C, Yang M D, et al. Oxygen sensors made by monolayer graphene under room temperature[J]. Appl Phys Lett, 2011, 99: 243502.

[34] Yoon H J, Jun D H, Yang J H, et al. Carbon dioxide gas sensor using a graphene sheet[J]. Sen Actuators B, 2011, 157(1): 310 - 313.

[35] Romero H E, Joshi P, Gupta A K, et al. Adsorption of ammonia on graphene[J]. Nanotechnology, 2009, 20(24): 10830.

[36] Hu N, Wang Y, Chai J, et al. Gas sensor based on p-phenylenediamine reduced graphene oxide[J]. Sen Actuators B, 2012, 163(1): 107 - 114.

[37] Yavari F, Chen Z, Thomas A V, et al. High sensitivity gas detection using a macroscopic three-dimensional graphene foam network[J]. Sci Rep, 2011, 1: 166.

[38] Long H, Harley-Trochimczyk A, Pham T, et al. High surface area MoS_2/graphene hybrid aerogel for ultrasensitive NO_2 detection[J]. Adv Funct Mater, 2016, 26(28): 5158 - 5165.

[39] Duy L T, Kim DJ, Trung T Q, et al. High performance three-dimensional chemical sensor platform using reduced graphene oxide formed on high aspect-ratio micro-pillars[J]. Adv Funct Mater, 2015, 25(6): 883 - 890.

[40] Rumyantsev S, Liu G, Shur M S, et al. Selective gas sensing with a single pristine graphene transistor[J]. Nano lett, 2012, 12(5): 2294 - 2298.

[41] Kim C H, Yoo S-W, Nam Dg-W, et al. Effect of temperature and humidity on NO_2 and NH_3 gas sensitivity of bottom-gate graphene FETs prepared by ICP - CVD[J]. IEEE Elec Dev Lett, 2012, 33(7): 1084 - 1086.

[42] Lu G, Ocola L E, Chen J. Reduced graphene oxide for room-temperature gas sensors[J]. Nanotechnology, 2009, 20(44): 19351.

[43] Chen B, Liu H, Li X, et al. Fabrication of a graphene field effect transistor array on microchannels for ethanol sensing[J]. Appl Surf Sci, 2012, 258(6): 1971 - 1975.

[44] Li W, Geng X, Guo Y, et al. Reduced graphene oxide electrically contacted graphene sensor for highly sensitive nitric oxide detection[J].

ACS Nano，2011，5(9)：6955－6961.
[45] Huang L，Wang Z，Zhang J，et al. Fully printed，rapid-response sensors based on chemically modified graphene for detecting NO_2 at room temperature[J]. ACS Appl Mater Inter，2014，6(10)：7426－7433.
[46] Yang Y，Tian C，Wang J，et al. Facile synthesis of novel 3D nanoflower-like Cu_xO/multilayer graphene composites for room temperature NO_x gas sensor application[J]. Nanoscale，2014，6(13)：7369－7378.
[47] Chen N，Li X，Wang X，et al. Enhanced room temperature sensing of Co_3O_4－intercalated reduced graphene oxide based gas sensors[J]. Sen Actuators B，2013，188：902－908.
[48] Wan P，Yang W，Wang X，et al. Reduced graphene oxide modified with hierarchical flower-like $In(OH)_3$ for NO_2 room-temperature sensing[J]. Sen Actuators B，2015，214：36－42.
[49] Qazi M，Vogt T，Koley G. Trace gas detection using nanostructured graphite layers[J]. Appl Phys Lett，2007，91(23)：233101.
[50] Ohno Y，Maehashi K，Matsumoto K. Chemical and biological sensing applications based on graphene field-effect transistors[J]. Biosens bioelectron，2010，26(4)：1727－1730.
[51] Singh A，Uddin A，Sudarshan T，et al. Tunable reverse-biased graphene/silicon heterojunction schottky diode sensor[J]. Small，2014，10(8)：1555－1565.
[52] Sun J，Muruganathan M，Mizuta H. Room temperature detection of individual molecular physisorption using suspended bilayer graphene[J]. Sci Adv，2016，2(4)：1501518－1501525.
[53] Arsat R，Breedon M，Shafiei M，et al. Graphene-like nano-sheets for surface acoustic wave gas sensor applications[J]. Chem Phys Lett，2009，467(4－6)：344－347.
[54] Yi J，Lee J M，Park W I. Vertically aligned ZnO nanorods and graphene hybrid architectures for high-sensitive flexible gas sensors[J]. Sen Actuators B，2011，155(1)：264－269.
[55] Singh G，Choudhary A，Haranath D，et al. ZnO decorated luminescent graphene as a potential gas sensor at room temperature[J]. Carbon，2012，50(2)：385－394.
[56] Borini S，White R，Wei D，et al. Ultrafast graphene oxide humidity sensors[J]. ACS Nano，2013，7(12)：11166－11173.
[57] Bi H，Yin K，Xie X，et al. Ultrahigh humidity sensitivity of graphene oxide[J]. Sci Rep，2013，3：2714
[58] Wang S，Chen Z，Umar A，et al.Supramolecularly modified graphene for ultrafast responsive and highly stable humidity sensor[J]. J Phys Chem C，2015，119(51)：28640－28647.

[59] Cerveny S, Barroso-Bujans F, Alegría Á, et al. Dynamics of water intercalated in graphite oxide[J]. J Phys Chem C, 2010, 114(6): 2604-2612.
[60] Agmon N. The grotthuss mechanism[J]. Chem Phys Lett, 1995, 244(5-6): 456-462.
[61] Zhang D, Chang H, Li P, et al. Fabrication and characterization of an ultrasensitive humidity sensor based on metal oxide /graphene hybrid nanocomposite[J]. Sen Actuators B, 2016, 225: 233-240.
[62] Thakur S, Patil P. Rapid synthesis of cerium oxide nanoparticles with superior humidity-sensing performance[J]. Sen Actuators B, 2014, 194: 260-268.
[63] Uygun Z O, Uygun H D E. A short footnote: circuit design for faradaic impedimetric sensors and biosensors[J]. Sen Actuators B, 2014, 202: 448-453.
[64] Zhu Y, Chen J, Li H, et al. Synthesis of mesoporous SnO_2 - SiO_2 composites and their application as quartz crystal microbalance humidity sensor[J]. Sen Actuators B, 2014, 193: 320-325.
[65] Yao Y, Chen X, Guo H, et al. Graphene oxide thin film coated quartz crystal microbalance for humidity detection[J]. Appl Sur Sci, 2011, 257(17): 7778-7782.
[66] Chi H, Liu Y J, Wang F, et al. Highly sensitive and fast response colorimetric humidity sensors based on graphene oxides film[J]. ACS Appl Mater Interfaces, 2015, 7(36): 19882-19886.
[67] Wang Y, Shen C, Lou W, et al. Polarization-dependent humidity sensor based on an in-fiber Mach-Zehnder interferometer coated with graphene oxide[J]. Sen Actuators B, 2016, 234: 503-509.
[68] Ghosh A, Late DJ, Panchakarla L S, et al. NO_2 and humidity sensing characteristics of few-layer graphenes[J]. J Exp Nanosci, 2009, 4(4): 313-322.
[69] Smith A, Elgammal K, Niklaus F, et al. Resistive graphene humidity sensors with rapid and direct electrical readout[J]. Nanoscale, 2015, 7: 19099-19109.
[70] Chen M-C, Hsu C-L, Hsueh T-J. Fabrication of humidity sensor based on bilayer graphene[J]. IEEE Elec Dev Lett, 2014, 35(5): 590-592.
[71] Alizadeh T, Shokri M. A new humidity sensor based upon graphene quantum dots prepared via carbonization of citric acid[J]. Sen Actuators B, 2016, 222: 728-734.
[72] Li Y, Fan K, Ban H, et al. Detection of very low humidity using polyelectrolyte/graphene bilayer humidity sensors[J]. Sens Actuators B, 2016, 222: 151-158.

[73] Li N, Chen X D, Chen X, et al. Subsecond response of humidity sensor based on graphene oxide quantum dots[J]. IEEE Elec Dev Lett, 2015, 36(6): 615 - 617.

[74] Ghosh S, Ghosh R, Guha P K, et al. Humidity sensor based on high proton conductivity of graphene oxide[J]. IEEE T Nanotechnol, 2015, 14(5): 931 - 937.

[75] Lee S, Choi B II, Kim J C, et al. Sorption/desorption hysteresis of thin-film humidity sensors based on graphene oxide and its derivative[J]. Sens Actuators B, 2016, 237: 575 - 580.

[76] Ameri S K, Singh P K, Sonkusale S R. Three dimensional graphene transistor for ultra-sensitive pH sensing directly in biological media[J]. Anal Chim Acta, 2016, 934: 212 - 217.

[77] Kulkarni G S, Zhong Z. Detection beyond the Debye screening length in a high-frequency nanoelectronic biosensor[J]. Nano Lett, 2012, 12(2): 719 - 723.

[78] Tan X, Chuang H J, Lin M W, et al. Edge effects on the pH response of graphene nanoribbon field effect transistors[J]. J Phys Chem C, 2013, 117(51): 27155 - 27160.

[79] Ang P K, Chen W, Wee A T S, et al. Solution-gated epitaxial graphene as pH sensor[J]. J Am Chem Soc, 2008, 130(44): 14392 -14393.

[80] Fu W, Nef C, Knopfmacher O, et al. Graphene transistors are insensitive to pH changes in solution[J]. Nano Lett, 2011, 11(9): 3597 - 3600.

[81] Waymouth C. Osmolality of mammalian blood and of media for culture of mammalian cells[J]. In Vitro, 1970, 6(2): 109 - 127.

[82] Zheng G, Patolsky F, Cui Y, et al. Multiplexed electrical detection of cancer markers with nanowire sensor arrays[J]. Nat Biotechnol, 2005, 23(10): 1294 - 1301.

[83] Chen S, Bomer J G, van der Wiel W, et al. Top-down fabrication of sub-30 nm monocrystalline silicon nanowires using conventional microfabrication[J]. ACS Nano, 2009, 3(11): 3485 - 3492.

[84] Wang B, Liddell K L, Wang J, et al. Oxide-on-graphene field effect bio-ready sensors[J]. Nano Res, 2014, 7(9): 1263 - 1270.

[85] van Hal R E G, Eijkel J C T, Bergveld P. A novel description of ISFET sensitivity with the buffer capacity and double-layer capacitance as key parameters[J]. Sens Actuators B, 1995, 24: 201 - 205.

[86] Bérubé Y G, deBruyn P L. Adsorption at the rutile-solution interface: I. Thermodynamic and experimental study[J]. J Colloid Interface Sci, 1968, 27(2): 305 - 318.

[87] Spijkman M, Smits E C P, Cillessen J F M, et al. Beyond the Nernst-limit with dual-gate ZnO ion-sensitive field-effect transistors[J]. Appl Phys

Lett, 2011, 98(4): 043502.
[88] Zehfroosh N, Shahmohammadi M, Mohajerzadeh S. High-sensitivity ion-selective field-effect transistors using nanoporous silicon [J]. IEEE Elec Dev Lett, 2010, 31(9): 1056 - 1058.
[89] Kwon S S, Yi J, Lee W W, et al. Reversible and irreversible responses of defect-engineered graphene-based electrolyte-gated pH sensors[J]. ACS Appl Mater Interfaces, 2016, 8(1): 834 - 839.
[90] Cheng Z, Li Q, Li Z, et al. Suspended graphene sensors with improved signal and reduced noise[J]. Nano Lett, 2010, 10(5): 1864 - 1868.
[91] Lee S, Oh J, Kim D, et al. A sensitive electrochemical sensor using an iron oxide /graphene composite for the simultaneous detection of heavy metal ions[J]. Talanta, 2016, 160: 528 - 536.
[92] Ananthanarayanan A, Wang X, Routh P, et al. Facile synthesis of graphene quantum dots from 3D graphene and their application for Fe^{3+} sensing[J]. Adv Funct Mater, 2014, 24(20): 3021 - 3026.
[93] Kundu A, Layek R K, Kuila A, et al. Highly fluorescent graphene oxide-poly(vinyl alcohol) hybrid: An effective material for specific Au^{3+} ion sensors[J]. ACS Appl Mater Interfaces, 2012, 4(10): 5576 - 5582.
[94] Liu F, Ha H D, Han D J, et al. Photoluminescent graphene oxide microarray for multiplex heavy metal ion analysis[J]. Small, 2013, 9(20): 3410 - 3414.
[95] Zhang T, Cheng Z, Wang Y, et al. Self-assembled 1 - octadecanethiol monolayers on graphene for mercury detection[J]. Nano Lett, 2010, 10 (11): 4738 - 4741.
[96] Tan F, Cong L, Saucedo N M, et al. An electrochemically reduced graphene oxide chemiresistive sensor for sensitive detection of Hg^{2+} ion in water samples[J]. J Hazard Mater, 2016, 320: 226 - 233.
[97] Wang C, Cui X, Li Y, et al. A label-free and portable graphene FET aptasensor for children blood lead detection[J]. Sci Rep, 2016, 6: 21711.
[98] Li J, Niu L, Zheng Z, et al. Photosensitive graphene transistors[J]. Adv Mater, 2014, 26(31): 5239 - 5273.
[99] Vicarelli L, Vitiello M S, Coquillat D, et al. Graphene field-effect transistors as room-temperature terahertz detectors[J]. Nat Mater, 2012, 11(5): 865 - 871.
[100] Xia F, Mueller T, Lin Y-M, et al. Ultrafast graphene photodetector[J]. Nat Nanotechnol, 2009, 4: 839 - 843.
[101] Mueller T, Xia F, Avouris P. Graphene photodetectors for high-speed optical communications[J]. Nat Photon, 2010, 4(5): 297 - 301.
[102] Freitag M, Low T, Zhu W, et al. Photocurrent in graphene harnessed by tunable intrinsic plasmons[J]. Nat Commun, 2013, 4: 1951.

[103] Furchi M, Urich A, Pospischil A, et al. Microcavity-integrated graphene photodetector[J]. Nano Lett, 2012, 12(6): 2773 - 2777.

[104] Zhang Y, Liu T, Meng B, et al. Broadband high photoresponse from pure monolayer graphene photodetector[J]. Nat Commun, 2013, 4: 1811.

[105] Konstantatos G, Badioli M, Gaudreau L, et al. Hybrid graphene-quantum dot phototransistors with ultrahigh gain[J]. Nat Nanotechnol, 2012, 7(6): 363 - 368.

[106] Sun Z, Liu Z, Li J, et al. Infrared photodetectors based on CVD -grown graphene and PbS quantum dots with ultrahigh responsivity[J]. Adv Mater, 2012, 24(43): 5878 - 5883.

[107] Chitara B, Panchakarla L S, Krupanidhi S B, et al. Apology: Infrared photodetectors based on reduced graphene oxide and graphene nanoribbons[J]. Adv Mater, 2011, 23(45): 5339.

[108] Lemme M C, Koppens F H, Falk A L, et al. Gate-activated photoresponse in a graphene p-n junction[J]. Nano Lett, 2011, 11(10): 4134 - 4137.

[109] Freitag M, Low T, Xia F, et al. Photoconductivity of biased graphene [J]. Nat Photon, 2013, 7(1): 53 - 59.

[110] Freitag M, Low T, Avouris P. Increased responsivity of suspended graphene photodetectors[J]. Nano Lett, 2013, 13(4): 1644 - 1648.

[111] Sun R, Zhang Y, Li K, et al. Tunable photoresponse of epitaxial graphene on SiC[J]. Appl Phys Lett, 2013, 103(1): 013106.

[112] Yan K, Wu D, Peng H, et al. Modulation-doped growth of mosaic graphene with single-crystalline p-n junctions for efficient photocurrent generation[J]. Nat Commun, 2012, 3: 1280.

[113] Withers F, Bointon T H, Craciun M F, et al. All-graphene photodetectors[J]. ACS Nano, 2013, 7(6): 5052 - 5057.

[114] Itkis M E, Wang F, Ramesh P, et al. Enhanced photosensitivity of electro-oxidized epitaxial graphene [J]. Appl Phys Lett, 2011, 98 (9): 093115.

[115] Echtermeyer T J, Britnell L, Jasnos P K, et al. Strong plasmonic enhancement of photovoltage in graphene [J]. Nat Commun, 2011, 2: 458.

[116] Liu Y, Cheng R, Liao L, et al. Plasmon resonance enhanced multicolour photodetection by graphene[J]. Nat Commun, 2011, 2: 579.

[117] Zhang D, Gan L, Cao Y, et al. Understanding charge transfer at PbS-decorated graphene surfaces toward a tunable photosensor [J]. Adv Mater, 2012, 24(20): 2715 - 2720.

[118] Chang H, Sun Z, Yuan Q, et al. Bandgap-tunable, solution-processed,

few-layer reduced graphene oxide films and their thin film filed-effect phototransistors[J]. Adv Mater，2010，22(43)：4872－4876.

[119] Chitara B，Krupanidhi S B，Rao C N R. Solution processed reduced graphene oxide ultraviolet detector[J]. Appl Phys Lett，2011，99(11)：113114.

[120] Chang H，Sun Z，Ho K Y，et al. A highly sensitive ultraviolet sensor based on a facile *in situ* solution-grown ZnO nanorod /graphene heterostructure[J]. Nanoscale，2011，3(1)：258－264.

[121] Lee C，Wei X，Kysar J W，et al. Measurement of the elastic properties and intrinsic strength of monolayer graphene[J]. Science，2008，321(5887)：385－388.

[122] Li Y，Jiang X，Liu Z，et al. Strain effects in graphene and graphene nanoribbons：The underlying mechanism[J]. Nano Res，2010，3(8)：545－556.

[123] Fu X W，Liao Z M，Zhou J X，et al. Strain dependent resistance in chemical vapor deposition grown graphene[J]. Appl Phys Lett，2011，99(21)：213107.

[124] Li X，Zhang R，Yu W，et al. Stretchable and highly sensitive graphene-on-polymer strain sensors[J]. Sci Rep，2012，2：870.

[125] Trung Q T，Lee N E. Flexible and stretchable physical sensor integrated platforms for wearable human-activity monitoring and personal healthcare[J]. Adv Mater，2016，28(22)：4338－4372.

[126] Khan Y，Ostfeld A E，Lochner C M，et al. Monitoring of vital signs with flexible and wearable medical devices[J]. Adv Mater，2016，28(22)：4373－4395.

[127] Hou C，Wang H，Zhang Q，et al. Highly conductive，flexible，and compressible all-graphene passive electronic skin for sensing human touch[J]. Adv Mater，2014，26(29)：5018－5024.

[128] Yao H B，Ge J，Wang C F，et al. A flexible and highly pressure-sensitive graphene-polyurethane sponge based on fractured microstructure design[J]. Adv Mater，2013，25(46)：6692－6698.

[129] Zhu B，Niu Z，Wang H，et al. Microstructured graphene arrays for highly sensitive flexible tactile sensors[J]. Small，2014，10(18)：3625－3631.

[130] Sheng L，Liang Y，Jiang L，et al. Bubble-decorated honeycomb-like graphene film as ultrahigh sensitivity pressure sensors[J]. Adv Funct Mater，2015，25(41)：6545－6551.

[131] Sun Q，Kim D H，Park S S，et al. Transparent，low-power pressure sensor matrix based on coplanar-gate graphene transistors[J]. Adv Mater，2014，26(27)：4735－4740.

[132] Wan S, Bi H, Zhou Y, et al. Graphene oxide as high-performance dielectric materials for capacitive pressure sensors[J]. Carbon, 2017, 114: 209 - 216.

[133] Wan S, Zhu Z, Yin K, et al. A highly skin-conformal and biodegradable graphene-based strain sensor[J]. Small Methods, 2018, 2(10): 1700374.

[134] Bi H, Wan S, Cao X, et al. A general and facile method for preparation of large-scale reduced graphene oxide films with controlled structures[J]. Carbon, 2019, 143: 162 - 171.

[135] Ho D H, Sun Q, Kim S Y, et al. Stretchable and multimodal all graphene electronic skin[J]. Adv Mater, 2016, 28(13): 2601 -2608.

[136] Bae S H, Lee Y, Sharma B K, et al. Graphene-based transparent strain sensor[J]. Carbon, 2013, 51: 236 - 242.

[137] Hempel M, Nezich D, Kong J, et al. A novel class of strain gauges based on layered percolative films of 2D materials[J]. Nano Lett, 2012, 12 (11): 5714 - 5718.

[138] Yan C, Wang J, Kang W, et al. Highly stretchable piezoresistive graphene-nanocellulose nanopaper for strain sensors[J]. Adv Mater, 2014, 26(13): 2022 - 2027.

[139] Boland C S, Khan U, Backes C, et al. Sensitive, high-strain, high-rate bodily motion sensors based on graphene-rubber composites[J]. ACS Nano, 2014, 8(9): 8819 - 8830.

[140] Li X, Yang T, Yang Y, et al. Large-area ultrathin graphene films by single-step marangoni self-assembly for highly sensitive strain sensing application[J]. Adv Funct Mater, 2016, 26(9): 1322 -1329.

[141] Park Y, Shim J, Jeong S, et al. Microtopography-guided conductive patterns of liquid-driven graphene nanoplatelet networks for stretchable and skin-conformal sensor array[J]. Adv Mater, 2017, 29(21): 1606453.

[142] Trung T Q, Tien N T, Kim D, et al. A flexible reduced graphene oxide field-effect transistor for ultrasensitive strain sensing[J]. Adv Funct Mater, 2014, 24(1): 117 - 124.

[143] Fuard D, Tzvetkova-Chevolleau T, Decossas S, et al. Optimization of poly-di-methyl-siloxane (PDMS) substrates for studying cellular adhesion and motility[J]. Microelectron Eng, 2008, 85(5 - 6): 1289 - 1293.

[144] Mannsfeld S C B, Tee B C K, Stoltenberg R M, et al. Highly sensitive flexible pressure sensors with microstructured rubber dielectric layers[J]. Nat Mater, 2010, 9(10): 859 - 864.

[145] Deng B, Hsu P-C, Chen G, et al. Roll-to-roll encapsulation of metal nanowires between graphene and plastic substrate for high-performance flexible transparent electrodes[J]. Nano Lett, 2015, 15(6): 4206 - 4213.

[146] Tao L Q, Tian H, Liu Y, et al. An intelligent artificial throat with

sound-sensing ability based on laser induced graphene[J]. Nat Commun, 2017, 8: 14579.

[147] El-Kady M F, Strong V, Dubin S, et al. Laser scribing of high-performance and flexible graphene-based electrochemical capacitors[J]. Science, 2012, 335(6047): 1326 - 1330.

[148] Luo S, Hoang P T, Liu T. Direct laser writing for creating porous graphitic structures and their use for flexible and highly sensitive sensor and sensor arrays[J]. Carbon, 2016, 96: 522 - 531.

[149] Bi H, Xie X, Yin K, et al. Spongy graphene as a highly efficient and recyclable sorbent for oils and organic solvents[J]. Adv Funct Mater, 2012, 22(21): 4421 - 4425.

[150] Wan S, Bi H, Xie X, et al. A facile strategy for rapid preparation of graphene spongy balls[J]. Sci Rep, 2016, 6: 32746.

[151] Bae G Y, Pak S W, Kim D, et al. Linearly and highly pressure-sensitive electronic skin based on a bioinspired hierarchical structural array[J]. Adv Mater, 2016, 28(26): 5300 - 5306.

[152] Wang Q, Jian M, Wang C, et al. Carbonized silk nanofiber membrane for transparent and sensitive electronic skin[J]. Adv Funct Mater, 2017, 27(9): 1605657.

[153] Balandin A A, Ghosh S, Bao W, et al. Superior thermal conductivity of single-layer graphene[J]. Nano Lett, 2008, 8(3): 902 - 907.

[154] Hao F, Fang D, Xu Z. Mechanical and thermal transport properties of graphene with defects[J]. Appl Phys Lett, 2011, 99(4): 041901.

[155] Sehrawat P, Islam A S S, Mishra P. Reduced graphene oxide based temperature sensor: Extraordinary performance governed by lattice dynamics assisted carrier transport[J]. Sen Actuators B, 2018, 258: 424 -435.

[156] Cheah C Y, Kaiser A B. Variable-range hopping transport: crossovers from temperature dependence to electric field dependence in disordered carbon materials[J]. Int J Nanotechnol, 2014, 11(5 - 8): 412 - 418.

[157] Gómez-Navarro C, Weitz R T, Bittner A M, et al. Electronic transport properties of individual chemically reduced graphene oxide sheets[J]. Nano Lett, 2007, 7(11): 3499 - 3503.

[158] Kaiser A B, Gómez-Navarro C, Sundaram R S, et al. Electrical conduction mechanism in chemically derived graphene monolayers[J]. Nano Lett, 2009, 9(5): 1787 - 1792.

[159] Muchharla B, Narayanan T N, Balakrishnan K, et al. Temperature dependent electrical transport of disordered reduced graphene oxide[J]. 2D Mater, 2014, 1(1): 011008.

[160] Trushin M. Thermally activated conductivity in gapped bilayer graphene

[J]. Europhys Lett, 2012, 98(4): 47007.
[161] Ci L, Song L, Jin C, et al. Atomic layers of hybridized boron nitride and graphene domains[J]. Nat Mater, 2010, 9(5): 430－435.
[162] Li L, Feng Z, Qiao X, et al. Ultrahigh sensitive temperature sensor based on Fabry-Pérot interference assisted by a graphene diaphragm[J]. IEEE Sensors J, 2015, 15(1): 505－509.
[163] Gu T, Petrone N, McMillan J F, et al. Regenerative oscillation and four-wave mixing in graphene optoelectronics[J]. Nat Photon, 2012, 6(8): 554－559.
[164] Yoon D, Son Y-W, Cheong H. Negative thermal expansion coefficient of graphene measured by Raman spectroscopy[J]. Nano Lett, 2011, 11(8): 3227－3231.
[165] Herring P K, Hsu A L, Gabor N M, et al. Photoresponse of an electrically tunable ambipolar graphene infrared thermocouple[J]. Nano Lett, 2014, 14(2): 901－907.
[166] Zuev Y M, Chang W, Kim P. Thermoelectric and magnetothermoelectric transport measurements of graphene[J]. Phys Rev Lett, 2009, 102(9): 096807.
[167] Binasch G, Grünberg P, Saurenbach F, et al. Enhanced magnetoresistance in layered magnetic structures with antiferromagnetic interlayer exchange[J]. Phys Rev B, 1989, 39(9): 4828－4830.
[168] Baibich M N, Broto J M, Fert A, et al. Giant Magnetoresistance of (001)Fe/(001)Cr Magnetic superlattices[J]. Phys Rev Lett, 1988, 61(21): 2472.
[169] Tang C C, Li M Y, Li L J, et al. Characteristics of a sensitive micro-Hall probe fabricated on chemical vapor deposited graphene over the temperature range from liquid-helium to room temperature[J]. Appl Phys Lett, 2011, 99(11): 112107.
[170] Pisana S, Braganca P M, Marinero E E, et al. Tunable nanoscale graphene magnetometers[J]. Nano Lett, 2010, 10(1): 341－346.
[171] Sonusen S, Karci O, Dede M, et al. Single layer graphene Hall sensors for scanning Hall probe microscopy(SHPM) in 3～300 K temperature range[J]. Appl Surf Sci, 2014, 308: 414－418.
[172] Solin S A, Thio T, Hines D R, et al. Enhanced room-temperature geometric magnetoresistance in inhomogeneous narrow-gap semiconductors[J]. Science, 2000, 289(5484): 1530－1532.
[173] Panchal V, Cox D, Yakimova R, et al. Epitaxial graphene sensors for detection of small magnetic moments[J]. IEEE T Magn, 2013, 49(1): 97－100.
[174] Panchal V, Cedergren K, Yakimova R, et al. Small epitaxial graphene

devices for magnetosensing applications[J]. J Appl Phys, 2012, 111(7): 07E509.
[175] McCann E, Kechedzhi K, Fal'ko VI, et al. Weak-localization magnetoresistance and valley symmetry in graphene[J]. Phys Rev Lett, 2006, 97(14): 146805.
[176] Cao H, Yu Q, Jauregui L A, et al.Electronic transport in chemical vapor deposited graphene synthesized on Cu: Quantum Hall effect and weak localization[J]. Appl Phys Lett, 2010, 96(12): 122106.
[177] Hicks C W, Luan L, Moler K A. Noise characteristics of 100 nm scale GaAs/$Al_x Ga_{1-x}$ Asscanning Hall probes[J]. Appl Phys Lett, 2007, 90(13): 133512.
[178] Oral A, Bending S J. Real-time scanning Hall probe microscopy[J]. Appl Phys Lett, 1996, 69(9): 1324.
[179] Sandhu A, Kurosawa K, Dede M, et al. 50 nm Hall sensors for room temperature scanning hall probe microscopy[J]. Jpn J Appl Phys, 2004, 43(2): 777-778.
[180] Chen J, Jang C, Xiao S, et al. Intrinsic and extrinsic performance limits of graphene devices on SiO_2 [J]. Nat Nanotechnol, 2008, 3(4): 206-209.
[181] Tworzydlo J, Trauzettel B, Titov M, et al. Sub-Poissonian shot noise in graphene[J]. Phys Rev Lett, 2006, 96(24): 246802.
[182] Danneau R, Wu F, Craciun M F, et al. Shot noise in ballistic graphene[J]. Phys Rev Lett, 2008, 100(19): 196802.
[183] Balasubramanian K, and Kern K. 25th anniversary article: Label-free electrical biodetection using carbon nanostructures[J]. Adv Mater, 2014, 26(8): 1154-1175.
[184] Balasubramanian K, Kurkina T, Ahmad A, et al. Tuning the functional interface of carbon nanotubes by electrochemistry: Toward nanoscale chemical sensors and biosensors[J]. J Mater Res, 2012, 27: 391-402.
[185] Heller I, Janssens A M, Männik J, et al. Identifying the mechanism of biosensing with carbon nanotube transistors[J]. Nano Lett, 2008, 8(2): 591-595.
[186] Traversi F, Raillon C, Benameu S M, et al. Detecting the translocation of DNA through a nanopore using graphene nanoribbons[J]. Nat Nanotechnol, 2013, 8(12): 939-945.
[187] Xu G, Abbott J, Qin L, et al. Electrophoretic and field-effect graphene for all-electrical DNA array technology[J]. Nat Commun, 2014, 5: 4866.
[188] Xu T, Xie X, Yin K, et al. Controllable atomic-scale sculpting and deposition of carbon nanostructures on graphene[J]. Small, 2014, 10

(9)：1724－1728.
[189] Xu T，Yin K，Xie X，et al. Size-dependent evolution of graphene nanopores under thermal excitation[J]. Small，2012，8(22)：3422－3426.
[190] Xu T，Sun L. Dynamic in-situ experimentation on nanomaterials at the atomic scale[J]. Small，2015，11(27)：3247－3262.
[191] Stine R，Mulvaney S P，Robinson J T，et al. Fabrication，optimization，and use of graphene field effect sensors[J]. Anal Chem，2013，85(2)：509－521.
[192] Hess L H，Jansen M，Maybeck V，et al. Graphene transistor arrays for recording action potentials from electrogenic cells[J]. Adv Mater，2011，23(43)：5045－5049.
[193] Huang Y，Dong X，Liu Y，et al. Graphene-based biosensors for detection of bacteria and their metabolic activities[J]. J Mater Chem，2011，21(33)：12358－12362.
[194] Lee H，Choi T K，Lee Y B，et al. A graphene-based electrochemical device with thermoresponsive microneedles for diabetes monitoring and therapy[J]. Nat Nanotechnol，2016，11(6)：566－572.
[195] Lalwani G，D'Agati M，Khan A M，et al. Toxicology of graphene-based nanomaterials[J]. Adv Drug Deliver Rev，2016，105(Pt B)：109－144.
[196] Feng L，Liu Z. Graphene in biomedicine：Opportunities and challenges [J]. Nanomedicine，2011，6(2)：317－324.

索引

A

B

C

D

Y

Z